Alimentos geniales

Alimentos geniales

Vuélvete más listo, productivo y feliz mientras proteges tu cerebro de por vida

Max Lugavere

con el doctor Paul Grewal

Traducción:
Ariadna Molinari Tato

Grijalbo *vital*

Este libro contiene recomendaciones e información relacionadas con el cuidado de la salud. Debe utilizarse como suplemento y no reemplazo de las indicaciones de su médico o de cualquier otro profesional de la salud. Si sabe o sospecha que tiene un problema de salud, se recomienda que consulte a su médico antes de iniciar cualquier programa o tratamiento médico. Hicimos todo lo posible por asegurar que la información contenida en este libro estuviera actualizada al momento de su publicación. El editor y el autor no se hacen responsables de ninguna consecuencia médica que sea resultado de la aplicación de los métodos sugeridos en este libro.

Alimentos geniales
Vuélvete más listo, productivo y feliz mientras proteges tu cerebro de por vida

Título original: *Genius Food*
Become Smarter, Happier, and More Productive,
While Protecting Your Brain for Life

Primera edición: mayo, 2019

D. R. © 2019, Max Lugavere con Paul Grewal
Publicado mediante acuerdo con Kaplan/DeFiore Rights,
a través de The Foreign Office

Edición original en inglés publicada por Harper Wave,
un sello de Harper Collins

D. R. © 2019, derechos de edición mundiales en lengua castellana:
Penguin Random House Grupo Editorial, S. A. de C. V.
Blvd. Miguel de Cervantes Saavedra núm. 301, 1er piso,
colonia Granada, delegación Miguel Hidalgo, C. P. 11520,
Ciudad de México

www.megustaleer.mx

D. R. © 2017, Ariadna Molinari Tato, por la traducción

ISBN: 978-607-317-903-4

Impreso en México – *Printed in Mexico*

El papel utilizado para la impresión de este libro ha sido fabricado a partir de madera procedente de bosques y plantaciones gestionadas con los más altos estándares ambientales, garantizando una explotación de los recursos sostenible con el medio ambiente y beneficiosa para las personas.

Penguin
Random House
Grupo Editorial

Dedico este libro a la genia más genial
que he conocido: mi mamá

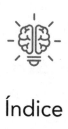

Índice

Introducción 11

PRIMERA PARTE
Eres lo que comes

Capítulo 1: El problema invisible 21
Alimento genial #1: Aceite de oliva extra virgen 33
Capítulo 2: Grasas fabulosas y aceites ominosos 35
Alimento genial #2: Aguacates 64
Capítulo 3: Sobrealimentado y con apetito de sobra 66
Alimento genial #3: Moras azules 91
Capítulo 4: Se acerca el invierno (para tu cerebro) 93
Alimento genial #4: Chocolate amargo 116

SEGUNDA PARTE
La interconectividad de todo (tu cerebro responde)

Capítulo 5: Corazón saludable, cerebro saludable 121
Alimento genial #5: Huevos 143
Capítulo 6: Alimenta tu cerebro 145
Alimento genial #6: Carne de ternera de libre pastoreo 169

Capítulo 7: Hazle caso a tu intestino... 173

   Alimento genial #7: Verduras de hoja verde.......................... 200

Capítulo 8: Los controles de la química cerebral....................... 202

   Alimento genial #8: Brócoli 229

TERCERA PARTE

Maneja tu propia salud

Capítulo 9: El sueño sagrado (y los ayudantes hormonales)........ 233

   Alimento genial #9: Salmón silvestre................................... 251

Capítulo 10: Las virtudes del estrés

   (o cómo volverte un organismo más resistente).................. 253

   Alimento genial #10: Almendras 278

Capítulo 11: Plan genial.. 280

Capítulo 12: Recetas y suplementos 302

Agradecimientos.. 321

Recursos 324

Notas 328

Introducción

*Antes de tocar dos notas aprende a tocar una, y no
toques una nota a menos que tengas un motivo para hacerlo.*

MARK HOLLIS

Si hace algunos años me hubieran dicho que un día escribiría un libro sobre cómo optimizar el cerebro, habría pensado que me estaban confundiendo con otra persona.

Después de cambiar mi carrera universitaria de medicina a cine y psicología, la idea de emprender una carrera en salud parecía poco probable; por si fuera poco, tiempo después de graduarme me atrincheré en el que consideraba el trabajo de mis sueños: periodista y presentador de televisión y web. Me enfoqué en historias que consideraba poco difundidas y podían tener un impacto positivo en el mundo. Vivía en Los Ángeles —una ciudad que idolatraba desde mis años de adolescente neoyorquino adicto a MTV— y acababa de concluir una temporada de cinco años como presentador y productor de contenido para una cadena de televisión socialmente consciente llamada Current. La vida era maravillosa. Y todo estaba a punto de cambiar.

Sin importar cuánto me encantara la vida en Hollywood, muchas veces volvía al este para ver a mi mamá y a mis dos hermanos menores. En 2010, en una de esas visitas, mis hermanos y yo notamos un cambio sutil en la forma de caminar de mi mamá, Kathy. Tenía 58 años en ese entonces y siempre había sido muy activa, pero de pronto era como si se estuviera moviendo bajo el agua con un traje de astronauta; cada paso y cada gesto parecían decisiones conscientes y deliberadas. Aunque ahora sé más del tema, en ese momento no pude conectar sus movimientos con su salud neurológica.

También empezó a quejarse ligeramente de "neblina" mental. Eso también me pasó desapercibido. Nadie en mi familia había tenido problemas de memoria. De hecho, mi abuela materna vivió hasta los 96 años y estuvo lúcida hasta el final. Pero, en el caso de mi mamá, parecía que la velocidad de su procesamiento general hubiera disminuido; como un buscador web con demasiadas ventanas abiertas. Empezamos a notar que, si le pedíamos que nos pasara la sal en la cena, le tomaba un par de segundos más de lo normal registrarlo. Aunque al principio lo consideré una cuestión de "envejecimiento natural", en el fondo tenía la escalofriante sospecha de que algo no estaba bien.

No fue sino hasta el verano de 2011, durante un viaje familiar a Miami, que se confirmaron mis temores. Mis papás se divorciaron cuando yo tenía 18 años, y ésa fue una de las pocas veces que estuvimos todos bajo el mismo techo, descansando del calor veraniego en el departamento de mi papá. Una mañana, mi mamá estaba de pie junto a la barra del desayuno. Con toda la familia presente, dudó un momento y luego anunció que había estado teniendo problemas de memoria y había buscado recientemente la ayuda de un neurólogo.

En un tono incrédulo, pero juguetón, mi papá le preguntó:

—¿Es en serio? Entonces, ¿en qué año estamos?

Se nos quedó viendo un momento que se prolongó demasiado.

Mis hermanos y yo nos reímos para romper el silencio incómodo.

—Anda. ¿Cómo es posible que no sepas qué año es?

—No lo sé —contestó mi mamá, y empezó a llorar.

El recuerdo se me quedó grabado en el cerebro. Mi mamá estaba en un punto muy vulnerable, intentando comunicar con valentía su dolor interno, deficiente y consciente; estaba frustrada y asustada, y nosotros no sabíamos. En ese momento aprendí una de las lecciones más duras de la vida: nada más importa cuando se enferma un ser querido.

La avalancha subsecuente de visitas al médico, consultas con especialistas y diagnósticos tentativos culminó en un viaje a la Clínica Cleveland. Mi mamá y yo salimos del consultorio de un connotado neurólogo, mientras yo intentaba interpretar las etiquetas en los frascos de pastillas que tenía en la mano. Parecían jeroglíficos.

Al ver las etiquetas, articulé en silencio los nombres de los medicamentos en pleno estacionamiento del hospital. *Ar-i-cept. Sin-e-met.* ¿Para qué eran? Con los frascos de pastillas en una mano y un plan de datos ilimitado en la otra, me dirigí hacia el equivalente digital de una mantita reconfortante: Google. En 0.42 segundos, el motor de búsqueda arrojó los resultados que cambiarían el curso de mi vida.

Información sobre Aricept para enfermedad de Alzheimer.

¿Enfermedad de Alzheimer? Nadie había siquiera mencionado el Alzheimer en la consulta. Me empecé a sentir ansioso. ¿Por qué no lo mencionó el neurólogo? Durante un momento, el mundo a mi alrededor dejó de existir, y sólo quedó una voz en mi cabeza.

¿Mi mamá tiene enfermedad de Alzheimer? ¿No es algo que le da a la *gente mayor*?

¿Cómo era posible que tuviera esa enfermedad a su edad?

Mi abuela tiene 94, y está bien.

¿Por qué está tan tranquila mi mamá? ¿Qué no entiende lo que esto significa? ¿Lo entiendo yo?

¿Cuánto tiempo tiene antes de... lo que sea que vaya a pasar?

¿Qué *viene* después?

El neurólogo mencionó "Parkinson plus". ¿*Plus* de qué? "Plus" sonaba como un bono. Economy Plus en un avión significa más espacio para las piernas, lo que suele ser algo bueno. Pert Plus era un champú más acondicionador; también algo bueno. No. A mi mamá le prescribieron medicamentos para Parkinson y Alzheimer. Su "bono" eran los síntomas de otra enfermedad.

Conforme leía información sobre las pastillas que tenía en la mano, repetí las frases que me saltaban a la vista.

"Incapacidad para frenar la enfermedad."

"Eficacia limitada."

"Como un curita."

Hasta el médico parecía resignado. (Tiempo después escuché una gélida broma que circulaba entre los estudiantes de medicina respecto a la neurología: "Los neurólogos no tratan las enfermedades; las admiran".)

Esa noche, sentado a solas en nuestra *suite* del Holiday Inn que estaba a un par de cuadras del hospital, mientras mi mamá descansaba en la otra habitación, me la pasé leyendo mecánicamente en la pantalla de la computadora todo lo que pudiera encontrar sobre enfermedad de Parkinson y Alzheimer, aun cuando los síntomas de mi mamá no embonaban a la perfección con el diagnóstico de ninguna de las dos enfermedades. Confundido, desinformado y con una intensa sensación de impotencia, experimenté algo que nunca me había pasado antes. Se me oscureció la mirada y el miedo se apoderó de mi conciencia. A pesar de la visión limitada, sabía lo que estaba pasando en ese momento. Me latía con fuerza el corazón, me faltaba el aire, tenía la sensación de una amenaza inminente: me estaba dando un ataque de ansiedad. No estoy seguro si duró minutos u horas, pero aun cuando las manifestaciones físicas cedieron, la disonancia emocional permaneció.

Estuve rumiando esa sensación durante los siguientes días. Después de volver a Los Ángeles, cuando la tormenta inicial pasó, sentí que estaba parado sobre un paraje desolado, mirando el camino que tenía delante, sin mapa ni brújula. Mi mamá empezó a tomar sus curitas químicos, pero yo sentía una inquietud recurrente. Claramente, el hecho de que no tuviéramos antecedentes familiares de demencia implicaba que algo en el ambiente debía estar provocando su enfermedad. ¿Qué cambió en nuestra dieta y estilo de vida entre la generación de mi abuela y la de mi madre? ¿De alguna manera mi madre estaba envenenada por el mundo que la rodeaba?

Como estas preguntas me daban vueltas en la cabeza, tenía poco espacio para pensar en cualquier otra cosa, incluyendo mi carrera. Me sentía como Neo en la Matrix, reclutado a regañadientes por el conejo blanco para salvar a mi madre. Pero ¿cómo? No había un Morfeo que me guiara.

Decidí que el primer paso era empacar mi vida en la Costa Oeste y mudarme de nuevo a Nueva York para estar más cerca de mi mamá, así que eso hice y pasé el siguiente año leyendo todo lo que pude encontrar sobre Alzheimer y Parkinson. Incluso en esos primeros meses, sentado en su sillón después de cenar, enterrado en mi investigación, recuerdo ver a mi mamá recoger los platos de la mesa y empezar a llevarlos a su recámara, en lugar de a la cocina. La miraba en silencio, contaba cada segundo que pasaba antes de que se diera cuenta, y sentía cómo el nudo en mi estómago se tensaba más. Cada episodio renovaba más mis ansias de encontrar respuestas.

Un año se convirtió en dos, y dos años en tres, y a mí me consumía la fijación de comprender qué le estaba pasando a mi mamá. Un día me di cuenta de que tenía algo que muy pocas personas poseían: credenciales de prensa. Empecé a utilizar mi tarjeta de presentación como periodista para contactar a líderes científicos y clínicos de todo el mundo que pudieran darme alguna pista en mi búsqueda de la verdad. Hasta hoy he leído cientos (si no es que miles) de artículos científicos de diversas especialidades y he entrevistado a docenas de renombrados investigadores, así como a muchos de los médicos más respetados del mundo. También he tenido la oportunidad de visitar laboratorios de investigación dentro de algunos de los mejores centros de estudio del mundo: Harvard, Brown y el Karolinska Institutet en Suecia, por nombrar algunos.

¿Qué aspectos del entorno permiten que nuestro cuerpo y nuestro cerebro prosperen en lugar de fallar? Esta pregunta se volvió la base de mi investigación. Lo que descubrí cambió mi forma de pensar sobre nuestro órgano más delicado, además de que desafía la visión fatalista que me dieron casi todos los neurólogos y científicos especializados en el campo. Te sorprenderá —e incluso te impactará— saber que, si estás entre los millones de personas en todo el mundo con una predisposición genética a desarrollar enfermedad de Alzheimer (estadísticamente, hay una probabilidad de cuatro a uno de que así sea), es posible que respondas *todavía mejor* a los principios propuestos en este libro. Y, al seguirlos, lo más probable es que tengas más energía, duermas mejor, tengas menos neblina mental y tu estado de ánimo mejore desde *hoy*.

A través de este viaje me di cuenta de que la medicina es un campo muy vasto con muchos silos. Cuando se trata de saber cómo cuidar mejor algo tan complejo como el cuerpo humano, ya no digamos el cerebro, es necesario desarmar esos silos. Todo está relacionado de formas inimaginables, y conectar las partes requiere un cierto nivel de creatividad. En este libro te mostraré esas múltiples relaciones. Por ejemplo, te compartiré un método tan poderoso para quemar grasa que algunos médicos lo han llamado *liposucción bioquímica*, además de que puede ser la mejor arma de tu cerebro contra el deterioro. Asimismo, te enseñaré cómo ciertos alimentos y ejercicios físicos en realidad hacen que las neuronas funcionen de manera más eficiente.

Aunque me dedico a difundir las complejidades de la nutrición en el lenguaje de la gente común, también me apasiona dirigirme directamente a los médicos porque, aunque no lo parezca, pocos están entrenados de forma adecuada en estos temas. Me han invitado a impartir clases a estudiantes de medicina y practicantes de neurología en instituciones académicas importantes, como Weill Cornell Medicine, y he tenido la oportunidad de dar conferencias en la Academia de Ciencias de Nueva York junto con muchos de los investigadores que cito en este libro. También he ayudado a crear algunas de las herramientas que se usan para capacitar a médicos y otros proveedores de salud por todo el mundo sobre las prácticas clínicas de la prevención del Alzheimer, y soy coautor de un capítulo sobre el mismo tema en un libro de texto dirigido a neuropsicólogos. Por si eso fuera poco, también he contribuido a investigaciones en la Clínica de Prevención de Alzheimer de Weill Cornell Medicine y el Hospital NewYork-Presbyterian.

Lo que te presentaré a continuación es el resultado de este esfuerzo colosal e interminable no sólo por comprender lo que le ocurrió a mi madre, sino por prevenir que me ocurra a mí y a otros. Confío en que, al leer cómo hacer que tu cerebro funcione mejor en el presente, evitarás tu propio deterioro y llevarás tu salud cognitiva hasta sus límites naturales.

Cómo utilizar este libro

Este libro, basado en las últimas investigaciones, es una guía para lograr un funcionamiento neurológico óptimo cuyo agradable efecto secundario es que minimiza el riesgo de demencia.

Tal vez buscas presionar un botón para reiniciar tu agilidad mental y borrar el *caché*, por así decirlo. Quizá esperas aumentar la productividad y adelantarte a la competencia. Tal vez eres parte de los millones de personas en el mundo que luchan contra la neblina mental, la depresión o la incapacidad de lidiar con el estrés. Quizá tienes un ser querido que padece demencia o cierto deterioro cognitivo, y temes por su salud; quizá temes sucumbir ante un destino similar. Sin importar qué te llevó a tener *Alimentos geniales* entre tus manos, estás en el lugar correcto.

Este libro es un intento por descubrir los hechos y proponer nuevos principios unificadores que nos señalen al culpable colectivo moderno. Conocerás los alimentos que han sido víctimas de la modernidad: materias primas de buena calidad para el cerebro que fueron reemplazadas por el equivalente biológico de una tabla barata. Cada capítulo profundiza en elementos precisos de la función cerebral óptima —desde la preciada membrana celular y el sistema vascular, hasta la salud intestinal— vistos bajo la óptica de lo esencial: el cerebro. A cada capítulo le sigue un apartado, "Alimento genial", el cual contiene muchos de los elementos beneficiosos que mencionamos a lo largo del texto. Estos alimentos serán tus armas contra la mediocridad cognitiva y el deterioro; cómelos, y en gran medida. Más adelante detallaré el estilo de vida óptimo para los genios, el cual culmina en el "Plan genial".

Escribí este libro para que se leyera de principio a fin, pero siéntete libre de usarlo como material de consulta y saltarte capítulos. Y no tengas miedo de anotar en los márgenes y señalar puntos importantes (¡yo lo hago muchas veces!).

A lo largo del texto también encontrarás comentarios y "Notas del médico" que contienen la experiencia personal y clínica de mi amigo y colega, el doctor Paul Grewal, sobre muchos de los temas que vamos a tratar. El doctor Paul ha enfrentado sus propios retos, pues pasó por la escuela de medicina con algo muy familiar en el mundo occidental de hoy: la obesidad. Desesperado por encontrar una solución a sus problemas de peso, se aventuró a aprender todo lo posible sobre nutrición y ejercicio, temas que por desgracia no se tocan en los planes de estudio de las escuelas de medicina. Las verdades que halló le permitieron lograr una pérdida dramática de 45 kilogramos en menos de un año —y para siempre—, así que nos compartirá sus lecciones sobre ejercicio y nutrición en las siguientes páginas.

La ciencia siempre es un tema inconcluso; es un método para descubrir, no una medida infalible para la verdad. A lo largo de este libro usaremos nuestra interpretación de la mejor evidencia disponible, a sabiendas de que no todo se puede medir con un experimento científico. A veces la observación y la práctica clínica son la mejor evidencia que tenemos, y el mejor criterio para medir la salud es cómo respondes *tú* a un cambio en particular. Adoptamos un acercamiento evolutivo: nuestra postura es que, entre menos tiempo haya estado disponible un alimento, un medicamento o un suplemento, mayor evidencia a su favor debemos tener antes de incluirlo en la que consideramos una dieta y un estilo de vida saludables. Lo llamamos "Culpable hasta demostrar su inocencia" (como ejemplo, ve la sección de aceites de semillas poliinsaturados en el capítulo 2).

En lo personal, empecé este viaje desde una página en blanco, siguiendo el rastro de las evidencias. Usé mi falta de nociones preconcebidas como ventaja para mantener una distancia objetiva del tema y asegurarme de nunca perder de vista el paisaje por fijarme en los árboles. Por ende, encontrarás un vínculo entre disciplinas que por lo regular no aparecen conectadas en otros libros de este género; por ejemplo, metabolismo y salud cardiaca, salud cardiaca y salud cerebral, salud cerebral y cómo te *sientes* en realidad. Consideramos que entrelazar estas visiones aisladas es la clave del paraíso cognitivo.

Por último, sabemos que hay diferencias genéticas entre individuos, así como diferencias en nuestros niveles de salud y bienestar, que determinarán cosas como la tolerancia a los carbohidratos y la respuesta al ejercicio. Hemos descubierto los denominadores comunes que beneficiarán a todo tipo de gente y hemos incluido recuadros como guía para que personalices nuestras recomendaciones en función de tu propia biología.

Confío en que, cuando termines de leer este libro, concibas tu cerebro de otra manera, como algo que podemos "afinar", como un instrumento. Verás la comida con otros ojos, como un software capaz de reconectar tu cerebro y hacer que funcione tu mente al máximo de su capacidad. Sabrás dónde encontrar nutrientes que te ayuden a recordar mejor las cosas y te hagan sentir más lleno de energía. Verás que retrasar el proceso de envejecimiento (incluyendo el deterioro cognitivo) depende de los alimentos que eliminas de tu dieta y de los que eliges consumir, así como de *cuándo* y *cómo* los consumes. También te diré cuáles alimentos pueden quitarle más de una década de edad biológica a tu cerebro.

Debo ser honesto: estoy muy emocionado de que empieces este viaje conmigo. No sólo sentirás que eres una mejor versión de ti mismo desde las primeras dos semanas, sino que cumplirás mi deseo oculto y quizá la única meta real que tengo para ti: usar la mejor y más actualizada evidencia existente para evitar lo que mi mamá y yo experimentamos. Merecemos mejores cerebros… y el secreto está en nuestros alimentos.

Los alimentos geniales.

PRIMERA PARTE

Eres lo que comes

Capítulo 1

El problema invisible

El hombre debe saber que en el cerebro, y sólo en el cerebro, surgen nuestros placeres, alegrías, risas y bromas, así como nuestras tristezas, dolores, penas y lágrimas. A través de él, en particular, pensamos, vemos, escuchamos y distinguimos lo desagradable de lo hermoso, lo bueno de lo malo, lo placentero de lo poco placentero. Es lo mismo que nos enfurece o hace delirar, que nos inspira miedo, que nos provoca insomnio y ansiedades sin sentido [...] En estos sentidos, considero que el cerebro es el órgano más poderoso del cuerpo humano.

HIPÓCRATES

¿Estás listo para recibir una buena noticia? Acunados dentro de tu cráneo, a pocos centímetros de tus ojos, se encuentran 86 000 millones de los transistores más eficientes en el universo. *Tú eres esa red neuronal* que procesa el sistema operativo que conocemos como vida, y ninguna computadora que se haya concebido hasta ahora se acerca siquiera a reproducir su magnífica capacidad. El cerebro humano, forjado durante millones y millones de años de vida en la Tierra, es capaz de guardar casi la misma información que cabría en *ocho mil iPhones*. Todo lo que eres, haces, amas, sientes, te preocupa, anhelas y deseas comienza en una sinfonía invisible y sumamente compleja de procesos neuronales. Elegante, fluido y abrasadoramente rápido: cuando los científicos intentaron simular sólo un segundo de la capacidad cerebral del ser humano, les tomó 40 minutos a las supercomputadoras.

Ahora, la mala noticia: el mundo moderno se parece a *Los juegos del hambre*, y el cerebro es un combatiente involuntario, que está siendo atacado sin misericordia y sin descanso por todas partes. El estilo de vida actual está minando nuestra increíble herencia y minando contra nuestro rendimiento cognitivo óptimo, lo que nos deja en riesgo de desarrollar algunas aflicciones muy desagradables.

Nuestras dietas devastadas por la industrialización proveen calorías baratas y en grandes cantidades, con un contenido bajo de nutrientes y muchos aditivos tóxicos. Nuestras carreras nos obligan a realizar las mismas tareas una y otra vez, pero nuestro cerebro progresa con el cambio y la estimulación. Nos restringen el estrés, la falta de conexión con la naturaleza, los patrones de sueño antinaturales y la sobreexposición a noticias y tragedias, además de que nuestros vínculos sociales han sido suplantados por las redes sociales. Todo esto conlleva un deterioro y un envejecimiento prematuros. Hemos creado un mundo tan alejado del espacio en que nuestro cerebro evolucionó, que éste lucha por sobrevivir.

Estas creencias modernas nos hacen intensificar el daño con nuestros actos cotidianos. Nos convencemos de que pasar seis horas en cama significa que dormimos toda la noche. Consumimos comida chatarra y bebidas isotónicas para mantenernos despiertos, nos medicamos para dormir y, llegado el fin de semana, nos evadimos tanto como es posible, todo en un intento mediocre de tener un respiro momentáneo de nuestra lucha diaria. Esto provoca un corto circuito en nuestro sistema de control de la inhibición —la voz de la razón dentro de nuestro cerebro—, lo que nos convierte en ratas de laboratorio que buscan de forma frenética la siguiente descarga de dopamina. El ciclo se perpetúa solo y, con el tiempo, refuerza los hábitos y provoca cambios que no sólo nos hacen sentir mal, sino que derivan en un deterioro cognitivo.

Ya sea que estemos conscientes de ello o no, quedamos atrapados en el fuego cruzado entre facciones antagónicas. Los accionistas manejan las empresas de alimentos que operan bajo la "mano invisible" del mercado para proveer ganancias cada vez mayores o se arriesgan a volverse irrelevantes. Como tal, nos venden alimentos diseñados explícitamente para crear una adicción insaciable. Por otro lado, nuestro sistema de salud y nuestro aparato de investigación científica mal financiados luchan por mantenerse al corriente, difundiendo recomendaciones y políticas que, aunque sean bienintencionadas, están sujetas a innumerables tendencias: desde errores inocuos de pensamiento, hasta la corrupción patente de los estudios financiados por la industria y las carreras científicas que dependen de fondos privados.

No es de sorprender que hasta las personas cultas se sientan confundidas respecto a la nutrición. Un día nos dicen que evitemos la mantequilla; al siguiente, que podemos hasta beberla. Un lunes escuchamos que la actividad física es la mejor manera de perder peso, sólo para enterarnos el viernes que su impacto en la cintura es mínimo en comparación con el de la dieta. Nos dicen una y otra vez que los cereales integrales son la clave de la salud cardiaca, pero ¿la causa de las cardiopatías es *en realidad* una deficiencia de avena en la mañana? Tanto los blogs como los medios tradicionales de comunicación intentan cubrir los avances científicos, pero su cobertura (y sus titulares sensacionalistas) muchas veces parece más interesada en atraer gente a sus páginas web que informar al público.

Nuestros médicos, nutriólogos y hasta el gobierno tienen una opinión; sin embargo, están influidos consciente o inconscientemente por intereses ocultos. ¿Cómo podemos saber en quién y en qué confiar cuando arriesgamos tanto?

Mi investigación

En los primeros meses después del diagnóstico de mi madre, hice lo que cualquier buen hijo haría: la acompañé a las citas con los médicos, con un diario lleno de preguntas a la mano, desesperado por obtener siquiera un poco de claridad para calmar nuestras inquietudes. Cuando no pudimos encontrar respuestas en una ciudad, volamos a la siguiente. De Nueva York fuimos a Cleveland, a Baltimore. Aunque tuvimos la suerte de visitar algunos de los departamentos de neurología más importantes en Estados Unidos, siempre nos topábamos con lo que denominé "un diagnóstico y una despedida": después de una batería de pruebas físicas y cognitivas, nos mandaban a casa, por lo general con otra receta para un nuevo curita bioquímico, pero nada más. Después de cada cita me sentía más y más obsesionado con encontrar un enfoque mejor. Dejé de dormir por pasar noches enteras investigando, esperando aprender todo lo posible sobre los mecanismos subyacentes de esa enfermedad nebulosa que estaba robándole a mi madre su capacidad cerebral.

Ya que estaba en la plenitud de su vida cuando comenzaron los síntomas, no podía culpar a la vejez. Como una mujer jovial, atractiva y carismática de cincuenta y tantos, mi mamá no era —y todavía no es— la imagen de una persona que sucumbe a la devastación del envejecimiento. No teníamos antecedentes familiares de ninguna clase de enfermedad neurodegenerativa, así que sus genes no parecían ser los responsables. Debía haber otro precursor externo y yo tenía la corazonada de que se trataba de algo alimenticio.

Seguir ese instinto me llevó a pasar la mayor parte de la última década explorando el papel que desempeña la comida (y los factores de estilo de vida, como el ejercicio, el sueño y el estrés) en la función neurológica. Descubrí que unos cuantos clínicos vanguardistas se han enfocado en la conexión entre la salud cerebral y el metabolismo: es decir, cómo el cuerpo crea energía a partir de ingredientes esenciales, como alimento y oxígeno. A pesar de que mi mamá nunca había sido diabética, empecé a investigar sobre diabetes tipo 2 y hormonas como la insulina y la leptina, esa casi desconocida señal que controla el interruptor principal del metabolismo. Me interesaron las investigaciones más recientes sobre nutrición y salud cardiovascular, las cuales esperaba que pudieran ayudar a preservar la red de minúsculos vasos sanguíneos que proveen oxígeno y otros nutrientes al cerebro. Aprendí cómo las bacterias ancestrales que pueblan nuestro intestino sirven como guardianes silenciosos para el cerebro, y cómo la dieta moderna está literalmente matándolas de hambre.

Conforme descubría más y más formas en las que nuestra alimentación influye en el riesgo de enfermedades como el Alzheimer, no podía evitar integrar cada hallazgo a mi propia vida. Casi de inmediato noté que mis niveles de energía empezaban a aumentar y me sentía más regulado a lo largo del día. Mis pensamientos parecían fluir sin tanto esfuerzo y me sentía de mejor ánimo. También noté que era más fácil dirigir mi atención y enfocarme, así como evitar las distracciones. Y aunque no era mi meta inicial, incluso pude perder la grasa arraigada y llegué a tener la mejor condición física de mi vida; ¡un bono bienvenido! Aunque el motivo inicial de mi investigación fue mi madre, yo también me enganché con esta nueva dieta para la salud cerebral.

Por accidente me tropecé con un concepto oculto: los alimentos que ayudan a proteger el cerebro contra la demencia y el envejecimiento también hacen que funcione mejor en el presente.[1] Al invertir en nuestro futuro podemos mejorar nuestra vida hoy.

Recupera tu herencia cognitiva

Desde el inicio de la medicina moderna, los médicos creían que la anatomía cerebral se volvía inamovible en la madurez. Se creía que era imposible cambiar el cerebro en personas nacidas con una discapacidad de aprendizaje, víctimas de una lesión cerebral, pacientes de demencia o que simplemente buscaban mejorar su función cerebral. Según la ciencia, tu vida cognitiva trascendería así: tu cerebro, el órgano responsable de la conciencia, pasaría por un periodo feroz de crecimiento y organización hasta los 25 años —el estado climático de tu hardware mental—, sólo para empezar un largo declive gradual hasta el final de tu vida. Esto, claro, en el supuesto de que no hicieras nada para acelerar ese proceso (sí, te hablo a ti, universidad).

Más adelante, a mediados de los años noventa, se descubrió algo que cambió para siempre la forma en que los científicos y los médicos veían el cerebro: descubrieron que era posible generar nuevas neuronas a lo largo de la vida del humano adulto. Sin duda fue una noticia bienvenida para la especie heredera del producto emblemático de la evolución darwiniana: el cerebro humano. Hasta ese punto se creía que la creación de nuevas células cerebrales —llamada *neurogénesis*— ocurría sólo durante el desarrollo.[2] En un instante, los días del "nihilismo neurológico", término acuñado por el neurocientífico Norman Doidge, se habían acabado. Nació el concepto de neuroplasticidad de por vida —la capacidad del cerebro de cambiar hasta la muerte—, y con él la oportunidad única de sacar provecho de este descubrimiento emblemático para tener mejor salud y desempeño.

Brincamos un par de décadas hasta el día de hoy y casi podemos sentir el latigazo en el cuello por todo el progreso que se ha hecho para comprender el cerebro, tanto en la forma de protegerlo como en la manera de reforzarlo. Considera el desarrollo en el campo de la investigación de Alzheimer. Esta enfermedad es una condición neurodegenerativa devastadora que afecta a más de cinco millones de personas en Estados Unidos (se espera que las cifras se tripliquen en años venideros), y sólo hace poco se empezó a considerar que la dieta podría tener un impacto en la enfermedad. De hecho, aunque el médico alemán Alois Alzheimer describió por primera vez la enfermedad en 1906, 90% de lo que sabemos hoy sobre la condición se descubrió en los últimos 15 años.

LA PRUEBA FINGER

Tuve el privilegio de visitar a Miia Kivipelto, una neurobióloga del Karolinska Institutet en Estocolmo y una de las pocas investigadoras especializadas en los efectos de la dieta y el estilo de vida en el cerebro. Es líder de la innovadora prueba FINGER, Finnish Geriatric Intervention Study to Prevent Cognitive Impairment and Disability (estudio finlandés de intervención geriátrica para prevenir las alteraciones y discapacidades cognitivas), el primer ensayo longitudinal aleatorio a gran escala (aún en curso) para medir el impacto que tienen nuestra dieta y nuestro estilo de vida en la salud cognitiva.

El estudio involucra a más de 1 200 adultos mayores en riesgo, la mitad participa en programas de ejercicio, consultoría nutricional y apoyo social para reducir los factores de riesgo psicosociales para el declive cognitivo, como la soledad, la depresión y el estrés. La otra mitad, el grupo de control, recibe un cuidado básico.

Después de los primeros dos años se publicaron los hallazgos iniciales, los cuales revelaron resultados sorprendentes. La función cognitiva general de las personas en el grupo de intervención aumentó 25%, en comparación con el de control, y su *función ejecutiva* mejoró 83%. La función ejecutiva tiene una importancia crítica en muchos aspectos de una vida sana, pues influye en gran medida en la planeación, la toma de decisiones e incluso la interacción social. (Si tu función ejecutiva no se está desempeñando bien, tal vez sientas que no puedes pensar con claridad o concluir ciertas cosas.) Y la *velocidad de procesamiento* de los voluntarios mejoró en un impresionante 150%. La velocidad de procesamiento es el índice en que uno asimila nueva información y reacciona a ella, y por lo general disminuye con la edad.

El éxito de este estudio sugiere el poder de la "renovación" en el estilo de vida para mejorar la forma en que funciona el cerebro, aun en la vejez, y provee la mejor evidencia disponible hasta ahora de que el deterioro cognitivo no tiene que ser una parte inevitable del envejecimiento.

Como resultado de este cambio en nuestra comprensión del cerebro, se han creado instituciones como el Centro para la Nutrición, el Aprendizaje y la Memoria, de la Universidad de Illinois, en Urbana-Champaign, dedicadas a llenar los huecos de nuestro conocimiento neuronal colectivo. También han surgido otras especialidades, ansiosas por explorar los vínculos entre nuestro ambiente (incluyendo la dieta) y diversos aspectos de la función cerebral. El Centro de Alimentación y Estado de Ánimo de la Universidad Deakin, por ejemplo, sólo existe para estudiar el vínculo entre la dieta y los trastornos anímicos. En 2017 el centro reveló que es posible tratar una *depresión grave* con alimentación. Comentaré más estos hallazgos y los alimentos que pueden mejorar el estado de ánimo en los siguientes capítulos.

Aun así, muchas personas desconocen este vasto y creciente corpus de investigación. Un estudio realizado por AARP descubrió que, si bien 90% de los estadounidenses cree que la salud cerebral es muy importante, pocos saben cómo cuidarla o mejorarla. Hasta los médicos con mejores intenciones, a quienes acudimos cuando estamos asustados y confundidos, parecen estar atrasados. El *Journal of the American Medical Association* mismo asegura que toma 17 años en promedio para que los descubrimientos científicos se apliquen en la práctica clínica diaria.[3] Eso significa que seguimos pasando por todas las mismas formalidades mientras persiste la vieja narrativa. Pero no tiene que ser así.

Un controlador genético: ¡tú!

> Sin imperfección, ni tú ni yo existiríamos.
> STEPHEN HAWKING

> *Error* es la palabra que te da vergüenza utilizar.
> No debería ser así. Eres producto de un trillón de ellos.
> La evolución forjó toda la vida consciente de este planeta
> usando sólo una herramienta: el error.
> ROBERT FORD (interpretado por Anthony Hopkins),
> *Westworld*, HBO

Se consideraba que nuestros genes eran el instructivo biológico, el código que determinaba nuestra vida, incluyendo cómo funcionaba nuestro cerebro. Comprender este código era la meta del Proyecto del Genoma Humano, completado en 2002, el cual tenía la esperanza de que al final se nos revelaran los secretos para curar las enfermedades humanas (incluyendo el cáncer y las enfermedades genéticas). Aunque el proyecto fue un logro científico maravilloso, los resultados desencantaron.

Sucede que lo que distingue a una persona de otra es en realidad insignificante desde un punto de vista genético y asciende a menos de 1% de toda la variación genética. Entonces, ¿por qué algunas personas viven más de 90 años con cerebros y cuerpos saludables, y otras no? Preguntas como ésta siguen intrigando a los científicos después del proyecto y han dado cabida a la idea de que debe haber otro factor o factores culpables del amplio rango de diferencias en cuanto a salud y envejecimiento que muestra la población humana global.

Aquí hace su entrada la *epigenética*, el fénix que surgió de las cenizas del proyecto. Si nuestros genes se parecen a las teclas de un piano de cola con 23 000 notas, ahora comprendemos que nuestras decisiones pueden influir en la melodía que se está tocando. Es decir, aunque nuestras decisiones no puedan cambiar nuestro código genético básico, pueden influir en la capa de sustancias químicas que se encuentra encima de nuestro ADN y decirle a éste qué hacer. Esta capa se llama *epigenoma*, derivado de la palabra griega *epi*, que significa "encima". El epigenoma afecta no sólo nuestras probabilidades de desarrollar las enfermedades de mayor riesgo para nosotros, sino la expresión de nuestros genes en todo momento, y reacciona de forma dinámica a los incontables datos que le proveemos. (Tal vez la partitura está todavía más oculta en el misterio, el orden y la secuencia, así como la frecuencia de activación de cada gen en el desarrollo de un organismo… ¡pero ése es tema de otro libro!)

Mientras que un tratado en epigenética tomaría volúmenes, este libro se enfocará en uno de los principales ejecutantes de nuestro teclado genético: la dieta. ¿Tu conductor genético será un Leonard Bernstein o un estudiante de quinto grado que golpea las teclas por primera vez? Puede depender en gran medida de tus decisiones alimentarias. Lo que comes determinará si eres capaz de modular la inflamación, "entrenar" a tu sistema inmunológico con premios y producir compuestos poderosos para estimular el cerebro, todo con la ayuda de algunos nutrientes subestimados (y técnicas de estilo de vida) que se han perdido mucho en el mundo moderno.

Conforme avances, recuerda que nadie es un espécimen perfecto. Yo claramente no lo soy, ni tampoco lo es el doctor Paul (aunque él podría contradecirme). Cuando se trata de los genes, todos tienen características que, frente al mundo moderno, aumentan el riesgo de cardiopatías, cáncer y, sí, demencia. En el pasado, estas diferencias promovieron la evolución de nuestra especie y sirvieron como ventajas en nuestro misterioso mundo ancestral. Hoy en día, tales diferencias explican que alguien que llega a los 40 años tenga 80% de probabilidades de morir de alguna de estas enfermedades. Sin embargo, hay una buena noticia: si algo hemos aprendido en los últimos años es que los genes no son el destino, sino que sólo predicen lo que la dieta común hará en tu cuerpo. Este libro te arrimará a ese otro 20% a medida que atendamos la salud de tu cerebro y tu sistema vascular (al tiempo que abordamos algunos puntos de la prevención del cáncer y la pérdida de peso, ya que estamos en ello).

En los siguientes capítulos describiré un antídoto basado en evidencias en contra de la dieta común y el estilo de vida que merman el cerebro, y repleto de nutrientes para alimentar a este órgano famélico, así como técnicas físicas y mentales para devolverle su fuerza y controlar tu destino evolutivo. Los principales oponentes en la batalla por esta herencia cognitiva son la inflamación, la sobrealimentación, la deficiencia de nutrientes, la exposición a tóxicos, el estrés crónico, el sedentarismo y la falta de sueño. (Si te parece mucho, no te preocupes, pues están entrelazados, así que atender uno muchas veces hace más sencillo mejorar los demás.) Éste es un breve recuento de cada uno de esos "villanos".

Inflamación

En un mundo perfecto, la inflamación no es más que la capacidad de nuestro sistema inmunológico para "limpiar" heridas, cortadas y moretones, y para prevenir que la ocasional bacteria turista se convierta en una infección masiva. Hoy en día, nuestro sistema inmunológico se mantiene activo de forma crónica en respuesta a nuestra dieta y estilo de vida. Desde hace varios años se determinó que esto tenía un papel primordial en el desarrollo muchas de las enfermedades cronicodegenerativas que abundan en la sociedad moderna. La inflamación generalizada puede dañar eventualmente el ADN, promover la resistencia a la insulina (el mecanismo subyacente que favorece la diabetes tipo 2) y causar aumento de peso. Esto puede explicar por qué la inflamación sistémica está altamente correlacionada con una cintura más ancha.[4] En los siguientes capítulos también vincularemos de forma definitiva estos mismos factores con la enfermedad neurológica, la neblina mental y la depresión.

Sobrealimentación

No siempre tuvimos la opción de invocar nuestros alimentos con un par de toques en un smartphone. Al resolver el problema de la carencia de alimentos de nuestra especie durante la revolución agrícola, creamos uno nuevo: la sobrealimentación. Por primera vez en la historia hay más humanos con *sobrepeso* que *bajos de peso*.[5] Al someter el cuerpo a un estado de "alimentación" constante perdimos el antiguo equilibrio, lo que nos ha provocado falta de energía cerebral, envejecimiento acelerado y deterioro. Parte de esto tiene que ver con el hecho de que muchos alimentos actuales están diseñados específicamente para estimular el cerebro hasta llevarlo a un "punto de éxtasis" artificial, a partir del cual queda inutilizado el autocontrol (ahondaré en este punto en el capítulo 3).

Deficiencia de nutrientes

En *Vanilla Sky* (una de mis películas favoritas), el escritor y director Cameron Crowe escribió: "Cada minuto que pasa es una oportunidad de cambiarlo todo". Esto es cierto sobre todo con respecto a la capacidad de nuestro cuerpo de repararse de los daños incurridos por el envejecimiento, pero *sólo* si lo alimentamos con los ingredientes correctos. En la actualidad, 90% de los estadounidenses no obtiene las cantidades adecuadas de por lo menos una vitamina o un mineral, lo que sienta las bases para el envejecimiento y el deterioro acelerados.[6]

Exposición a tóxicos

Nuestro abastecimiento de comida está inundado de productos que "parecen" comida. Éstos contribuyen directamente a los tres factores mencionados con anterioridad: pérdida de nutrientes durante el proceso de producción, promoción del sobreconsumo y estimulación de la inflamación. Lo más insidioso, sin embargo, puede ser el "bono" de aditivos tóxicos: los jarabes, los aceites industriales y los emulsionantes que contribuyen directa e indirectamente a activar el sistema inmunológico y provocan ansiedad, depresión, un desempeño cognitivo subóptimo y riesgo de enfermedades a largo plazo.

Estrés crónico

El estrés psicológico crónico es un gran problema en el mundo occidental. Al igual que la inflamación, la evolución diseñó la respuesta de estrés del cuerpo para mantenernos a salvo, pero el mundo moderno la secuestró. El estrés crónico es directamente tóxico para la función cerebral (lo cual explico en el capítulo 9), pero también hace que busquemos alimentos que no son saludables y aumentemos el daño ya hecho.

Sedentarismo

Nuestro cuerpo está diseñado para moverse, e ignorar este hecho hace sufrir al cerebro. Es impresionante la cantidad de evidencia acumulada que lo sustenta, no sólo como método para estimular la salud cerebral a largo plazo (permitiendo que nos defendamos de enfermedades que antes no se podían prevenir), sino como mecanismo para incrementar nuestra capacidad de razonamiento y aprendizaje.

De la misma manera, hemos evolucionado con otro tipo de ejercicio: el ejercicio térmico. Somos muy buenos para cambiar nuestro entorno y adaptarlo a nuestro nivel de confort, pero la falta de variación en la temperatura que experimentamos de forma cotidiana puede minar nuestro clímax cerebral y la resistencia a las enfermedades.

Falta de sueño

Por último, un sueño de buena calidad es esencial para el funcionamiento cerebral y la buena salud. Te da la *capacidad* de hacer cambios alimentarios y de estilo de vida al asegurarse de que tus hormonas trabajan a tu favor, no en tu contra, lo que purifica el cerebro y refuerza la memoria. Es una ganancia inmensa por un mínimo esfuerzo; sin embargo, nuestra deuda colectiva de sueño va en aumento.

Como mencioné antes, cualquiera de estos villanos tiene el poder de causar estragos cognitivos y han formado una alianza para ello. No obstante, si permites que este libro sea tu arco y tu flecha, tu espada y tu lanza, tienes posibilidades de ganar.

En los siguientes capítulos esbozaré un mapa que te permitirá navegar por los inconvenientes de nuestro estilo de vida discordante y estresante, al tiempo que vinculo los principios evolutivos con las últimas investigaciones clínicas. Usaremos la dieta para que tu cerebro vuelva a su "configuración original", lo que hará que te sientas y te desempeñes como la mejor versión de ti mismo. Incluso nos aventuraremos hacia la nueva y emocionante ciencia que estudia el microbioma: el conjunto de bacterias que viven dentro de nosotros y manipulan de formas impactantes las perillas y manivelas de nuestra salud, estado de ánimo y desempeño. Estos bichitos nos ofrecen un nuevo lente a través del cual observar todas nuestras decisiones. A continuación, a medida que empieces a reclamar tu legado cognitivo, reconocerás los nutrientes que tu cerebro ansía más y con desesperación. Que la suerte esté siempre de tu lado.

Alimento genial #1

Aceite de oliva extra virgen

Vierte un poco de aceite de oliva extra virgen (AOEV) en una cuchara y sórbelo como si estuvieras comiendo sopa con muy malos modales. (Sí, me refiero a que lo bebas, en un momento verás por qué.) En poco tiempo notarás una curiosa picazón en la garganta: es causada por un compuesto llamado *oleocantal*. Es un tipo de fenol, un compuesto vegetal que estimula con fuerza los mecanismos de reparación de nuestro cuerpo cuando los consumimos (los fenoles suelen estar entrelazados en polifenoles). El oleocantal posee efectos antiinflamatorios tan potentes que se comparan con una pequeña dosis de ibuprofeno —un antiinflamatorio no esteroideo—, pero sin los potenciales efectos secundarios.[1] La inflamación, como sabrás, puede anular la neuroplasticidad (la capacidad del cerebro para cambiar a través de la vida) e incluso producir sentimientos de depresión, como empiezan a demostrar las investigaciones.

El AOEV es un alimento básico en la dieta mediterránea, y la gente con este tipo de alimentación exhibe una incidencia menor de enfermedad de Alzheimer. El oleocantal puede influir en esto también, ya que se ha demostrado su potencial para ayudar a librar al cerebro de la placa *amiloide*, la proteína pegajosa que aumenta los niveles de toxicidad en personas con Alzheimer.[2] Para ello, aumenta la actividad de las enzimas que degradan la placa. Se ha demostrado en estudios longitudinales que protege el cerebro contra el deterioro (y también mejora la función cognitiva) cuando se consume en volúmenes de hasta un litro a la semana.[3] Y, si no basta con que proteja tu cerebro, también se ha demostrado que el AOEV bloquea una enzima en el tejido adiposo llamada ácido graso sintasa, el cual crea grasa a partir del exceso de carbohidratos en la dieta.[4]

Aparte del oleocantal, el AOEV también es una excelente fuente de grasas monoinsaturadas, un tipo de grasa saludable que ayuda a preservar la salud de los vasos sanguíneos y el hígado, y que puede ayudar también a perder peso. Una cucharada también contiene 10% del consumo diario recomendado de vitamina E, la cual es un antioxidante que protege las estructuras grasas del cuerpo —como el cerebro— del desgaste y el envejecimiento.

Nicholas Coleman, uno de los pocos *oleólogos* en el mundo, cuya especialidad es el cultivo de aceites de oliva extra vírgenes ultra premium, me compartió unos cuantos consejos para encontrar el aceite de oliva correcto. En primer lugar, el color no influye en la calidad del aceite. La mejor forma de saber qué tan bueno es un aceite es probarlo. Los buenos aceites de oliva extra vírgenes deben tener un gusto vegetal, no grasoso. Dado que el oleocantal es responsable del regusto a pimienta del aceite virgen, un referente puede ser la presencia de oleocantal en el aceite. Los aceites más fuertes pueden ser tan picantes que te hagan toser, ¡lo que en realidad es una clasificación de la calidad del aceite! La próxima vez que consumas un aceite "que te haga toser", sabrás que encontraste uno bueno y tu cerebro te lo agradecerá.

Cómo usarlo: El AOEV debe ser el aceite principal en tu dieta; úsalo libremente en ensaladas, huevos y como aderezo. Asegúrate de que el aceite esté en una botella que lo aísle de la luz (vidrio oscuro o lata están bien), y consérvalo en un lugar fresco y seco.

Capítulo 2

Grasas fabulosas y aceites ominosos

Entre mis recuerdos de la niñez a finales de los años ochenta y noventa hay algunos acontecimientos sobresalientes: cantar una y otra vez el tema de *Las tortugas ninja* (¡poder tortuga!), mi primer disfraz de Halloween de *Los cazafantasmas* y despertar a una hora inhumana los sábados en la mañana para ver la primera gran serie del renacimiento de la televisión moderna: *X-Men, la serie animada*.

En mis recuerdos, el patrón de alimentación de mi familia es un poco menos vívido. Mi mamá preparaba casi todas las comidas en casa, pero era tan consciente de la salud como podría serlo cualquier mujer ocupada con tres hijos (o cuatro, si contamos a mi papá). Veía el noticiero *Nightly News*, leía el *New York Times* y varias revistas, y solía mantenerse al tanto de las últimas recomendaciones de salud de su época. Entonces no había redes sociales, pero la televisión y las revistas se encargaban de difundir los últimos descubrimientos y las recomendaciones del gobierno. Muchas madres, incluyendo la mía, obtuvieron sus nociones de nutrición de esta manera.

Los principales aceites con los que se cocinaba en mi casa eran de canola y de maíz porque no tenían colesterol ni grasa saturada. Varias noches, la cena consistía en alguna clase de tallarines o espagueti de harina de trigo que nadaban en margarina, la supuesta alternativa saludable a la "dañina" mantequilla que "obstruía las arterias". Era un platillo que se habría ganado el corazón de cualquier nutriólogo a principios de los noventa.

Por desgracia, en ese entonces el concepto general de dieta que tenían las mamás —y probablemente toda la familia— fue consecuencia de errores en la ciencia de la nutrición, de políticas tendenciosas y de empresas que hicieron lo que sabían hacer mejor: bajar costos, cabildear y vender. Y, al final, todo resultó ser una completa tontería.

Todo comenzó en los años cincuenta, cuando la población necesitaba una solución al problema de salud pública cada vez más urgente: las afecciones cardiacas. Mi mamá, quien nació en 1952, creció en medio de lo que parecía una terrible epidemia nacional. Las cardiopatías se consideraban "parte inevitable del envejecimiento" y algo contra lo cual los médicos no podían hacer mucho.[1] En *La grasa no es como la pintan*, la periodista nutricional Nina Teicholz hace un recuento del furor: "Una repentina presión en el pecho asaltaba a los hombres en la plenitud de la vida, en medio del campo de golf o en la oficina, y los médicos no sabían por qué. Al parecer, la enfermedad había aparecido de la nada y se había extendido a toda prisa hasta convertirse en la principal causa de muerte en el país", hasta que un científico extrovertido emergió entre los pasillos oscuros de la academia con una vela.

Su nombre era Ancel Keys, patólogo de la Universidad de Minnesota. Aunque Keys no era médico, obtuvo cierta reputación en el gremio nutricional durante la Segunda Guerra Mundial cuando creó la ración K, un sistema de alimento empaquetado que se les entregaba a los soldados en el campo de batalla. Después de la guerra, Keys se unió al Departamento de Salud de Minnesota para estudiar la repentina problemática cardiovascular del país. La hipótesis de Keys era que la grasa alimenticia era la base de la epidemia y, para ilustrarla, dibujó una gráfica a partir de información nacional que mostraba una correlación perfecta entre el total de las calorías consumidas en grasa y el índice de mortandad por enfermedad cardiaca. Su estudio incluyó seis países.

Keys es famoso por haber desencadenado el efecto dominó que esculpió las políticas nutricionales de los siguientes 60 años, pero su argumento estaba basado en información parcial y malinterpretada. Su gráfica subrayaba una correlación entre las dos variables que uno encuentra al estudiar cosas como la alimentación a escala poblacional, pero las correlaciones no demuestran causalidad, sino que sólo exponen las relaciones que el estudio pretende resaltar. En este caso, Keys presumió causalidad, lo que lo convirtió en un héroe nacional y lo llevó a la portada de la revista *Time* en 1961.

Conforme su argumento se fue arraigando en el diálogo nacional, hubo un coro creciente de voces dentro de la comunidad científica que desentrañó el trabajo de Keys. Muchos pensaron que la validez de su correlación era cuestionable en sí misma: Keys omitió la información disponible para otros *dieciséis* países, porque, de incluirla, no habría aparecido dicha correlación. Por ejemplo, no había epidemia de cardiopatías en Francia, un país cuyos habitantes aman el queso y la mantequilla; es la llamada "paradoja francesa". Otros dudaron que hubiera vínculo alguno entre el consumo de grasa y las cardiopatías.

John Yudkin, profesor fundador del Departamento de Nutrición de Queen Elizabeth College, en Londres, fue uno de los principales detractores de Keys. Desde 1964, Yudkin argumentó que el responsable era el azúcar, no la grasa. Escribió que "en los países más desarrollados hay evidencias de que el azúcar y los alimentos que contienen azúcar contribuyen a varias enfermedades, incluyendo obesidad, caries, diabetes mellitus [tipo 2] e infarto al miocardio [ataque cardiaco]". Un nuevo análisis de la información de Keys, realizado muchos años después, confirmó que el azúcar siempre había estado correlacionada de forma mucho más cercana con el riesgo de cardiopatía que cualquier otro nutriente. Después de todo, hasta mediados del siglo XIX el azúcar refinada era sólo un gusto esporádico para la mayoría de la gente, un lujo que solía provenir de algún regalo, por ejemplo; sin embargo, desde hace milenios consumimos mantequilla.

Otro investigador, Pete Ahrens, expresó un desconcierto similar. Su propia investigación sugería que los carbohidratos de los cereales, los granos, las harinas y el azúcar contribuían directamente a la obesidad y las afecciones cardiacas. (Las investigaciones que se harían décadas después vincularían también estos factores con las enfermedades del cerebro.) Pero Yudkin, Ahrens y sus colegas no lograron que sus voces se oyeran por encima de la del "carismático y combativo" Keys, quien además tenía un poderoso aliado.[2]

En 1967, en el prestigioso *New England Journal of Medicine* (NEJM) se publicó un artículo de revisión sobre las causas alimentarias de las cardiopatías. Era una embestida sin restricciones que señalaba la grasa de los alimentos (y el colesterol) como la principal causa de afecciones cardiacas. El papel del azúcar quedó minimizado en el artículo, el cual se difundió tanto que anuló cualquier vientecillo que pudiera impulsar las velas del debate contra Keys. Sin embargo, este tipo de estudios (y la investigación científica en general) deben ser objetivos y no estar controlados por factores económicos. Aunque los investigadores muchas veces se apoyan en fondos externos, en tales casos es indispensable declarar quién financió el proyecto para alertar a sus colegas de cualquier potencial conflicto de intereses. Por desgracia, no fue el caso con el artículo de *NEJM*. Una organización comercial llamada Fundación de la Investigación del Azúcar (ahora conocida como Asociación del Azúcar) le pagó a cada uno de los autores del artículo el equivalente a 50 000 dólares actuales, dato que *no* se menciona en el artículo original. Por si fuera poco, la fundación también influyó en la selección de estudios que estos autores comentaron en su artículo. "Lograron desviar la discusión sobre el azúcar durante décadas", afirmó Stanton Glantz, profesor de medicina de la Universidad de California, en San Francisco, en una entrevista con el *New York Times*. El doctor Glantz publicó sus hallazgos en el *Journal of the American Medical Association* en 2016.[3] (Tal vez creas que los tiempos han cambiado y esas tácticas nefastas quedaron atrás. La industria azucarera sigue enturbiando las aguas de la ciencia y financiando investigaciones que convenientemente concluyen que los comentarios en contra del azúcar son exageraciones.)[4]

Y HACE SU ENTRADA LA FRANKENCOMIDA

¿Hasta qué grado se puede manipular la comida antes de que deje de serlo? Durante muchos años, los productos que no se apegaban a las definiciones estrictas de alimentos básicos se etiquetaban como "imitaciones". Sin embargo, una etiqueta con esa leyenda implicaba el fracaso del producto, así que la industria pugnó para que se eliminara esta imposición. Lo logró en 1973. En *El detective en el supermercado*, el periodista Michael Pollan escribe:

La puerta de la regulación se abrió y dio paso a toda clase de productos artificiales y bajos en grasas: las grasas de productos como crema agria y yogurt fueron reemplazadas por aceites hidrogenados, goma guar o carragenanos; los trozos de tocino fueron reemplazados con proteína de soya; la crema en la "crema batida" y la "crema para café" fueron reemplazadas por almidón de maíz, y las yemas de huevo licuadas fueron reemplazadas por, bueno, cualquier cosa que se les ocurriera a los científicos. El cielo era el límite ahora. Mientras los nuevos alimentos artificiales estuvieran diseñados con el equivalente nutricional del artículo real, no se podían considerar falsos.

De pronto, abrimos las puertas a la Frankencomida, y los pasillos de los supermercados se inundaron de productos falsos. Fue el equivalente a abrir el portal en la película *Túnel al infierno*, de 1987, pero, en lugar de que saliera una avalancha de horrendas criaturas, eran las imitaciones procesadas de los alimentos reales, ahora acompañadas de un halo "bajo en grasa" o "libre de grasa".

Uno de los productos más absurdos de la manada salió a la luz a finales de los noventa: las papas fritas formuladas con la molécula olestra. Era un sueño hecho realidad: un sustituto de grasa creado en un laboratorio que, como por arte de magia, se deslizaba por el tracto digestivo sin ser absorbido. ¿Lo malo? Los calambres, la inflamación y la diarrea que provocaba el equivalente al derrame petrolero de Exxon en los pantalones de cualquiera.

¿Cómo evitar la Frankencomida aun hoy, cuando ir a un supermercado moderno equivale a saltar un campo minado? Mantente en el perímetro de la tienda, donde suelen estar los alimentos perecederos y frescos; la Frankencomida suele acechar en los pasillos centrales. Y consume los alimentos geniales tanto como sea posible, como se muestra en la lista de compras del plan, en el capítulo 11.

Tiempo después, Keys publicó el *Estudio de los siete países*, una investigación emblemática que arrastraba los mismos errores de su primer trabajo. En él, Keys cambió el enfoque del consumo de grasas totales al de grasa saturada. La grasa saturada es sólida a temperatura ambiente y se encuentra en alimentos como ternera, cerdo y lácteos. Como saben quienes alguna vez han vertido grasa en una tubería, este tipo de grasa se solidifica y las tapa. Para Estados Unidos, en los albores de la ciencia nutricional, sonaba lógico que eso mismo sucediera en el cuerpo (aunque no fuera cierto).

Al enfocarse en esas grasas "que obstruían arterias", Keys influyó en las políticas de una organización poco conocida (en ese entonces), llamada la Asociación Estadounidense del Corazón. Con la inversión de un conglomerado masivo como Procter & Gamble, que producía, entre otras cosas, aceites vegetales *poliinsaturados* (altamente procesados y, a diferencia de las grasas saturadas, líquidos a temperatura ambiente), la organización por fin logró convertirse en un organismo de impacto nacional. Compró tiempo en televisión y anuncios en revistas para alertar a la población del monstruo que acechaba en su mantequilla. Cuando el gobierno de Estados Unidos adoptó la idea en 1977, el mito de lo "bajo en grasa" se volvió ley.

En un instante, la población se convirtió en la diana de los fabricantes, quienes aprovecharon la oportunidad para producir alimentos "saludables", bajos en grasa y altos en azúcar, y sustitutos untables con grasas poliinsaturadas ("¡sin colesterol!"). Los aceites de extracción química y calorífica, como los de canola y maíz, alcanzaron el estatus de alimentos saludables, mientras que las grasas naturales de alimentos integrales —como los aguacates— se depreciaron. De la noche a la mañana, la margarina —fuente abundante de una grasa sintética llamada *trans*— se convirtió en "la mantequilla untable para un corazón sano".

Entre los atajos de la industria, la arrogancia de los científicos y la ineptitud del gobierno, tomamos los alimentos reales y naturales, y los enterramos en un campo minado de sustancias químicas que llamamos "nutrientes". ¿Cuál fue la primera víctima de este fiasco de las grasas? Nuestro cerebro, el cual está compuesto casi por completo de grasa. Sesenta por ciento del delicado cerebro humano, tan propenso a daños, se compone de ácidos grasos. Y, como veremos en las páginas siguientes, la clase de grasas que consumimos determina tanto la calidad de todas las funciones cerebrales como la propensión a enfermedades neurológicas.

Las grasas desempeñan un papel central en todos los aspectos de la vida humana, desde la toma de decisiones hasta la capacidad para perder peso, el riesgo de desarrollar enfermedades como el cáncer y hasta la velocidad de envejecimiento. Hacia el final de este capítulo sabrás qué alimentos que contienen grasas optimizan no sólo el desarrollo cognitivo, la función ejecutiva, el estado de ánimo y la salud cerebral a largo plazo, sino que también favorecen una buena salud en general. Lo que puedes concluir de esta sección es que no se trata de la cantidad de grasa que consumes, sino del tipo.

Grasas poliinsaturadas: un arma de doble filo

Son una clase de grasas alimentarias presentes en el cuerpo y el cerebro. Las grasas poliinsaturadas más conocidas son el omega-3 y el omega-6, consideradas esenciales porque nuestro cuerpo las necesita, pero no somos capaces de producirlas. Por ende, necesitamos obtenerlas de los alimentos.

Dos de las grasas omega-3 más importantes son el ácido eicosapentaenoico (EPA) y el ácido docosahexaenoico (DHA). Son las grasas "buenas" que se encuentran en pescados —como salmón silvestre, jurel y sardinas—, el krill y ciertas algas. También se encuentran en pequeñas cantidades en las carnes de res de libre pastoreo y los huevos de granja. Si bien el EPA es un agente antiinflamatorio para todo el cuerpo, el DHA es el componente estructural más importante y abundante de las neuronas saludables. Otra forma de omega-3 que encontramos en plantas se llama ácido alfalinolénico (ALA). El ALA necesita convertirse en EPA y DHA para que las células lo utilicen, pero el cuerpo sólo es capaz de hacerlo con muchas limitantes, y la eficacia de este proceso varía de persona a persona (ahondaré en esto más adelante).

Del otro lado de la moneda de las grasas poliinsaturadas están los ácidos grasos omega-6. También son esenciales para la salud neurológica, pero están presentes en exceso en la dieta moderna, en forma de ácido linoleico. Antes, estas grasas omega-6 aparecían en forma de aceites en cantidades mínimas dentro de alimentos naturales, pero en cuestión de décadas se convirtieron en grandes aportadores calóricos de la dieta común. Son el tipo de ácido graso predominante en los aceites de cereales y semillas que ahora consumimos en exceso, como los de cártamo, girasol, canola, maíz y soya.

La noche de los lípidos vivientes

El cerebro desea las grasas poliinsaturadas, pero éstas son delicadas y sumamente vulnerables a un proceso llamado *oxidación*. La oxidación ocurre cuando el oxígeno (tal vez hayas escuchado hablar de él) reacciona a nivel químico con ciertas moléculas para crear una nueva molécula "zombi" dañada, la cual tiene un electrón superreactivo de más, llamada *radical libre*. ¿Qué tan reactivo es "superreactivo"? Digamos que estos radicales libres hacen que los Caminantes Blancos de *Juego de Tronos* parezcan una caravana de hippies pacifistas.

Ese electrón extra puede reaccionar con otra molécula cercana y transformarla en un segundo radical libre, lo que desata una reacción en cadena que genera caos a su paso. Es el equivalente bioquímico del apocalipsis zombi, una molécula que muerde e infecta a la siguiente y crea una horda de muertos vivientes. Gerhard Spiteller, pionero austriaco en bioquímica orgánica, hizo múltiples investigaciones para esclarecer los peligros de las grasas poliinsaturadas oxidadas y los explicó de la siguiente manera:

Los radicales libres, por lo general, tienen una magnitud de reacción cuatro veces mayor (10 000x) que las moléculas no radicales. Su acción no está controlada por los genes, sino que atacan casi todas las moléculas biológicas y destruyen lípidos, proteínas, ácidos nucleicos [ADN], hormonas y enzimas, hasta que las moléculas antioxidantes consumen a los radicales.

Es el tipo de daño químico al que está expuesta toda materia orgánica, como el óxido en el hierro (el hierro en realidad es un catalizador para este mismo proceso dentro del cuerpo humano, y explica en parte por qué los hombres desarrollan cardiopatías con mayor fecuencia y más jóvenes que las mujeres, ya que tienen más glóbulos rojos y hierro en la sangre) o una manzana que se torna café. Deja una rebanada de manzana en la cocina durante unos minutos y apreciarás lo rápido que ocurren estas reacciones químicas. En el cuerpo, la oxidación excesiva se traduce en inflamación y daño a estructuras celulares y ADN. También se cree que es uno de los mecanismos principales del envejecimiento.

La batalla contra la oxidación es un estira y afloja constante para cualquier ser vivo. Nuestro cuerpo, cuando está sano, tiene habilidades antioxidantes propias e idealmente producimos antioxidantes —las moléculas antes mencionadas— tan rápido o más de lo que se crean los radicales libres. (Muchos de los alimentos geniales son benéficos en parte porque aumentan la producción de moléculas antioxidantes en el cuerpo.) La inflamación crónica o enfermedades como la diabetes tipo 2 merman nuestra capacidad para pelear contra la acumulación del estrés oxidativo, y esto se exacerba cuando absorbemos a través de los alimentos un exceso de sustancias que favorecen la inflamación. Sólo se requiere una pequeña cantidad de estrés oxidativo para desatar una explosión nuclear de destrucción bioquímica, y el equilibro es muy delicado.

Esto deja al cerebro en una situación singular y precaria: al ser responsable de 20 a 25% del metabolismo de oxígeno en el cuerpo, estar conformado en gran medida por estas delicadas grasas poliinsaturadas y vivir apretujado en un contenedor del tamaño de una toronja, no podía ser un imán más grande para la oxidación. Cuando el estrés oxidativo abruma el sistema antioxidante natural, desarrollamos niebla mental, pérdida de memoria, daño del ADN y síntomas claros o progresivos de Alzheimer, Parkinson, esclerosis múltiple, demencia con cuerpos de Lewy y autismo.

Las grasas poliinsaturadas intactas (llamémosles *frescas*) son vulnerables a la oxidación, pero cuando están en estado natural dentro de alimentos integrales se encuentran agrupadas con antioxidantes que las protegen, como la vitamina E. No es el caso de las grasas poliinsaturadas presentes en aceites procesados con calor o químicos. Cuando se extraen estos aceites y se usan para crear alimentos procesados representan una de las más grandes toxinas en nuestro suministro de comida.[5]

A veces los aceites están donde esperarías encontrarlos, como en aderezos comerciales para ensaladas y margarinas. Otras veces son más difíciles de detectar. Los postres con cereales —como galletas y pasteles—, las barras de granola, las papas fritas, la pizza, la pasta, el pan y hasta el helado son algunas de las principales fuentes de aceites oxidados en la alimentación.[6] Asimismo, cubren y componen el "barniz" de los cereales de caja. Las nueces "tostadas" están cubiertas de ellos (a menos que la etiqueta explicite que fueron tostadas en seco). Y son omnipresentes en los restaurantes, donde los métodos de procesamiento, las pésimas medidas de conservación (dejar los alimentos en el ambiente caliente de la cocina durante meses, por ejemplo) y el calentamiento y recalentamiento hacen que las grasas sean muy susceptibles a la descomposición. En la actualidad, la mayoría de los restaurantes fríen y saltean los alimentos en el mismo aceite que utilizan una y otra vez, lo que lo daña todavía más y te daña a ti en el proceso. ¿Papas fritas? ¿Tempura de pescado? ¿Esos deliciosos deditos de pollo empanizados? Todos estos alimentos son vehículos para los aceites mutados bioquímicamente y para cantidades masivas de compuestos peligrosos llamados *aldehídos*.

Los aldehídos son subproductos de la oxidación de las grasas y se encuentran en cantidades elevadas en el cerebro de personas con Alzheimer. Es posible que influyan en la susceptibilidad de las proteínas del cerebro para vincularse y agruparse, lo que forma las placas características de la enfermedad que se aglomeran en el cerebro.[7] Estas sustancias químicas también actúan como poderosas toxinas frente a las mitocondrias generadoras de energía en el cerebro y la médula espinal.[8] La exposición a los aldehídos (resultado del consumo de aceites rancios) inhibe directamente la capacidad de las células para generar energía. Y esto es pésima noticia para nuestro cerebro, el principal consumidor de energía de todo el cuerpo.

Después de una única comida rica en aceites poliinsaturados, los marcadores circulantes de oxidación de grasas se elevan hasta 50% en personas jóvenes, e incluso se ha observado un aumento 15 veces mayor de marcadores de aceites rancios en personas de la tercera edad.[9] Otro estudio observó que las arterias se endurecen de forma casi instantánea y responden menos a las demandas de ejercicio físico después de una comida similar. Estas grasas, fuera de su estado natural, atizan los mecanismos subyacentes de las enfermedades crónicas, dañan el ADN, provocan inflamación en los vasos sanguíneos y aumentan el riesgo de diversos tipos de cáncer.

Éstos son los terribles aceites de los que debes cuidarte:

- Aceite de canola
- Aceite de maíz
- Aceite de soya
- Aceite vegetal
- Aceite de cacahuate
- Aceite de cártamo
- Aceite de girasol
- Aceite de colza
- Aceite de semilla de uva
- Aceite de arroz integral

La búsqueda que hizo la industria alimentaria de un aceite barato que pudiera vender a destajo a la población trajo consigo un auténtico fichero de criminales lamentables. Claro que con el tiempo descubrimos que las grasas trans eran peores para nuestra salud de lo que la mantequilla real podía llegar a ser, pero nuestro velo de ignorancia sigue siendo explotado en frascos amarillos como la mantequilla cuyas etiquetas dicen: "sin aceites hidrogenados", "sin transgénicos" y, por supuesto, "orgánico". En realidad, estas palabras sólo sirven para disimular lo insulsas que son esas Frankengrasas mutadas, rancias y dañadas por el calor que los fabricantes entuban y comercializan en la sección saludable del supermercado.

Los aceites de semilla de algodón, canola, cártamo, girasol y soya son malos y están escondidos en casi todos los productos. En general, nuestro uso de estos aceites ha aumentado de 200 a 1 000 veces en el último siglo (es el caso del aceite de soya), a pesar de que el consumo general de grasas disminuyó 11% entre adultos estadounidenses en el periodo comprendido entre 1965 y 2011.[10] Esos aceites ahora representan entre 8 y 10% del consumo calórico total de los estadounidenses, siendo que era casi nulo a principios de siglo. Mientras que puede ser sano comer un puñado de semillas de girasol o de maní, o un elote entero, no existen niveles seguros de consumo para ninguno de estos aceites cuando se les extrae de sus fuentes originales con métodos industriales y se les calienta a altas temperaturas.

■ **Pregunta:** Pero ¿el aceite de canola no es saludable porque contiene omega-3?

Respuesta: El aceite de canola está altamente procesado. Aunque contiene una cantidad relativamente alta de omega-3, en comparación con otros aceites, este ácido graso es todavía *más* vulnerable a la oxidación que el omega-6. El procesamiento del aceite de canola crea muchos productos oxidativos, incluyendo grasas trans, las cuales dañan los vasos sanguíneos y las neuronas.[11] Ahondaré en esto más adelante.

Un cerebro en llamas

Tendemos a pensar que a nuestro cerebro no le afecta todo lo que sucede en el resto del cuerpo, pero los problemas asociados con la inflamación no se quedan abajo del cuello. Tal vez no pensamos mucho en la inflamación del cerebro porque es invisible; es decir, no es algo que sintamos con absoluta claridad como sí percibimos el dolor de una rodilla artrítica o un malestar estomacal, por ejemplo. Pero ésta es la cruda realidad: el cerebro se atraviesa en el camino del sistema inmunológico activado. Es posible vincular la enfermedad de Alzheimer, el Parkinson, la demencia vascular, la esclerosis múltiple y hasta la neblina mental y el síndrome de fatiga crónica con incendios forestales en el cerebro, los cuales muchas veces surgen de chispas que arden en otras partes del cuerpo. Sin embargo, incluso antes de que alguna enfermedad se arraigue, la inflamación por sí sola es capaz de privarnos de nuestro potencial cognitivo. Si la claridad de pensamiento fuera como cruzar una enorme autopista sin tránsito y con todos los carriles libres, la inflamación bloquearía algunos carriles y generaría un cuello de botella vehicular.

Tras haber evolucionado a lo largo de milenios, un sistema inmunológico competente y altamente adaptable es vital para la supervivencia humana; sin él, hasta la más insignificante infección podría causarnos la muerte. El sistema inmunológico combate estas infecciones y es también el mecanismo que hincha las zonas lastimadas del cuerpo con sangre para ayudarlas a sanar, como cuando tenemos un esguince en el tobillo, por ejemplo. El calor y el enrojecimiento resultantes (la *flama* en *inflamación*) son reacciones del todo saludables —y deseables— bajo las condiciones que acabo de describir. Por desgracia, nuestro sistema inmunológico en la actualidad se encuentra en un estado de activación casi permanente, y no por la amenaza de una infección, sino por lo que comemos.

Mientras que las grasas omega-3 como el DHA y el EPA son antiinflamatorias, las grasas omega-6 son la materia prima de las secuencias inflamatorias del cuerpo, las mismas secuencias que se activan cuando el cuerpo está bajo el ataque de una infección. Se ha especulado que nuestra dieta ancestral incorporaba estos ácidos grasos esenciales en una proporción menor a 1 a 1, pero en la actualidad consumimos grasas omega-6 y grasas omega-3 en una proporción de 25 a 1.[12] Eso significa que, por cada gramo de omega-3 que consumimos, entran al organismo 25 gramos (o más) de omega-6, lo que detona el proceso de envejecimiento, acelera el proceso degenerativo que subyace a muchas de las enfermedades crónicas que aquejan a la sociedad actual y hace que te sientas fatal todo el tiempo.

¿Cómo puedes utilizar la grasa a tu favor? Además de eliminar los aceites poliinsaturados de la dieta (como los aceites de semilla de uva que se suelen usar en aderezos de ensalada, ¡y que tienen un índice de omega-6 a omega-3 de 700 a 1!), aumenta tu consumo de alimentos naturalmente altos en omega-3. Puedes hacerlo añadiendo pescados silvestres, huevos de gallina de pastoreo y carnes de libre pastoreo, los cuales tienen más omega-3 que omega-6. Si no te gusta el pescado o no puedes consumirlo dos o tres veces por semana, considera tomar un suplemento de aceite de pescado de alta calidad (te daré consejos para elegir el más adecuado en el capítulo 12, pero toma en cuenta lo siguiente: el aceite de pescado es lo único en lo que *no* quieres escati-

---

ARIGATO... ¿AL ALZHEIMER?

La dieta japonesa es famosa porque incluye muchas verduras y grandes cantidades de pescados, los cuales son una rica fuente de omega-3 DHA y EPA. En ese país también hay índices bastante bajos de enfermedad de Alzheimer. Sin embargo, cuando los japoneses se mudan a Estados Unidos y adoptan la dieta inflamatoria occidental, rica en aceites poliinsaturados, carnes de engorda y carbohidratos refinados, la protección parece desaparecer: los índices de Alzheimer entre los japoneses que viven en Estados Unidos son más similares a los de los estadounidenses que a los de sus familiares en Japón.[14]

mar). Un estudio de la Universidad de Ohio descubrió que con sólo tomar un suplemento diario de aceite de pescado con 2 085 miligramos de EPA antiinflamatorio al día, los estudiantes lograron reducir hasta en 14% un marcador de inflamación en particular. (Esto coincidió con una reducción de 20% de su ansiedad.)[13]

La salud está en la membrana

Ya sea que estés revisando una presentación, calculando tus impuestos o decidiendo qué ver en Netflix, tus pensamientos son el resultado final de incontables reacciones químicas (y eléctricas) que pasan por los trillones de conexiones que establecen entre sí las neuronas en el cerebro. Y el éxito o el fracaso de estos procesos puede ser responsabilidad de un héroe silencioso, solitario y esencial para la función cognitiva: la membrana celular.

Además de formar barreras protectoras, las membranas celulares también son los "oídos" de las neuronas, pues contienen receptores internos para distintos neurotransmisores. Los neurotransmisores son mensajeros químicos, y hay docenas de ellos en el cerebro (tal vez has oído hablar de la serotonina y la dopamina, dos de los neurotransmisores principales, los cuales se asocian con el estado de ánimo y la señal de recompensa). Gran parte del tiempo, los receptores de estos mensajeros permanecen sentados debajo de la membrana, a la espera de la señal correcta para salir a la superficie como boyas en el agua.

Una función neuronal adecuada debe tener la capacidad de aumentar o disminuir la sensibilidad de señales externas, y lo hace aumentando o disminuyendo la cantidad de boyas que pueden llegar a la superficie. Para que esto ocurra, la membrana celular debe poseer la propiedad de *fluidez*. Esto pasa en la mayoría de las células en el cuerpo, pero es particularmente importante para las neuronas. Si la membrana celular de los nervios es demasiado rígida, se limita la capacidad de recepción, lo que puede provocar una señalización disfuncional e influir en el estado de ánimo, el comportamiento y los recuerdos.

La buena noticia es que, al igual que con la inflamación, la dieta afecta directamente la fluidez de la membrana neuronal. La membrana está formada por sustancias llamadas *fosfolípidos*, que en pocas palabras son las estructuras químicas que mantienen en su lugar a ciertos bloques importantes —como el DHA— en la membrana celular. Cuando estas estructuras son ricas en DHA (en los pescados grasos, por ejemplo), las membranas se comportan con más fluidez y permiten que los múltiples receptores lleguen a la superficie de la membrana celular para "escuchar" los diversos mensajes de los neurotransmisores. Por desgracia, las grasas omega-6 y omega-3 son rivales deportivos muy competitivos y ambas buscan el mismo trofeo: en este caso, el espacio limitado en la membrana celular.

En una dieta que incluye omega-3 y omega-6 en cantidades similares, se cumple el equilibrio estructural ideal del cerebro. Sin embargo, hoy en día, dado que la mayoría consumimos una inmensa magnitud de grasas omega-6, sacamos a codazos a las grasas omega-3 y enriquecemos estas estructuras de fosfolípidos con omega-6, lo que promueve la rigidez de la membrana y dificulta que afloren los receptores importantes.[15] Cuando eso sucede, nuestra salud mental —y el resto de nuestra inteligencia— lo padece.

FNDC: EL MEJOR CONSTRUCTOR DEL CEREBRO

Las grasas omega-3, y en particular el DHA, apoyan directamente al cerebro al aumentar el abastecimiento de una proteína llamada *factor neurotrófico derivado del cerebro*, o FNDC. El FNDC, considerado "el abono del cerebro", no sólo es popular por su capacidad de promover la creación de nuevas neuronas en el centro de memoria del cerebro, sino por ser el *guardaespaldas* de las neuronas existentes y ayudar a garantizar su supervivencia. Puedes contemplar el increíble poder del FNDC cuando se rocía la proteína sobre neuronas en una caja de Petri: provoca que surjan dendritas, las estructuras espinosas necesarias para el aprendizaje, ¡como semillas germinadas!

Tener niveles más elevados de FNDC refuerza la memoria, el estado de ánimo y la función ejecutiva a corto plazo, y es un potente promotor de la plasticidad cerebral a largo plazo.[16] La *plasticidad* es el término que los neurocientíficos usan para describir la capacidad que tiene el cerebro para cambiar. En circunstancias que merman esta cualidad, como las enfermedades de Alzheimer y Parkinson, los niveles de FNDC también son bajos. Un cerebro con Alzheimer también puede tener apenas la mitad del FNDC de un cerebro sano, así que elevarlo puede frenar un poco la progresión.[17] Hasta la depresión puede ser resultado de tener FNDC bajo, y aumentarlo puede mejorar los síntomas.[18]

Mientras que el ejercicio es una de las mejores formas para estimular el crecimiento de esta hormona protectora, consumir grasas omega-3 —en especial DHA— es uno de los mejores medios a nuestro alcance.

El DHA es tan importante para la salud neurológica que los investigadores consideran que tener acceso a esta grasa en particular permitió que el cerebro de los primeros homínidos evolucionara hasta alcanzar su tamaño actual. Eso explicaría por qué el consumo de pescado, el cual incrementa los niveles de grasas omega-3 en la sangre —incluyendo DHA—, se correlaciona con el volumen cerebral total con el paso del tiempo.[19] Sin embargo, no descartes al compañero común del DHA, el EPA. El fuego inflamatorio acaba con las reservas cerebrales de FNDC, pero el EPA es un extintor poderoso.

Desbloquear el cerebro... con grasa

Durante mi niñez tuve dificultades que parecían quejas comunes de hoy: me distraía con facilidad y me costaba trabajo quedarme sentado y enfocado en la clase. Por ende, sacar buenas calificaciones era una lucha constante. En algún punto, una consejera de la escuela les sugirió a mis padres que me enviaran con un psicólogo. (¡Míreme ahora, señora Capello!)

Dejemos de lado los resentimientos. Los problemas que tenía entran en el dominio de la función ejecutiva, una gama amplia de habilidades cognitivas que incluye la planeación, la toma de decisiones, la atención y el autocontrol. La función ejecutiva tiene tanto alcance en la vida cotidiana que algunos expertos consideran que es más importante para el éxito que el IQ o incluso el inherente talento académico.[20] Y, por suerte, las investigaciones señalan que la grasa en la dieta puede ser una forma de optimizarla.

Al igual que el resto de las funciones cognitivas, la función ejecutiva depende del buen funcionamiento de los neurotransmisores, el cual se puede ver afectado de forma directa por desequilibrios entre ácidos grasos omega-6 y omega-3. Las investigaciones han revelado que los menores de edad que consumen menos grasas omega-6 tienen un desempeño significativamente mejor en cuanto a sus capacidades ejecutivas.[21] Y, en el caso de menores con trastorno por déficit de atención e hiperactividad (TDAH), el cual muchas veces se describe como un problema de la función ejecutiva,* así como en el de niños con un desarrollo normal,

---

* El "problema" moderno del TDAH puede ser más bien consecuencia de cerebros que se han desarrollado en un marco de novedad y exploración, y que chocan con las rutinas

hay estudios que demuestran cómo mejora la atención con suplementos de omega-3.[22] (¿La margarina y los aceites de cereales que crecí comiendo fueron los responsables de mis problemas? Nunca lo sabré a ciencia cierta, pero no es difícil de creer.)

Cuando se trata de cambiar nuestro consumo de grasa para volverlo más sano, cualquier momento es bueno para empezar, aun si sólo implica añadir un suplemento de aceite de pescado, según un estudio del Hospital Charité de Berlín.[23] En dicho estudio, a un grupo de adultos le suministraron suplementos diarios de omega-3 con 1 320 miligramos de EPA y 880 miligramos de DHA. Después de 26 semanas, los investigadores observaron que los sujetos que tomaron los suplementos de omega-3 exhibían un incremento de 26% de la función ejecutiva en comparación con el grupo placebo, el cual en realidad mostró un ligero declive cognitivo. También se observó un aumento del volumen de materia gris y "mayor integridad estructural de la materia blanca". Piensa en la materia blanca como el sistema de carreteras del cerebro, el cual permite que la información viaje entre distintas regiones a gran velocidad. En este estudio, el suplemento de omega-3 parece haber actuado como un refuerzo de la infraestructura que tapó los baches en la carretera e incluso agregó más carriles.

Una cosa es que ayuden a mejorar el desempeño cognitivo, pero ¿añadir más omega-3 a la dieta sirve si eres parte de las 450 millones de personas en el mundo que padecen alguna clase de enfermedad mental? Es una pregunta que se hicieron los investigadores de la Universidad de Melbourne cuando les suministraron una dosis diaria de aceite de pescado a personas en adolescentes y entre 20 y 30 años con historial de síntomas de psicosis. (Utilizar el aceite de pescado como enfoque preventivo o terapéutico también es muy interesante, pues no conlleva el estigma de los antipsicóticos.)

Cada participante recibió 700 miligramos de EPA y 480 miligramos de DHA al día. A lo largo de tres meses, los investigadores observaron que, en comparación con el grupo placebo, el grupo que consumió aceite de pescado exhibía menos episodios psicóticos.[24] Por si fuera poco, la mejoría pareció persistir cuando los médicos evaluaron la salud mental de los sujetos *siete años después*; sólo 10% de los casos evolucionó a trastornos psicóticos, en comparación con 40% del grupo placebo (una disminución de 4 a 1). Los pacientes también mostraban mejor funcio-

convencionales y un único modelo de educación académica, teoría que retomaré en el capítulo 8.

namiento cognitivo y necesitaban menos medicamentos para controlar sus síntomas.*

¿El aceite de pescado es una panacea para la salud mental? Por desgracia, no. Pero esta investigación sí aporta bastantes evidencias de que la dieta moderna no está en sincronía con las necesidades del cerebro, y al corregir el desequilibrio podemos cosechar grandes beneficios.

FURANO: ¿EL AGENTE DORMITIVO DEL CEREBRO?

El químico austriaco Gerhard Spiteller, el primer científico que llamó la atención sobre los peligros de los aceites poliinsaturados procesados, estaba estudiando los aceites de pescado cuando hizo una observación fascinante. Notó que las fuentes concentradas de omega-3 siempre estaban acompañadas de un tipo de grasa llamada ácido graso furano. Dichos ácidos grasos, producidos por algas y plantas, se incorporan al aceite de pescado cuando los peces comen algas. (Otra fuente de furanos es la mantequilla orgánica de vacas de libre pastoreo.)[25] Una vez que los consumimos, acompañan a los omega-3, omega-6 y otras grasas hasta la membrana celular, donde buscan y neutralizan a los radicales libres cercanos, generados por grasas poliinsaturadas u otra clase de estrés oxidativo.

Los investigadores japoneses observaron el potencial de estas misteriosas grasas cuando estudiaron el potente efecto antiinflamatorio del mejillón verde de Nueva Zelanda. Les llamaron la atención los bajos índices de artritis entre la población maorí de la costa, la cual comía estos mejillones de forma cotidiana, en comparación con sus compatriotas del interior de la isla. Los científicos compararon el extracto de mejillones que contenía furanos con el aceite de pescado rico en EPA, ¡y descubrieron que era casi *cien veces* más potente que el EPA para reducir la inflamación!

¿Cómo es posible? Los furanos contienen lo que se conoce como *estructura resonante*. Tal vez suene como el cristal que le da poder a un sable de luz o al traje de Iron Man, pero en realidad es algo todavía mejor: estos bomberos químicos atacan a los radicales libres y luego se estabilizan a sí mismos para ponerle fin a la destructiva reacción en cadena. Son tan buenos para hacerlo que los furanos bien *podrían* ser los guardianes silenciosos de nuestro cerebro al aniquilar los radicales libres como todos unos profesionales, mientras permiten que el omega-3 se lleve todo el crédito.

---

* En estudios anteriores, el omega-3 dio resultados mixtos en adultos con trastornos psicóticos, pero este estudio ofrece evidencia de que empezar el tratamiento en fases tempranas puede ser más efectivo.

Pero hagamos una pausa antes de intentar que los furanos se conviertan en el siguiente suplemento de moda. El descubrimiento de estos benevolentes guerreros enemigos de los radicales libres es un argumento *en contra* de intentar separar el valor de los alimentos integrales en micronutrientes individuales. Hemos coevolucionado con nuestros alimentos, e intentar optimizar nuestro cuerpo infinitamente complejo queriendo elegir ciertos nutrientes puede ser nuestra mayor muestra de arrogancia. Los furanos son el mejor ejemplo: las compañías farmacéuticas han estado intentando destilar y extraer concentraciones cada vez más puras de omega-3 EPA de pescados para crear un aceite de pescado increíblemente potente, pero el resultado no siempre aporta el beneficio antiinflamatorio esperado. ¿Podría ser porque estos furanos tan poderosos y a la vez delicados se destruyen en el proceso? Por eso siempre preferiremos los alimentos de origen natural por encima de los suplementos, ¡incluso de los suplementos que recomendamos!

ALA: el omega-3 vegetal

Mencioné a grandes rasgos otro omega-3 común, el ácido alfalinolénico vegetal, o ALA, el cual está presente en semillas y nueces, como linaza, chía y nueces de Castilla. En nuestro cuerpo, el ALA necesita convertirse en DHA o EPA para que podamos utilizarlo, pero el proceso es muy ineficiente, y la poca capacidad que tenemos para llevarlo a cabo se deteriora con la edad.[26]

Los hombres jóvenes convierten un estimado de 8% de ALA alimentario en EPA, y entre 0 y 4% en DHA. De hecho, la conversión de ALA en DHA es tan limitada en varones que es posible que consumir más ALA (de aceite de linaza, por ejemplo) no incremente los niveles de DHA en el cerebro. Las mujeres, por el contrario, son aproximadamente 2.5 veces más eficientes para convertir el ALA, capacidad que se considera que es favorecida por el estrógeno para cubrir las necesidades de un parto futuro. Por desgracia, la capacidad de crear DHA a partir del ALA puede disminuir como resultado de la menopausia, lo que quizá influye en el aumento de riesgo de Alzheimer y depresión que enfrentan las mujeres.[27]

Hay otros factores además del género que influyen en la conversión del ALA vegetal en DHA y EPA. Es posible que las personas de ascendencia europea que poseen genes "más nuevos" (porque ya no los hacen como antes) tengan menor capacidad de conversión de ALA que las personas de ascendencia africana; es posible que la capacidad de convertir formas vegetales de ALA quedara relegada con la creciente disponibilidad de fuentes más confiables de omega-3, como carne, pescado y huevos.[28]

Lo irónico es que, aunado a las considerables consecuencias del consumo de aceites poliinsaturados, las enzimas que convierten el ALA en EPA y DHA también convierten el ácido linoleico —la grasa omega-6 predominante en la dieta— en su forma proinflamatoria útil (llamada ácido araquidónico). Estas benevolentes y trabajadoras sustancias químicas son indiferentes a nuestras necesidades; sólo convierten lo que les damos, y hoy en día las alimentamos sobre todo con ácidos grasos omega-6. En el caso de personas cuya dieta contiene pocos EPA y DHA y muchos omega-6 (los veganos que consumen muchos alimentos procesados, por ejemplo), el cerebro puede padecer las deficiencias de omega-3.

Para salir de dudas sobre la nutrición cerebral con EPA y DHA, sugiero seguir el método "hazlo y refuérzalo": debes poner atención para evitar los aceites poliinsaturados —aceites de maíz, soya, canola y otros granos y semillas— y asegurarte de obtener EPA y DHA *preformados* de fuentes alimentarias integrales, como pescados (el salmón silvestre y las sardinas son opciones fabulosas y bajas en mercurio), huevos de gallina de pastoreo y carne de ternera de libre pastoreo. En días que no puedas consumir una dosis de EPA y DHA preformados, puede ser útil tomar un suplemento de pescado, krill o aceite de algas. Una vez que lo tengas cubierto, incluir ALA de fuentes naturales, como nueces de Castilla, linaza o chía, es un gran complemento.

Grasas monoinsaturadas: las mejores amigas de nuestro cerebro

Al igual que sucede con las grasas poliinsaturadas, el cerebro es rico en grasas monoinsaturadas, las cuales conforman las vainas de mielina de las neuronas. Se trata de la capa protectora que las aísla y permite una neurotransmisión rápida. A diferencia de las grasas poliinsaturadas, las monoinsaturadas son químicamente estables. Los aceites compuestos por estas grasas no sólo son seguros para consumo humano, sino que tienen una gran cantidad de efectos positivos en el cuerpo. Algunas fuentes comunes de grasas monoinsaturadas incluyen los aguacates, el aceite de aguacate y las nueces de macadamia; y la grasa del salmón silvestre y la carne de ternera es casi 50% monoinsaturada. Sin embargo, quizá la fuente más famosa de grasas monoinsaturadas sea el aceite de oliva extra virgen.

En países mediterráneos, como Grecia, el sur de Italia y España —donde son más bajos los índices de enfermedades neurodegenerativas como Parkinson y Alzheimer—, el aceite de oliva extra virgen es la fuente principal de grasas monoinsaturadas, y se le usa libremente en carnes, leguminosas, verduras, pan, pizza, pastas, mariscos, sopas y hasta postres. Mi amigo Nicholas Coleman, oleólogo en jefe de la empresa Eataly, en Nueva York, me describió el cuadro en estos términos: "No rocían aceite de oliva en la comida; lo vierten encima". Los mediterráneos lo usan para cocinar y, contrario a la creencia popular, el AOEV conserva gran parte de su valor nutricional incluso bajo condiciones extremas.[29] (Dicho lo anterior, sigue siendo preferible usar grasas saturadas —de las cuales hablaremos a continuación— para cocinar a altas temperaturas, pues son más estables a nivel químico.)

Los epidemiólogos (científicos que estudian la salud y la enfermedad en grandes poblaciones, y hacen asociaciones basadas en la información recolectada) muchas veces describen la llamada dieta mediterránea como el mejor patrón dietético para protegernos a gran escala de las cardiopatías y la neurodegeneración, y se ha demostrado que apegarse lo más posible al estilo de alimentación mediterráneo conlleva no sólo mejorías en la salud a largo plazo (e incluso menor riesgo de desarrollar demencia), sino también crecimiento cerebral.[30] Sin embargo, como ya mencioné, la limitación más grande de los estudios epidemiológicos es que se basan en observaciones, lo que hace imposible señalar qué aspectos de la dieta suelen estar involucrados en tales beneficios. Para unir estos puntos y observar de forma puntual el efecto que tienen sobre el desempeño cognitivo los alimentos ricos en grasas monoinsaturadas, científicos barceloneses diseñaron un estudio que comparaba una dieta baja en grasas (que aún sigue siendo muy recomendada en muchos lugares) contra dos versiones de la dieta mediterránea alta en grasas.[31]

Una de las dietas mediterráneas experimentales incluía frutos secos como almendras, avellanas y nueces de Castilla, los cuales son buenas fuentes de grasas monoinsaturadas. La otra dieta del experimento incluía *todavía más* aceite de oliva extra virgen. En este último grupo, los participantes debían consumir un litro de aceite de oliva a la semana.

Para poner las cosas en perspectiva, un litro de aceite de oliva contiene más de 8 000 calorías, ¡más de la mitad de las calorías que necesita un hombre adulto a la semana! Ambos grupos —los que llevaban la dieta suplementada con nueces y los que añadieron más aceite de oliva— no sólo conservaron su función cognitiva, sino que ésta *mejoró* después de seis años, y la mejoría del grupo de aceite de oliva fue ligeramente mayor. El grupo de control de la dieta baja en grasa, por el contrario, exhibió un declive constante.

Pon a prueba el sabor grasoso y picante de un buen AOEV (de preferencia orgánico) llevándolo de inmediato al fondo de la garganta, ¡y consúmelo con tanta frecuencia como sea posible! Llena tu cocina de aceite de oliva extra virgen y úsalo para cocinar a fuego medio o bajo, como aderezo de huevos, verduras y pescados, y en todas tus ensaladas.

Grasas saturadas: estables y disponibles

Las grasas saturadas son esenciales para la vida: dan estructura a las membranas celulares y sirven como precursores para una gran variedad de hormonas y sustancias similares. La grasa saturada es la clase de grasa que más abunda en la leche materna, la cual es, sin duda alguna, el alimento ideal para un recién nacido según la naturaleza.[32]

Aunque por lo regular es sólida a temperatura ambiente, suele estar presente en lácteos enteros como queso, mantequilla y ghee; carnes de res, de cerdo y pollo, y hasta en ciertas frutas, como el coco y las aceitunas. (El aceite de oliva es casi 15% grasa saturada.)

Las grasas saturadas han recibido muy mala publicidad en los últimos años, y se les ha satanizado como las grasas "que obstruyen arterias". Literalmente son las grasas sobre las que nos advertían nuestras madres. Sin embargo, a diferencia de las grasas tóxicas que consumimos en su lugar (aceites de cereales y semillas, como canola, maíz y soya), las grasas saturadas son las más estables a nivel químico y las más adecuadas para cocinar a altas temperaturas. Abrirles la puerta de tu cocina a las grasas saturadas (como aceite de coco, mantequilla de libre pastoreo y ghee) es un emprendimiento realista y biológicamente relevante que puede tener enormes beneficios para tu salud.

¿Una grasa acusada de manera injusta?

Como nutriente, las grasas saturadas no son inherentemente saludables o no saludables. Su papel en nuestra salud depende de algunas preguntas: ¿consumes mucha azúcar?, ¿tu dieta es alta en alimentos procesados?, ¿consideras la salsa cátsup una verdura? Y es que las grasas saturadas son capaces de intensificar los efectos perniciosos de una dieta alta en carbohidratos y baja en nutrientes. (También hay otras preguntas referentes a los genes, pero las retomaré en el capítulo 5.)

Por desgracia, los alimentos comerciales ultraprocesados suelen tener grandes cantidades de azúcar y carbohidratos refinados, que muchas veces están mezclados con cantidades iguales de grasas saturadas. Imagina una hamburguesa dentro de un bollo de harina blanca refinada, pizzas con mucho queso, platillos de pasta cremosa, nachos con queso, burritos, helado y hasta ese bagel con mantequilla que parece inofensivo. En la actualidad, estos alimentos representan 60% de las calorías que se consumen en Estados Unidos y son sumamente dañinos para la salud.[33]

Algunas investigaciones sugieren que la combinación de carbohidratos y grasas en una sola comida puede inducir un estado temporal de resistencia a la insulina, que es una forma de disfunción metabólica que aumenta la inflamación y la acumulación de grasas. (Describiré con precisión cómo afecta al cerebro en los siguientes capítulos.) No es ninguna sorpresa que nuestro cuerpo se confunda cuando consumimos grandes cantidades de grasas saturadas y carbohidratos mezcladas. A fin de cuentas, no es fácil encontrar alimentos en la naturaleza que contengan tanto grasas saturadas *como* carbohidratos. La fruta es casi en su mayoría carbohidratos puros y fibra, y las frutas bajas en azúcar, como el aguacate y el coco, contienen mucha grasa, pero muy pocos carbohidratos. Los productos animales suelen ser grasa pura y proteína. Y las verduras, ya sean amiláceas o fibrosas, no suelen tener grasa. Los lácteos serían la única excepción, pues en ellos la grasa saturada y los azúcares se mezclan, lo que puede implicar su propósito evolutivo de ayudar a un animal joven a subir de peso. Por lo demás, sólo los alimentos modernos combinan de forma regular las grasas saturadas con los carbohidratos en un intento por promover el consumo excesivo.

LAS GRASAS SATURADAS EN LA SANGRE

Se han observado vínculos entre los niveles de grasas saturadas en la sangre con mayor riesgo de demencia pero, para empezar, ¿cómo llegan esas grasas ahí?[34] "Por lo regular se cree que los ácidos grasos circulantes reflejan el consumo dietético, pero las asociaciones son poco contundentes, sobre todo en el caso de los AGS (ácidos grasos saturados)", escribieron investigadores de la Universidad de Ohio en *PLOS ONE* al buscar la respuesta a esa misma pregunta.[35] Este equipo de investigación descubrió que dos de las grasas saturadas vinculadas con la demencia —los ácidos esteárico y palmítico— no se elevaban en la sangre cuando los sujetos consumían hasta 84 gramos al día de ellas, ¡el equivalente de 11 cucharadas de mantequilla! Por otra parte, los niveles de grasas saturadas en la sangre eran mayores después de que los sujetos consumían una comida alta en carbohidratos, mientras que comer menos carbohidratos derivaba en niveles circulantes más bajos. Esto implica que la mayoría de los niveles circulantes de grasas saturadas en el cuerpo se origina en el hígado, donde se producen como respuesta a los carbohidratos a través de un proceso llamado *lipogénesis* o creación de grasas. Otros estudios han recabado resultados similares, lo que demuestra que nuestro cuerpo es un laboratorio químico dinámico que no siempre sigue la lógica sencilla que se utiliza para promover productos alimentarios, medicamentos o información equivocada.[36]

La grasa saturada y el cerebro: ¿amigos o enemigos?

Cuando se trata del impacto que tiene la grasa saturada en el cerebro, puede ser difícil encontrar respuestas definitivas. Una inspección más detallada de algunos estudios en animales revela casi sin lugar a dudas que lo que se considera una "dieta alta en grasas" para los animales en realidad es una mezcla de azúcar, manteca y aceite de soya.*Esto nos remonta a un descuido básico en el etiquetado: los proveedores de comida para roedores en los laboratorios suelen etiquetar los alimentos que buscan imitar la dieta común como "altos en grasas".

---

* Algunas veces, las dietas altas en grasas que se usan a nivel experimental pueden incluir también *grasas trans*. Este descuido es muy grave si consideramos que las grasas trans creadas por el hombre son muy tóxicas y tienen efectos que a todas luces perjudican la salud cognitiva.

No me malinterpretes: los estudios en animales son sumamente valiosos. Gracias a ellos hemos obtenido algunas pistas sobre por qué la gente que se inclina más por la dieta convencional —alta en azúcar y alta en grasas— suele tener un hipocampo más pequeño (el hipocampo es la estructura cerebral que procesa los recuerdos).[37] Estos estudios también demuestran que la combinación de azúcar y grasas saturadas (tan común en la comida rápida) puede provocar inflamación y agotar el FNDC.[38]

El problema es que estos detalles suelen perderse cuando los medios de comunicación comentan los hallazgos con encabezados engañosos, como "Las dietas altas en grasas pueden dañar tu cerebro", que fue el título de un artículo que circuló en la página web de una famosa editorial.[39] (El alimento para roedores que se utilizó en el estudio comentado en el artículo tenía 55% de grasas saturadas, 6% de aceite de soya y 20% de azúcar.) A menos que los lectores hicieran hasta lo imposible por encontrar el estudio original —en el supuesto de que pudieran tener acceso a él y que el lenguaje especializado no los disuadiera—, lo más fácil era que lo interpretaran como un embate en contra de las dietas altas en "grasas saludables", esas que son bajas en carbohidratos procesados y aceites poliinsaturados, y altas en grasas omega-3, verduras ricas en nutrientes y cantidades no muy grandes de grasas saturadas provenientes de productos de origen animal de crianza responsable.

La pregunta que persiste es cuánta grasa saturada debemos consumir para tener una salud neurológica óptima. Las evidencias en contra de las grasas saturadas siempre han sido bastante precarias, y tampoco hay muchas evidencias que indiquen que *satanizar* la grasa saturada ha tenido beneficios neurológicos (a diferencia, por ejemplo, de la grasa monoinsaturada, que es el principal tipo de grasa del aceite de oliva extra virgen). Aunque apenas se están dilucidando los detalles, puedes quedarte tranquilo de que lo que es bueno para tu cuerpo también es bueno para tu cerebro. Apenas empezamos a comprender que las dietas occidentalizadas, bajas en nutrientes y ricas en aceites procesados poliinsaturados y carbohidratos que se pueden digerir con facilidad, son las verdaderas culpables no sólo de las cardiopatías, sino de la obesidad, la diabetes tipo 2 y —según investigaciones más recientes— las enfermedades neurológicas.

Por estos motivos, no coloco una restricción en el consumo de grasas saturadas *siempre y cuando se encuentren en alimentos enteros* o se utilicen para cocinar de forma ocasional a altas temperaturas. (El *aceite* principal en tu alimentación siempre debe ser el alimento genial #1: el aceite de oliva extra virgen.)

Grasas trans: una grasa que debes temer

Las grasas trans son grasas insaturadas que a veces se comportan como grasas saturadas. El ácido linoleico conjugado (ALC), una grasa trans producida de forma natural, se encuentra en la leche y en los productos de carne de libre pastoreo. Se considera muy saludable y se asocia con una mejor salud metabólica y vascular, así como con la reducción en el riesgo de cáncer. Sin embargo, las grasas trans de origen natural son muy inusuales en la dieta humana moderna.

La cantidad de grasas trans que consumimos los humanos es resultado de la industrialización. Estas grasas trans artificiales no sólo son malas; son tan malas como Darth Vader y Lord Voldemort juntos. Comienzan su vida como aceites poliinsaturados (los cuales pueden atravesar con libertad la barrera hematoencefálica) a los que se les inyecta hidrógeno. Podemos encontrarlos en alimentos empaquetados que dicen contener aceites hidrogenados o parcialmente hidrogenados. Este proceso hace que se comporten más como grasas saturadas que se solidifican a temperatura ambiente. A la industria alimentaria le gusta esta característica por dos razones: le permite añadir una textura firme y cremosa a los alimentos con aceites baratos, y esto, a su vez, extiende su vida útil. Suelen estar presentes en alimentos empaquetados como galletas y pastelillos, margarinas, mantequillas de nueces (para prevenir la separación de los aceites) e incluso algunos "quesos" veganos untables cuyas etiquetas los hacen parecer muy saludables.

Las grasas trans hechas por el hombre son altamente inflamatorias y promueven la resistencia a la insulina y las cardiopatías (ya que elevan el colesterol total al tiempo que bajan el colesterol protector HDL). Un metaanálisis reciente (un estudio sobre estudios) descubrió que el consumo de grasas trans se asocia con un riesgo 34% mayor de mortandad por todas las causas, lo que implica morir de forma prematura por cualquier motivo.

Las grasas trans pueden ser especialmente dañinas para el cerebro. ¿Recuerdas lo que te conté sobre el valor de la fluidez de la membrana? Las grasas trans son capaces de integrarse a las membranas de las neuronas y endurecerlas, como un cadáver con *rigor mortis*, lo que dificulta mucho más el trabajo de los neurotransmisores e impide que las células reciban nutrientes y combustible. Las investigaciones también han vinculado el consumo de grasas trans con el encogimiento del cerebro y un riesgo mucho mayor de desarrollar enfermedad de Alzheimer, dos cosas que nadie desea.[40] Sin embargo, aun en personas sanas, consumir grasas trans se asocia con un peor desempeño de la memoria. Un estudio publicado en 2015 descubrió que por cada gramo adicional de grasas trans que los participantes comían, su capacidad de retener las palabras que se les había indicado que recordaran bajaba a 0.76.[41] Quienes comían más grasas trans recordaban 12 palabras menos que las personas que no las consumían.

¿Crees que estás a salvo sólo con evitar los aceites hidrogenados? El mero procesamiento de las grasas poliinsaturadas *genera* grasas trans; los investigadores las han encontrado en pequeñas cantidades en las botellas de los aceites de cocina más comunes. De hecho, hasta el aceite de canola orgánico, el cual se extrae a presión, tiene hasta 5% de grasas trans. En promedio, cada persona consume 20 gramos de aceite de canola u otro aceite vegetal al día. Ahí ya hay un gramo de grasas trans.

Al evitar los aceites de maíz, soya y canola (y los productos fabricados con ellos) como recalqué al comienzo de este capítulo, así como cualquier aceite que haya sido "hidrogenado" o "parcialmente hidrogenado", te aseguras de que no entre a tu sistema ningún rastro de grasas trans hechas por el hombre.

La grasa: el ferry de los nutrientes

Un último y muy importante beneficio de añadir más grasas benéficas a tu dieta (en forma de alimentos ricos en grasas, como huevos, aguacate, pescados grasos y aceite de oliva extra virgen) es que las grasas facilitan la absorción de nutrientes liposolubles vitales, como las vitaminas A, E, D y K, además de carotenoides importantes como el betacaroteno. El efecto de esos nutrientes en el cuerpo es muy amplio, desde protegernos contra el daño al ADN hasta salvaguardar del envejecimiento a las grasas que ya están presentes en el cuerpo y el cerebro.

Los carotenoides —los pigmentos amarillo, naranja y rojo que abundan en las zanahorias, los camotes, el ruibarbo y sobre todo las verduras de hoja verde, como la col rizada y las espinacas— se consideran estimulantes cerebrales poderosos (no son visibles en las hojas verdes porque están ocultos bajo el pigmento verde de la clorofila, pero ahí están). Entre ellos, a la luteína y la zeaxantina en particular se les vincula con mayor eficacia neuronal y con la "inteligencia cristalizada", que es la capacidad de utilizar las habilidades y el conocimiento que se ha adquirido a lo largo de la vida.[42]

RECARGA TU CEREBRO CON CAROTENOIDES

Desde hace tiempo se sabe que los carotenoides desempeñan un papel importante en la protección ocular y cerebral contra el envejecimiento, pero además son capaces de *acelerar* el cerebro. En un estudio clínico, investigadores de la Universidad de Georgia les suministraron suplementos de luteína y zeaxantina —dos carotenoides abundantes en la col rizada, las espinacas y el aguacate— o un placebo a 69 estudiantes de ambos sexos, jóvenes y sanos, durante cuatro meses. Los sujetos que recibieron la luteína y la zeaxantina experimentaron un incremento de 20% en su velocidad de procesamiento visual, el cual se mide por la reacción automática de la retina a un estímulo. La velocidad de procesamiento es importante porque es el ritmo al que asimilamos la información, le damos sentido a lo que percibimos y empezamos a reaccionar. La buena velocidad de procesamiento visual se correlaciona con un mejor desempeño deportivo, la velocidad de lectura y la función ejecutiva, mientras que la velocidad de procesamiento reducida es una característica clave y temprana del deterioro cognitivo. Respecto de este incremento sustancial, los investigadores concluyeron: "Es significativo porque se suele considerar que los sujetos jóvenes y sanos han alcanzado el máximo de eficacia, y se esperaría que fueran más resistentes al cambio". Asimismo, "puede decirse en general que mejorar la dieta no sirve sólo para prevenir el desarrollo de una enfermedad o una deficiencia, sino para optimizar la función cognitiva a lo largo de la vida". ¡No podría estar más de acuerdo!

Estos nutrientes *requieren* que la grasa los lleve a cuestas a través de la circulación, por lo que, si comes una ensalada, la absorción de carotenoides será insignificante si no la consumes con una fuente de grasas.[43] Un toque generoso de aceite de oliva extra virgen es una opción excelente, o también basta con agregar unos cuantos huevos enteros cocidos a tu ensalada. En un estudio de la Universidad Purdue, los participantes que añadieron tres huevos enteros a sus ensaladas aumentaron su absorción de carotenoides entre tres y ocho veces, en comparación con los sujetos que no añadieron huevos.[44] Si no te gustan los huevos, agrega un poco de aguacate, con la conciencia de que, al hacerlo, estás extrayendo los magníficos beneficios de los carotenoides, nutrientes solubles en grasa que alimentarán a tu cerebro.

Ahí la tienes: una explicación sólida del papel que desempeña la grasa en el cuerpo humano. Muchas generaciones de familias tomaron el camino erróneo con respecto a uno de los nutrientes más importantes para los seres humanos, pero ahora sabemos cuál es la relevancia de las grasas correctas para el cerebro. Una vez que lo comprendí, mi dieta cambió de forma sustancial, y ciertos alimentos suculentos, nutritivos y *seguros* que antes tenía prohibidos se convirtieron en elementos básicos en mi dieta.

Pero no hemos terminado de aclarar esto. La grasa es apenas el *comienzo* de la solución a la catástrofe cognitiva. En el siguiente capítulo discutiré a profundidad el precursor más influyente en la destrucción cerebral.

NOTAS DE CAMPO

- Las grasas poliinsaturadas, vulnerables a la oxidación, pueden ser tus mejores amigas o peores enemigas. Evita los aceites de cereales y semillas, como maíz y soya, al igual que los alimentos fritos en aceites vegetales reciclados.
- Prepara tu propio aderezo para ensalada. No querrás que esas 200 calorías de grasas poliinsaturadas sospechosas acompañen tu comida más saludable del día. Los aderezos comerciales, y hasta los que preparan en los restaurantes, pueden ser los peores. Los restaurantes suelen cambiar o diluir el AOEV con aceite de canola o algo peor: ¡un misterioso "aceite vegetal"!
- La comida de restaurante es casi siempre un volado, así que mira a los dueños a los ojos y pregúntales con qué aceites cocinan.
- Si no puedes consumir tres porciones o más de pescados grasosos a la semana (el salmón silvestre y las sardinas son fuentes muy concentradas de omega-3), considera tomar un suplemento de aceite de pescado; o si eres vegano, puedes optar por el aceite de alga.
- El aceite de oliva extra virgen debería ser tu principal aceite alimentario.
- La grasa saturada de alimentos integrales es saludable dentro del contexto de una dieta sin azúcar, baja en carbohidratos y alta en fibra, omega-3 y nutrientes esenciales de origen vegetal.

- Las grasas trans son el demonio de la alimentación. Evita cualquier aceite hidrogenado o poliinsaturado procesado, los cuales tienen al menos 5% de grasas trans aun sin la hidrogenación.
- Ciertos nutrientes en las verduras no se absorben a menos de que haya una grasa presente; las ensaladas y las verduras siempre deben incluir una fuente de grasa saludable.

Alimento genial #2

Aguacates

Los aguacates son un alimento genial que contiene todo; dicho de otro modo, son el alimento perfecto para proteger y estimular el cerebro. Para empezar, tienen el total más alto de grasa protectora entre todas las frutas y verduras. Es una gran noticia para el cerebro, pues éste no sólo es el órgano más grasoso del cuerpo, sino que es un imán para el estrés oxidativo (uno de los principales precursores del envejecimiento). ¡Esto se debe a que 25% del oxígeno que respiramos se ocupa para crear energía en el cerebro! Los aguacates son muy ricos en distintos tipos de vitamina E (una característica poco común en la mayoría de los suplementos) y contienen grandes cantidades de los carotenoides luteína y zeaxantina. Tal vez recuerdes del capítulo 2 que estos pigmentos estimulan la velocidad de procesamiento, pero necesitan grasa para que el cuerpo los pueda absorber de forma adecuada. Convenientemente, los aguacates son fuentes abundantes de grasas saludables.

Hoy en día vivimos una epidemia de enfermedades vasculares; no sólo se trata de cardiopatías, sino también de demencia vascular, que es la segunda forma más común de demencia después del Alzheimer. El potasio colabora con el sodio para regular la tensión arterial y es esencial para la salud vascular, pero en la actualidad tendemos a consumir cantidades insuficientes de potasio. De hecho, los científicos creen que nuestros ancestros cazadores y recolectores consumían cuatro veces más potasio del que consumimos hoy, lo que explicaría por qué la hipertensión, el infarto y la demencia vascular son tan comunes en nuestros tiempos. Un aguacate entero, el cual provee el doble de potasio que un plátano, es el alimento entero perfecto para nutrir los casi 650 kilómetros de vasos sanguíneos microscópicos que irrigan el cerebro.

Por último, ¿quién necesita suplementos de fibra (o cereales baratos e industrializados) cuando puedes comer un aguacate? Un aguacate mediano entero contiene hasta 12 gramos de fibra, el alimento ideal para las bacterias hambrientas que viven en el intestino y que pagan la renta con compuestos que promueven la vida y la salud cerebral al reducir la inflamación, aumentar la sensibilidad a la insulina y estimular los factores de crecimiento del cerebro.

Cómo usarlo: Yo intento comer medio aguacate o uno entero todos los días. Puedes disfrutarlos solos, con un poco de sal de mar y aceite de oliva extra virgen. También puedes rebanarlos y añadirlos a ensaladas, huevos o licuados, o a mi receta de tazón para un mejor cerebro (página 311).

Consejo profesional: Es bien sabido que los aguacates tardan en madurar y en apenas uno o dos días se echan a perder. Para evitar que tus aguacates se descompongan, mételos al refrigerador una vez que estén maduros y sácalos cuando vayas a comerlos. ¡Tú, 1; aguacates, 0!

Capítulo 3

Sobrealimentado y con apetito de sobra

Los seres humanos debemos ser capaces de cambiar un pañal, planear una invasión, matar un jabalí, navegar un barco, diseñar un edificio, escribir un soneto, balancear las cuentas, construir una pared, acomodar un hueso, dar consuelo a los moribundos, tomar órdenes, dar órdenes, cooperar, actuar solos, resolver ecuaciones, analizar un nuevo problema, juntar estiércol, programar una computadora, cocinar una comida deliciosa, pelear con éxito, morir con gallardía. La especialización es para los insectos.

ROBERT A. HEINLEIN

Recordemos aquellos tiempos previos a las aplicaciones para ordenar comida y los gurús de las dietas, cuando "Atkins" era el tipo que cuidaba el único depósito de sal en un radio de 150 kilómetros a la redonda y "hackeo biológico" era más bien lo que le hacías a un pescado recién capturado con una piedra afilada. Las recomendaciones alimentarias del gobierno (o más bien de los gobiernos) entrarían a escena milenios después, así que en ese entonces había que arreglárselas con la intuición y la disponibilidad, como nuestros ancestros. Como recolector, tu dieta habría consistido de una gran variedad de animales terrestres, pescados, verduras y frutas silvestres. La principal fuente de calorías sería la grasa, por mucho, seguida de la proteína.[1] Tal vez habrías podido consumir una pequeña cantidad de almidones presentes en tubérculos ricos en fibra, nueces y semillas, pero las fuentes concentradas de carbohidratos digeribles habrían sido muy limitadas, si es que acaso había acceso a ellas.

Las frutas silvestres, que eran el único alimento dulce al alcance de nuestra versión ancestral, se veían y sabían muy distinto de las frutas domesticadas que encontramos en los supermercados hoy, eones más tarde. De hecho, es probable que no los reconocieras si los compararas con sus contrapartes contemporáneas, pues la diferencia es tan grande como poner a un perro maltés junto a su ancestro original, el lobo gris. Estos primeros frutos eran pequeños, tenían un ligero sabor dulce y estaban disponibles sólo por temporadas.

Pero luego, hace alrededor de 10 000 años, hubo un giro en la evolución humana. En un instante pasamos de ser el sujeto recolector de una tribu nómada que dependía de las estaciones, a ser un colonizador que plantaba semillas y criaba animales. La invención de la agricultura le dio a tu familia —y al resto de la humanidad— una noción antes inconcebible: la capacidad de producir cantidades de comida que excedían las necesidades inmediatas del sustento diario. Ésta fue una de las "singularidades" críticas de la existencia humana, un cambio de paradigma que nos llevó de forma irreversible hacia una nueva realidad. Y en ésta, aunque procuramos cantidades de comida que permitieran alimentar a muchas personas por poco dinero e impulsar el crecimiento poblacional a nivel mundial, la salud individual se vino abajo.

Durante cientos de miles de años la dieta humana había sido rica en una gran diversidad de nutrientes que variaba según el clima, pero esta diversidad geográfica y de micronutrientes desapareció cuando cada comida empezó a basarse en el puñado de especies vegetales y animales que éramos capaces producir. La hambruna dejó de ser una amenaza inminente, pero nos volvimos esclavos de cosechas únicas que intensificaron todavía más las deficiencias de nutrientes. El incremento sustancial en la disponibilidad de almidón y azúcar (proveniente del trigo y el maíz, por ejemplo) produjo deterioro dental y obesidad, disminución de estatura y reducción de la densidad ósea. Al domesticar animales y cosechas, nos domesticamos a nosotros mismos sin darnos cuenta.

El advenimiento de la agricultura fomentó el círculo vicioso de las exigencias conductuales que cambiaron la propia naturaleza de nuestro cerebro. Mientras que el cazador-recolector tenía que ser autosuficiente, el mundo postagricultura favoreció la especialización: alguien que plantara trigo, alguien que lo cosechara, alguien que lo moliera, alguien que lo cocinara, alguien que lo vendiera. Aunque este proceso de hiperespecialización con el tiempo condujo a la revolución industrial y a todas sus comodidades —como los iPhones, Costco e internet—, estas trampas modernas representan un arma de dos filos. Meter un cerebro antiguo en un ambiente moderno puede hacer que se sienta completamente fuera de lugar, como demuestran los millones de personas que necesitan antidepresivos, estimulantes y otras drogas. Una persona con TDAH, cuyo cerebro florece con la novedad y la exploración, quizá habría sido un gran cazador-recolector, pero en la actualidad es alguien que tiene dificultades para conservar un trabajo repetitivo y rutinario (alguien con quien los autores de este libro se identifican).

La convergencia de este cambio alimentario y la relegación de nuestros deberes cognitivos provocó que el cerebro humano perdiera el equivalente volumétrico de una pelota de tenis en apenas 10 000 años. Nuestros ancestros de hace 500 generaciones lamentarían nuestras existencias restrictivas y luego se disculparían con nosotros por haber dado lugar a nuestro deterioro cognitivo. Olvídate de dejar a la siguiente generación con estándares de vida más bajos, deudas académicas o destrucción ambiental; nuestros ancestros se llevan las palmas al habernos dejado *cerebros más pequeños*.

No lo sabíamos entonces, pero en un instante le dimos la espalda a la dieta y al estilo de vida que dieron lugar al cerebro humano, y adoptamos uno que lo encogió.

Densidad de energía, pobreza de nutrientes

Dada la epidemia de obesidad y la cantidad de comida que la gente desperdicia a diario en todo el mundo (incluso las verduras frescas que tienen ligeros detalles estéticos terminan en la basura para que tu experiencia en el supermercado sea lo más placentera posible), te sorprendería saber que, de cierta manera, nuestro cuerpo todavía... se muere de hambre.

¿Alguna vez te has preguntado por qué es necesario "fortificar" tantos productos con vitaminas? Hay más de 50 000 especies de plantas comestibles en el mundo, plantas que proveen muchísimos nutrientes únicos y beneficiosos, y que solíamos consumir cuando éramos recolectores. Sin embargo, en la actualidad nuestra dieta está dominada por tres cosechas —trigo, arroz y maíz— que en conjunto representan 60%

del consumo calórico del mundo. Estos cereales son una fuente de energía barata, pero su contenido de nutrientes es bastante bajo. Añadirle unos cuantos centavos de vitaminas (que suelen ser sintéticas) es el equivalente alimentario de ponerle lápiz labial a un cerdo.

Micronutrientes perdidos

Potasio	Favorece la salud de la tensión arterial y las señales nerviosas.
Vitaminas B	Favorece la expresión genética y el aislamiento de nervios.
Vitamina E	Protege las estructuras grasas (como las neuronas) de la inflamación.
Vitamina K2	Mantiene el calcio dentro de los huesos y los dientes, y fuera de tejidos blandos como la piel y las arterias.
Magnesio	Produce energía y facilita la reparación del ADN.
Vitamina D	Es antiinflamatoria y favorece la salud del sistema inmunológico.
Selenio	Crea hormonas tiroideas y previene la toxicidad por mercurio.

La lista anterior cubre sólo algunos de los nutrientes esenciales que perdimos con la dieta moderna. En total, hay casi 40 minerales, vitaminas y otras sustancias químicas que sabemos que son esenciales para nuestra fisiología y que están disponibles en los alimentos enteros que no comemos.[2] Como resultado, 90% de la población no recibe la cantidad adecuada de al menos una vitamina o un mineral.[3]

Para complicarlo todavía más, los lineamientos de consumo de nutrientes están pensados únicamente para evitar las deficiencias nutricionales a nivel poblacional. Esto significa que, aunque cubramos la lista recomendada por las instituciones, es posible que nuestro cuerpo siga padeciendo serias deficiencias. El consumo diario recomendado (CDR) de vitamina D, por ejemplo, sólo sirve para prevenir el raquitismo. Pero la vitamina D (que se produce en el cuerpo cuando exponemos la piel a los rayos solares UVB) es una hormona esteroide que afecta el funcionamiento de casi 1 000 genes en el cuerpo, muchos de los cuales están implicados en la inflamación, el envejecimiento y la función cognitiva. De hecho, un análisis reciente de la Universidad de Edimburgo descubrió que los niveles bajos de vitamina D pueden ser uno de los primeros precursores ambientales de la incidencia de demencia.[4] (Algunos investigadores argumentan incluso que el CDR de vitamina D debería ser al menos 10 veces mayor para tener una salud óptima.)[5]

Cuando el cuerpo percibe que la disponibilidad de nutrientes es baja, suele usar lo que tiene al alcance en procesos que garanticen la supervivencia a corto plazo, mientras que la salud a largo plazo pasa a segundo plano. Ésa es la teoría que propuso en un inicio Bruce Ames, el connotado especialista en envejecimiento. Esta "teoría del triaje" del envejecimiento se asemeja a un gobierno que elige racionar la comida y el combustible durante una guerra. En esos casos, las necesidades más inmediatas, como comida y refugio, son prioridades, mientras que la educación pública se queda rezagada. En el caso de nuestro cuerpo, los proyectos de reparación de gran magnitud se vuelven secundarios frente a los procesos básicos de supervivencia; mientras tanto, los procesos proinflamatorios causan estragos sin control.

Los efectos ulteriores de la deficiencia de magnesio pueden ser el ejemplo perfecto de esta nueva priorización. El magnesio es un mineral que necesitan más de 300 reacciones enzimáticas en el cuerpo, con tareas que varían desde la creación de energía hasta la reparación del ADN. Si se suele racionar para las necesidades a corto plazo, la reparación del ADN queda rezagada. Este efecto se intensifica muchísimo si tomamos en cuenta que 50% de la población no consume cantidades adecuadas de magnesio —la segunda principal deficiencia después de la vitamina D—, a pesar de que es fácil encontrarlo en el centro de la clorofila, la molécula generadora de energía que les da a las hojas verdes su color.[6]

Las investigaciones han validado que la inflamación provocada por la escasez de nutrientes está muy vinculada con el envejecimiento cerebral acelerado y el deterioro de la función cognitiva.[7] Robert Sapolsky, autor de ¿Por qué las cebras no tienen úlceras?, lo expresó con mucha claridad al describir el cambio similar de prioridades que ocurre durante el estrés: el cuerpo deja de lado los proyectos a largo plazo hasta asegurarse de que puede *haber* un largo plazo. A fin de cuentas, las consecuencias principales de un ADN dañado —un tumor, por ejemplo, o la demencia— no se interpondrán en tu camino sino hasta dentro de varios años o décadas… mientras que la energía la necesitamos *hoy*.

Nociones básicas sobre el azúcar y los carbohidratos

Podría decirse que el cambio principal de la prehistoria a la modernidad es que las fuentes concentradas de carbohidratos dejaron de ser actrices de reparto para convertirse en protagonistas de nuestra dieta. La fuente más concentrada de carbohidratos es el azúcar refinada que ahora se le agrega a todo, desde jugos, galletas y condimentos que aparentan ser inofensivos, hasta infractores más evidentes como los refrescos. Aun cuando hacemos lo mejor que podemos para evitar estas fuentes de carbohidratos simples, pueden estar ocultas y pasar desapercibidas. Robert Lustig, investigador y enemigo de la obesidad, identificó 56 formas diferentes en las que los fabricantes disfrazan el azúcar para que sea difícil, si no que imposible, rastrearla en las listas de ingredientes, a menos que seas un detective muy diligente. Éstos son sólo algunos de los nombres para el azúcar: jugo de caña, fructosa, malta, dextrosa, miel, jarabe de maple, melaza, sucralosa, azúcar de coco, jarabe de arroz integral, jugo de fruta, lactosa, azúcar de dátil, sólidos de glucosa, jarabe de agave, malta de cebada, maltodextrina y jarabe de maíz.

Pero no sólo las formas más explícitas de azúcar han llegado a predominar en la dieta moderna. Cereales como trigo, maíz y arroz; tubérculos como las papas, y las frutas dulces modernas están diseñados para rendir un máximo de almidón y azúcar. Aunque estos almidones no parecen azúcar ni saben igual que el azúcar, no son más que cadenas de glucosa almacenadas en tejidos con gran densidad de energía dentro de las semillas de las plantas. (En este momento tal vez te preguntes si en este libro te pediré que destierres esos alimentos de tu vida para siempre, y la respuesta es no. En los siguientes capítulos te enseñaré cómo consumir los alimentos almidonados con gran densidad energética de forma que te beneficie, en lugar de engordarte y enfermarte.)

Los científicos creen que en nuestro pasado preagrícola consumíamos cerca de 150 gramos de fibra al día. Hoy comemos carbohidratos más concentrados que nunca y a duras penas obtenemos 15 gramos de fibra… en un buen día. Los críticos de la dieta ancestral muchas veces señalan que en la dieta previa a la agricultura se consumían cereales antiguos, pero, sin importar el porcentaje exacto, es un hecho que iban acompañados de cantidades masivas de fibra, lo cual implica un fuerte y vital contraste con sus contrapartes procesadas e hipercalóricas de la modernidad.

Es importante estar conscientes de la facilidad con la que el cuerpo descompone un almidón en las moléculas de azúcar que lo constituyen. Este proceso de conversión no espera siquiera a que deglutas, sino que comienza en la boca gracias a la enzima de la saliva llamada *amilasa*. (Si te pareces a mí, te sonará de la clase de biología de la secundaria. Esta enzima permite que el almidón se quede en la boca y puedas saborear su dulzura mientras se descompone en los azúcares que lo constituyen ahí mismo en tu lengua.) De hecho, incluso antes de que des la primera mordida (o el primer trago), con sólo *ver* lo que vas a comer estimulas la producción de reservas de la hormona insulina, la cual se prepara para encargarse del diluvio de azúcares que vendrá.

El principal trabajo de la insulina es sacar de prisa las moléculas de azúcar de la sangre y transportarlas al tejido muscular y adiposo. Para cuando el azúcar hace una pequeña parada en el estómago para subirse al tren que la lleve al torrente sanguíneo, el sistema endocrino (hormonal) ya está funcionando a todo vapor, acumulando energía. Pero este resguardo de energía es sólo una parte de la historia; el proceso también es responsable de controlar el daño causado por el exceso de azúcar en la sangre.

Al cuerpo humano le gusta la estabilidad. Hace hasta lo imposible por mantener la temperatura corporal dentro del rango (alrededor de 36.5 °C) todo el tiempo, y lo mismo puede decirse de los niveles de glucosa. El volumen total de plasma circulante (más o menos cinco litros de sangre) contiene apenas *una cucharadita* de azúcar en todo momento, lo que puede hacer que mires lo que comes con otros ojos y quizá te haga pensar dos veces antes de tomar ese vaso de jugo de naranja, el cual contiene en sólo una taza seis veces la cantidad de azúcar que circula en tu cuerpo. O ese panqué de arándanos que te llama desde la cocina de la oficina, el cual tiene 17 veces la cantidad de azúcar que circula en la sangre, la cual cae en el torrente sanguíneo casi inmediatamente después de comerlo.

Todo esto está muy bien, pero ¿y qué repercusiones tiene? Si como azúcar y la insulina se encarga de sacarla del torrente sanguíneo, no pasa nada, ¿cierto? ¡Falso!

La marea alta de esa dulce viscosidad

El azúcar se vuelve pegajosa una vez que entra al cuerpo, de forma similar a la sensación del jarabe de maple en los dedos, pero con la crucial diferencia de que, una vez que se adhiere a los órganos, no hay forma de lavársela. Este proceso a nivel molecular se llama *glicación* y ocurre cuando una molécula de glucosa se une con una proteína cercana a la superficie de una célula, lo que provoca daños. Las proteínas son indispensables para la estructura y el funcionamiento adecuados de todos los órganos y tejidos del cuerpo, desde el hígado y la piel, hasta el cerebro. Cualquier alimento que eleve la glucosa tiene el potencial de provocar glicación, y cualquier proteína expuesta a la glucosa es vulnerable.[8]

■ **Pregunta:** ¿Debo comer arroz integral en lugar de arroz blanco?

Respuesta: El aspecto "saludable" de los cereales se suele medir con el llamado índice glucémico. Éste determina qué tan rápido un alimento en específico afecta tus niveles de glucosa en la sangre, pero es una medida muy poco útil de la calidad de los alimentos, ya que no refleja una porción común. Asimismo, cuando los azúcares y los almidones se mezclan con otros alimentos, el índice glucémico se vuelve impreciso, pues la grasa, la proteína y la fibra retrasan la absorción del azúcar en el torrente sanguíneo. Podría ser más difícil para el cuerpo lidiar con una comida variada que contuviera carbohidratos, proteínas y grasas, que con azúcar en su forma aislada, al prolongar la elevación de la insulina. Con el tiempo, esto puede provocar grandes problemas (en el siguiente capítulo ahondaré al respecto).

La *carga* glucémica total —la cual toma en cuenta el tamaño de la porción— puede ser una medida más precisa de la calidad de una comida que el índice glucémico de cualquier alimento. (Es más difícil de medir, pero incluso sería todavía mejor la *carga total de insulina*, la cual toma en cuenta la potenciación de la acumulación de grasa causada por los carbohidratos *más* las grasas de los alimentos procesados.) Sobra decir que consumas sólo carbohidratos que estén presentes de manera natural en alimentos altos en fibra, como verduras, frutas con poca azúcar (en las siguientes páginas de compartiré una lista), tubérculos y leguminosas, los cuales tienen un índice glucémico y una carga de insulina bajos.

En cuanto al arroz, sólo elige el que prefieras. Aunque el arroz integral contiene más fibra y micronutrientes que el arroz blanco, no es una buena fuente de ninguno de los dos, y algunas personas tienen problemas para digerirlo. Dado que sus cargas de insulina e índices glucémicos son casi idénticos, en las ocasiones en las que vamos por sushi después de una sesión intensa en el gimnasio, yo procuro comer arroz integral, mientras que el doctor Paul prefiere el blanco (e insiste una hora después en que eligió el más sabroso).

Ahora que sabes con cuánta facilidad los almidones se convierten en azúcar, debes tener presente que, sin importar si te tomas un vaso de jugo (que provoca un pico de glucosa) o un tazón de arroz integral (el cual contiene fibra y azúcares combinados, vinculados en largas cadenas químicas que provocan un flujo más pequeño, pero prolongado), la cantidad de glicación causada por cierta cantidad de carbohidratos es básicamente la misma. Este índice se puede resumir en una sencilla fórmula:

Glicación = exposición a la glucosa × tiempo

Al igual que sucede con la oxidación, cierto grado de glicación es parte inevitable de la vida, pero la buena noticia es que, así como podemos disminuir el índice de oxidación en el cuerpo si evitamos los aceites oxidados (entre otras cosas), también podemos disminuir los índices de glicación, y nuestra arma más poderosa es quizá el tenedor,* con el cual podemos elegir qué alimentos no contienen exceso de azúcar (encadenada o no) que pueda adherirse a nuestras proteínas.

---

* El impacto que tendrá una comida con carbohidratos (digamos un bagel de cereales enteros) en el torrente sanguíneo variará de persona a persona. Alguien con un control sano de glucosa puede comer una papa al horno y ver que su glucosa regresa a niveles basales poco después, con un daño mínimo. Por el contrario, una persona con un mal control de la glucosa (alguien con resistencia a la insulina, prediabetes o diabetes tipo 2) notaría que sus niveles de glucosa permanecen elevados horas después. Esto está determinado por una gama de otros factores, incluyendo la inflamación, el sueño, los genes, el estrés y hasta la hora del día.

Rico en azúcar	Bajo en azúcar
Trigo (entero y blanco)	Carne de ternera de libre pastoreo
Avena	Almendras
Papas	Aguacate
Maíz	Pescados grasosos
Arroz (integral y blanco)	Aves
Refrescos	Col rizada
Cereales	Espinacas
Jugo de fruta	Huevos

Uno de los aspectos más dañinos de la glicación es que conduce a la formación de lo que se conoce como *productos finales de glicación avanzada* (AGE, por sus siglas en inglés, un acrónimo muy pertinente porque forma la palabra inglesa para *envejecimiento*). Los AGE se conocen también como *gerontotoxinas* o toxinas del envejecimiento (del griego *geros*, que significa "vejez"), y son altamente reactivas, como delincuentes biológicos. Están vinculados muy de cerca con la inflamación y el estrés oxidativo del cuerpo, y se generan en personas de todas las edades en distintos grados; sin embargo, en general los determina la dieta.[9] Dado que la formación de AGE es más o menos proporcional a los niveles de glucosa en la sangre, este proceso se acelera de forma sustancial en personas con diabetes tipo 2, lo que implica que tienen un papel predominante en la tendencia a desarrollar o agravar enfermedades degenerativas como la arterosclerosis y el Alzheimer.

En cuanto al Alzheimer, un cerebro afectado por la enfermedad tiene tres veces más de estas toxinas del envejecimiento que un cerebro sano.[10] (En su libro *Somos nuestro cerebro*, el neurobiólogo neerlandés D. F. Swaab describió la enfermedad como una forma prematura, acelerada y severa del envejecimiento cerebral.) Sin duda alguna, la glicación desempeña un papel en este proceso y explica en parte por qué la glucosa elevada aumenta el riesgo de demencia, *incluso entre quienes no son diabéticos*.[11] Sin embargo, no es necesario que tengas demencia para sufrir los efectos de los AGE en la cognición. Los adultos sin demencia ni diabetes tipo 2 con niveles altos de AGE exhiben una pérdida acelerada de la función cognitiva con el paso del tiempo, dificultades para aprender y recordar, y una expresión reducida de los genes que promueven la neuroplasticidad y la longevidad.[12]

Para darse una idea del ritmo con que se forman los AGE en el cuerpo, los médicos se apoyan en un análisis que se suele usar para el control de la diabetes, llamado hemoglobina A1C (o hemoglobina glicosilada), el cual observa la cantidad de azúcar que se queda adherida a los glóbulos rojos. Las células sanguíneas circulan por el cuerpo un promedio de cuatro meses, durante los cuales se enfrentan a la exposición de distintos niveles de azúcar en tu sangre antes de que se jubilen al bazo. El A1C retrata el promedio de glucosa en la sangre en un periodo más o menos de tres meses y puede ser un poderoso marcador del riesgo de deterioro cognitivo o hasta de un desempeño cognitivo mermado.

A finales de 2015 tuve la oportunidad de visitar el Hospital Charité, en Berlín, una de las instituciones médicas que realizan más investigaciones y hogar de un estudio que examina la relación entre la glucosa y el funcionamiento de la memoria. La autora líder del estudio, la doctora Agnes Flöel, examinó a 141 personas con estudios de glucosa A1C que estaban dentro del rango "normal". Descubrió que, por cada 0.6% que aumentara la hemoglobina A1C del sujeto (que, repito, es una medida del azúcar promedio en la sangre a lo largo de tres meses), éste recordaba en promedio dos palabras menos en una prueba de memoria oral. Es un hallazgo desconcertante, dado que estos sujetos no eran diabéticos ni prediabéticos. Por si eso fuera poco, la gente con A1C más elevado también tiene menos volumen en el hipocampo, el preciado centro de procesamiento de la memoria.[13] (Los hallazgos publicados en *Neurology*, la revista oficial de la Academia Americana de Neurología, también indicaban que los niveles de glucosa en ayunas en el extremo elevado del rango "normal" predecían una pérdida de volumen en esa área del cerebro.)[14]

Nota del médico: los inconvenientes del estudio de hemoglobina A1C

El A1C no es un análisis perfecto, pero reafirma qué tan dañina puede ser el azúcar. Las investigaciones han demostrado que los niveles elevados de glucosa en realidad acortan el tiempo de vida de las células sanguíneas, así que, mientras una persona con niveles normales de glucosa puede tener células sanguíneas que vivan cuatro meses, alguien con glucosa crónicamente alta puede tener células sanguíneas que vivan tres meses o menos.[15] Entre más tiempo pasa en circulación, más azúcar acumula una célula sanguínea. Una persona que tenga niveles de glucosa verdaderamente saludables obtendrá entonces un "falso positivo" en el A1C, mientras que un diabético puede tener una glucosa *todavía más elevada* de la que revela el A1C.

En mi clínica suelo usar un análisis llamado *fructosamina*, el cual mide los compuestos resultantes de la glicación y es un reflejo del control de glucosa a lo largo de dos o tres *semanas*, en lugar de tres meses. Al no verse afectado por el tiempo de vida de los glóbulos rojos, este análisis puede ser útil para analizar una discrepancia con el A1C; por ejemplo, cuando el promedio de glucosa cambia de forma precipitada por un ajuste en la dieta.

Por desgracia, el daño provocado por la glicación no se limita al cerebro. La glicación promueve el envejecimiento de la piel, el hígado, los riñones, el corazón y los huesos.[16] No hay una parte del cuerpo que sea inmune a él. En cierto sentido, tus niveles de A1C (reflejo directo de la liberación de insulina y la formación de AGE) pueden indicar la velocidad con la que estás envejeciendo.

Los ojos son una ventana hacia otro ejemplo del deterioro provocado por la glicación, pues contienen neuronas y otros tipos de células altamente vulnerables a ella. Las cataratas son una nebulosidad en los lentes del ojo y son la principal causa de ceguera en el mundo. Los científicos saben que es posible causarles cataratas a animales de laboratorio en tan sólo 90 días si mantienen elevados sus niveles de glucosa, con lo que aceleran la glicación.[17] Quizá eso explique por qué los diabéticos, que tienen índices incrementales de glicación, tienen hasta cinco veces mayor riesgo de desarrollar cataratas, en comparación con personas con niveles normales de glucosa.[18]

Sin embargo, no todos los AGE se crean en el cuerpo. Algunos provienen del entorno. El humo de cigarro, por ejemplo, es un gran vehículo para que entren al cuerpo estos aceleradores del envejecimiento. La formación de AGE también es una reacción bastante común en la preparación de alimentos, en especial cuando se utilizan métodos de cocción a altas temperaturas. Aunque la investigación de AGE se encuentra aún en pañales, los estudios han demostrado que la mayoría se produce de forma endógena —es decir, dentro del cuerpo— y son resultado de dietas altas en carbohidratos. De hecho, los vegetarianos tienen más AGE en la sangre que las personas que comen carne, y se cree que esto se debe a su elevada dependencia a los carbohidratos y a un consumo mayor de fruta.[19]

LAS TOXINAS QUE NOS ENVEJECEN ESTÁN EN EL AMBIENTE

Si alguna vez has sellado un filete en una parrilla y te has fijado cómo se empieza a formar una costra oscura, has visto con tus propios ojos el proceso de glicación. El oscurecimiento indica la formación de AGE exógenos (formados afuera del cuerpo), lo que se conoce como reacción de Maillard. A decir verdad, el procesamiento de cualquier alimento crea AGE, pero en especial los métodos de cocción secos a altas temperaturas, como el asado o rostizado, promueven la formación de AGE, y las carnes embutidas (salchichas, por ejemplo) contienen una mayor cantidad que su forma más natural. Los tipos de cocción más seguros incluyen humedecer la carne, saltearla o cocerla al vapor. (Los vegetales contienen menos AGE que la carne, sin importar cómo los cocinen.)

Quizá estés pensando en eliminar la carne por completo, pero juzgar qué tan sano es un alimento sólo por su contenido de AGE sería un error. El salmón silvestre asado, por ejemplo, contiene una cantidad considerable de AGE; sin embargo, el consumo de pescado silvestre se asocia en muchos estudios con un envejecimiento cognitivo y cardiovascular sanos. Además, muchos antropólogos consideran que no sólo el consumo de carne, sino el propio hecho de cocinarla, fue lo que ayudó a nuestros ancestros a extraer más calorías y nutrientes de los alimentos, y permitió que el cerebro alcanzara sus dimensiones modernas. La forma más segura de integrar productos cárnicos a tu dieta es consumir cortes orgánicos y de libre pastoreo (o silvestres, si hablamos de pescados), los cuales garantizan una cantidad mayor de antioxidantes, y usar el menos calor posible (aunque, por supuesto, debes cocinar bien la comida para evitar enfermedades).

También es importante tener en cuenta que el cuerpo sólo absorbe entre 10 y 30% de los AGE exógenos. Los nutrientes antioxidantes, como los polifenoles y la fibra, abundantes en alimentos de origen vegetal, también son capaces de neutralizar estas toxinas del envejecimiento antes de que lleguen al sistema.[20] Si quieres consentirte con un pollo rostizado (una fuente considerablemente rica de AGE), por ejemplo, elige un plato rebosante de verduras de hoja verde para acompañarlo y minimizar el impacto. Esta combinación también ayuda a negociar una interacción más agradable entre los AGE y los miles de billones de bacterias que habitan en el intestino, personajes que también son centrales en la función cerebral, como veremos más adelante.

Azúcar añadida:
la pesadilla del cerebro

El azúcar añadida se ha convertido en uno de los peores males de nuestra dotación moderna de comida. La naturaleza pretende que la consumamos en pequeñas cantidades a través de frutas enteras, pues el empaque incluye fibra, agua y otros nutrientes, pero el azúcar se ha convertido en la adición generalizada de incontables alimentos industrializados y bebidas endulzadas. Ahora, por fin las empresas estadounidenses están obligadas a mencionar en la información nutricional de las etiquetas la cantidad de azúcar añadida de sus productos; si bien no es la cura, sí es un paso en la dirección correcta. Ya sea que se trate de azúcar de caña orgánica de una sola fuente, jarabe de arroz integral o el jarabe consentido de la industria —el jarabe de maíz alto en fructosa (JMAF)—, una cosa es cierta: el nivel seguro de consumo de azúcar añadida es *cero*.

Uno de los peligros del consumo de azúcar es que puede secuestrar los centros de placer del cerebro. Los alimentos elaborados con azúcar añadida por lo general saben "increíblemente deliciosos" y provocan picos masivos de dopamina, un neurotransmisor involucrado en la respuesta de recompensa. Por desgracia, entre más los consumimos, más azúcar necesitamos alcanzar el mismo umbral de placer. ¿Te suena familiar? Pues debería: el azúcar se parece a las drogas en la forma en que estimula la liberación de dopamina. De hecho, en modelos animales, las ratas prefieren el azúcar a la cocaína, y eso que a las ratas les *fascina* la cocaína.

Para usar un término de Sigmund Freud, los roedores se dejan llevar por el *ello*, es decir, por sus antojos. Carecen de responsabilidades (al menos en el sentido humano) y es un hecho que no les preocupa en absoluto cómo se ven en traje de baño. Por lo tanto, los estudios con roedores sirven mucho para comprender cómo la comida —y en particular el azúcar— afecta nuestro comportamiento. De las ratas aprendimos, por ejemplo, que la fructosa en particular puede *promover su propio consumo*. Cuando se les dio la misma cantidad de calorías de fructosa o glucosa, la glucosa (como el almidón de papa) inducía saciedad (la sensación de estar lleno). La fructosa, por el contrario, provocaba que los roedores comieran más; de algún modo les abría más el apetito. La lección inferida es que el azúcar, y quizá sobre todo la fructosa, puede provocar que comas de más (ahondaré en esto más adelante).

Este concepto es crucial porque tendemos a sentirnos culpables cuando nos comemos una bolsa entera de papas fritas (o un litro de helado o una caja de galletas). ¿Te ha pasado? A mí también. Lo que nadie nos dice cuando recorremos los pasillos llenos de bolsas infladas de placer es que esos alimentos fueron hechos literalmente para provocar un sobreconsumo descontrolado y diseñados en laboratorios por químicos en alimentos a quienes se les paga muy bien para que estos productos sepan hiperdelicioso. Para ello mezclan sal, azúcar, grasas y —muchas veces— harina de trigo para maximizar el placer, lo que lleva al sistema de recompensas de tu cerebro hasta un "punto climático" de placer que simula las propiedades adictivas de sustancias controladas. ¿Recuerdas el famoso eslogan "No puedes comer sólo una"? Ahora es una verdad científicamente comprobada.

Alimentos diseñados especialmente para destruir el cerebro

- Bagels
- Bizcochos
- Pasteles
- Cereales
- Chocolate con leche / chocolate blanco
- Galletas
- Barritas energéticas
- Galletas saladas
- Donas
- Panqués
- Pastas
- Repostería
- Pays
- Barritas de granola
- Pizzas
- Pretzels
- Waffles
- Hot cakes
- Pan blanco
- Malteadas
- Helado de yogurt
- Helado
- Masa
- Gravy
- Jaleas
- Mermeladas
- Frituras
- Papas fritas
- Granola

Que la fructosa no te tome por sorpresa

Belcebú, Satán, Abadón, Lucifer, el Maligno… Al igual que el Diablo, el azúcar adopta muchas formas y muchos nombres. Sucralosa, dextrosa, glucosa, maltosa, lactosa. ¿Cuál es la diferencia y por qué debería importarte? Todos pueden producir picos de glucosa e interferir con las hormonas que controlan el apetito y las reservas de grasa. Sin embargo, una forma de azúcar en particular se ha vuelto muy popular a últimas fechas y se ha introducido silenciosamente en cada rescoldo de nuestra alimentación: la fructosa.

■ **Pregunta:** Ahora que mi refresco favorito se hace con azúcar real / orgánica / sin transgénicos en lugar de jarabe de maíz alto en fructosa, ¿significa que ya es saludable?

Respuesta: ¡No! El azúcar de mesa (orgánica o no) y el jarabe de maíz alto en fructosa están formados por 50% glucosa y 50% fructosa. Ambos son azúcar pura y ambos pueden acarrear los mismos problemas: adicción, reserva de grasa y glicación acelerada.

El cuerpo procesa la fructosa distinto que la glucosa, ya que pasa por el torrente sanguíneo y se sube al tren exprés hacia el hígado. Según el doctor Lustig, este efecto único de la fructosa en nuestra biología es "isocalórico, mas no isometabólico" (el prefijo *iso* significa "igual"). Esto significa que, aunque tenga una cantidad idéntica de calorías por gramo que otros azúcares, la fructosa parece comportarse de una forma peculiar desde una perspectiva metabólica. No eleva la glucosa ni provoca un incremento en la producción de insulina… al menos no al principio. La industria alimentaria explota esta diferencia con mucha frecuencia para vender productos endulzados con fructosa a consumidores diabéticos que están intentando cuidar su salud.

Una vez que llega al hígado, la fructosa induce *lipogénesis*: esto es, literalmente, creación de grasa. A decir verdad, todos los carbohidratos son capaces de estimular la lipogénesis si los consumimos en exceso, pero la fructosa es la más eficiente. Un estudio a corto plazo, publicado en el diario *Obesity*, demostró un aumento de casi el doble de la grasa hepática cuando personas sanas con dietas altas el calorías tomaron suplementos de fructosa, en comparación con gente que tomó complementos de glucosa (113 contra 59%, respectivamente).[21]

Después de que la fructosa llena el hígado de grasa hasta su máxima capacidad, ésta se derrama hacia el torrente sanguíneo en forma de triglicéridos. Consumir grasa también conduce a un pico de triglicéridos después de la comida, pero la lipogénesis provocada por el consumo de fructosa puede dejar más grasa en la sangre que la comida más grasosa; después de una botana alta en fructosa, la sangre puede adquirir una tonalidad rosa cremosa por esta misma razón. Es por ello que los niveles de triglicéridos en ayunas (un marcador común para establecer la salud metabólica y el riesgo de enfermedad cardiaca) se ven influidos casi por completo por el consumo de carbohidratos y, sobre todo, de fructosa.

Si bien la fructosa tiene un efecto negligente e *inmediato* en la glucosa, el consumo frecuente con el tiempo provocará que la glucosa se eleve porque el estrés del hígado causa inflamación y anula la capacidad de las células de "succionar" la glucosa de la sangre. Quizá es un proceso adaptativo que nos permitía guardar más grasa cuando la fruta estaba en temporada; sin embargo, en la actualidad explica por qué el consumo de azúcar coincide con los índices estratosféricos de diabetes tipo 2. (Tal vez sea un buen momento para preguntarnos si los endulzantes con fructosa, como el jarabe de agave —que es 90% fructosa—, *de verdad* son la opción correcta para las personas diabéticas o conscientes de su salud.)

Los efectos combinados de la fructosa pueden contribuir a las alteraciones de la expresión genética en el cerebro. En un estudio realizado en la UCLA, los investigadores alimentaron roedores con una cantidad de fructosa equivalente a beber un litro de refresco al día.[22] Después de seis semanas, los roedores empezaron a mostrar trastornos típicos: sus niveles de glucosa, triglicéridos e insulina iban en aumento, y su cognición empezaba a deteriorarse. En comparación con los ratones que se hidrataban sólo con agua, los que bebieron fructosa tardaban el doble de tiempo para encontrar la salida en un laberinto. Sin embargo, lo que más sorprendió a los científicos fue que en el cerebro de los ratones con fructosa se alteraron casi 1 000 genes. No se trataba de los genes que les dan sus lindas narices rosas y bigotes; eran genes equiparables a los que en humanos se vinculan con enfermedad de Parkinson, depresión, trastorno bipolar y otros. El grado de alteración genética fue tan notorio que el investigador principal, Fernando Gómez-Pinilla, comentó en el comunicado de la UCLA que "la comida es como un compuesto farmacológico" en términos de su efecto en el cerebro. No obstante, ese poder también se puede usar para el bien: el impacto negativo que tuvo la fructosa en la cognición y la expresión genética se atenuó al alimentar a los ratones con grasas omega-3 DHA.

Evitar el estrés neurológico causado por el consumo excesivo de azúcar puede ser una ventaja para los millones de personas que padecen daño cerebral por lesiones. Una dieta alta en fructosa redujo la plasticidad cerebral de los roedores y disminuyó su capacidad de sanar después de sufrir una lesión en la cabeza. Aunque los roedores no son personas, las lesiones neurológicas son una condición orgánica que se puede replicar con facilidad en animales, a diferencia, digamos, de una enfermedad humana compleja que los ratones y las ratas no desarrollan en la naturaleza.

Foie gras humano

La fructosa —y el consumo de azúcar en general— contribuye en gran medida al desarrollo de la enfermedad de hígado graso no alcohólico o EHNA. En la actualidad, esta enfermedad afecta a 70 millones de adultos sólo en Estados Unidos (30% de la población), y se espera que los índices de EHNA se disparen en años venideros a menos que hagamos algo para calmar nuestra necesidad colectiva de consumir cosas dulces. Se estima que para el año 2030 el 50% de la población tendrá EHNA, y la resistencia a la insulina —un problema que afecta a una cantidad excesiva de personas en todo el mundo— es directamente proporcional a la gravedad de esta enfermedad. Pero no somos los únicos animales que padecemos hígado graso.

De forma similar a los humanos, pero en una escala mucho mayor, los patos y los gansos son capaces de guardar un exceso masivo de calorías en forma de grasa dentro del hígado. Esta adaptación les permite volar grandes distancias sin detenerse a comer, característica que los humanos explotan para producir foie gras, un manjar francés que se disfruta en muchas partes del mundo.

El foie gras es el hígado bien engordado de un pato o un ganso, y se venera por su textura rica y cremosa, una cualidad inusual en los hígados en general. Para prepararlo, se inserta un tubo directamente en la garganta de gansos y patos sanos, y se introducen cereales por la fuerza (por lo general, maíz). Ya que los animales terminan consumiendo más carbohidratos de los que comerían en la naturaleza, el hígado se les inflama por la grasa y crece hasta 10 veces más de lo normal. La inflamación puede ser tan severa que detiene el flujo sanguíneo y aumenta la presión abdominal, lo que impide que el animal pueda respirar bien.

A veces el hígado y otros órganos revientan del estrés. Esta imagen cruel e inhumana, aunque extrema, nos da una excelente idea de lo que nos estamos haciendo a nosotros mismos como consecuencia del consumo crónico de azúcar: desarrollar hígados llenos de grasa y crear foie gras *en nuestro propio cuerpo.*

Salvo que Hannibal Lecter te haya invitado a cenar, es poco probable que te hagan paté; sin embargo, albergar un hígado inflamado puede traer consigo muchas consecuencias indeseables, ya que este órgano realiza cientos de funciones importantes para el cuerpo. La EHNA se ha asociado con el déficit cognitivo, el cual aumenta a medida que se intensifica la enfermedad. En roedores a los que se les sobrealimenta para que desarrollen EHNA empiezan a observarse cambios neurológicos asociados con la enfermedad de Alzheimer, y los roedores que ya tenían anormalidades relacionadas con el Alzheimer (no es un modelo perfecto de Alzheimer, pero es interesante de todas maneras) exhiben señales exacerbadas de la enfermedad y una inflamación mayor cuando se les alimenta con fructosa concentrada.[23]

Aunque entre 70 y 80% de las personas obesas tienen EHNA, también lo tienen 10 o 15% de las personas con peso normal que se "alimentan" con el azúcar y la fructosa omnipresentes. Como puedes ver, estar delgado no te vuelve inmune a los efectos cognitivos y metabólicos de una alimentación deficiente.

Un terrorista del intestino y el cerebro

Como es de esperarse, el epicentro de muchos de los problemas asociados con el azúcar es el intestino. En particular la fructosa, ya sea que provenga de alimentos azucarados procesados o de un exceso de fruta, afecta su propia absorción cuando se consume en grandes cantidades. Aunque parecería algo positivo, el exceso de fructosa que se queda en el intestino puede provocar muchos síntomas indeseables, desde inflamación y dolor, hasta diarrea y síntomas del síndrome de intestino irritable (SII). Por desagradable que suene, una alta concentración de fructosa en el intestino también puede interferir con la absorción de triptófano.[24] El triptófano es un aminoácido esencial que debemos obtener de la dieta y es el precursor directo del neurotransmisor serotonina, el cual es esencial para tener una buena función ejecutiva y un estado de ánimo saludable. Es quizá la razón por la cual la mala absorción de fructosa se vincula con síntomas de depresión.[25]

La pared intestinal es la preciada matriz por donde absorbemos los nutrientes de los alimentos. También ayuda a mantener las bacterias intestinales dentro del intestino, que es el lugar al que pertenecen. Lo último que querríamos sería agujerar esa preciada pared intestinal, pero eso es justo lo que la fructosa concentrada es capaz de hacer. El término técnico es *permeabilidad intestinal alterada*, que es cuando la pared intestinal permite la fuga de componentes bacterianos inflamatorios del intestino hacia la circulación. La filtración de estos componentes hacia el torrente sanguíneo es un antecedente importante de la inflamación sistémica y puede inducir síntomas de depresión y ansiedad conforme alerta al sistema inmunológico de tu cerebro y tu cuerpo (este fenómeno lo explicamos a mayor profundidad en el capítulo 7).

Aunque se ha demostrado que las grandes concentraciones de fructosa de los alimentos procesados contribuyen a la permeabilidad intestinal, no parece ser el caso de pequeñas cantidades cuando se trata de fruta fresca entera. Esto se debe en parte a la matriz fibrosa en la que las azúcares se quedan atadas, al agua y a otros fitonutrientes. El consumo de frutas enteras también es autolimitante, pues la fibra hace que te sientas satisfecho. Por ejemplo, sería difícil comer cinco manzanas, mientras que es muy fácil beber el contenido de azúcar de cinco manzanas en un jugo.

LA PLACA DENTAL (Y CEREBRAL)

Una dieta alta en azúcar no sólo forma una placa en los dientes, sino que también puede depositarla en el cerebro. En un intento por descubrir si la glucosa incrementa la producción de placa amiloide (una característica fundamental de la enfermedad de Alzheimer), los investigadores conectaron clamps de glucosa a roedores con modificaciones genéticas para desarrollar síntomas parecidos a los del Alzheimer. Los clamps de glucosa proveen puertos que permiten a los científicos aumentar o disminuir los niveles de glucosa en animales libres y despiertos para ver el efecto que esa manipulación tiene en su cuerpo, cerebro y comportamiento. Asimismo, los investigadores midieron los niveles de la proteína precursora de placa amiloide en el líquido cefalorraquídeo de los animales.

Lo que descubrieron fue fascinante: sólo con aumentar de forma temporal la cantidad de glucosa en los ratones, la producción amiloide

---

aumentaba considerablemente.[26] Al duplicar la glucosa de ratones jóvenes durante un "desafío" de cuatro horas (el equivalente a una comida alta en carbohidratos para una persona con mal control de glucosa), se observó un aumento de 25% en la producción de beta amiloides en líquido cefalorraquídeo. Los ratones más viejos resultaron ser los más vulnerables, pues en ellos se observó un aumento de 40% con el mismo desafío de glucosa.

Los investigadores observaron que los picos repetidos de glucosa, como es común en la diabetes tipo 2, "podían iniciar y acelerar la acumulación de placa". Concluyeron que las placas en el hipocampo "deben estar moduladas por los niveles de glucosa en la sangre". Una distinción importante, por supuesto, es que no siempre sucede en humanos lo que se ve en los modelos de la enfermedad en roedores. De cualquier manera, estudios como éste son piezas clave en el rompecabezas que nos llevará a descubrir por qué los niveles altos de glucosa están tan asociados con un riesgo mayor de demencia, aun en personas sin diabetes.[27]

La amarga verdad de las frutas dulces

¿Por qué los humanos modernos tienen tan poca tolerancia al azúcar natural que se encuentra en las frutas? Parecería no tener sentido *hasta* que recordamos que hace apenas unas cuantas décadas las frutas escaseaban o eran de temporada.

Al igual que en el casino de un hotel de Las Vegas, nuestro complejo alimenticio moderno ya perdió toda noción espaciotemporal (y climática). En una sola generación hemos adquirido un acceso sin precedente a las frutas dulces. Una piña del trópico, moras que crecen en México y dátiles medjool de Marruecos vuelan hasta nuestros pueblos y ciudades para decorar los pasillos de los supermercados durante todo el año. Estas frutas han sido modificadas para ser más grandes y contener más azúcar que nunca.

Con frecuencia escuchamos que está bien —e incluso que es benéfico— consumir frutas en cantidades "ilimitadas", pero, si la vemos a través de un lente evolutivo, la fruta (y en especial las versiones altas en azúcar que se cultivan en la actualidad) es experta en confundir nuestro metabolismo corporal.[28] La teoría es que debía ser una cualidad temporal de adaptación que nos ayudara a aumentar las reservas de grasa para sobrevivir el invierno. De hecho, se cree que nuestros ancestros desarrollaron la visión tonal de rojo y verde con el único propósito de distinguir una fruta madura y roja en medio del follaje verde; un testamento evolutivo del valor que tenía la fruta para la supervivencia del recolector hambriento. Hoy en día, el consumo de fruta alta en azúcar durante 365 días está preparando a nuestro cuerpo para un invierno que nunca parece llegar.

¿Qué consecuencias puede tener en el cerebro que nos atiborremos de uvas y otras frutas dulces? Algunos estudios extensos nos brindan pistas sobre la respuesta. En uno de ellos, un consumo elevado de fruta en adultos cognitivamente sanos se asoció con menor volumen en el hipocampo.[29] Este hallazgo fue inusual, dado que las personas que comen más fruta suelen exhibir los beneficios que asociamos con una dieta saludable. En el estudio, sin embargo, los investigadores aislaron varios componentes de las dietas de los sujetos y descubrieron que la fruta no parecía favorecer su centro de memoria. Otro estudio de la Clínica Mayo observó una relación inversa similar entre el consumo de fruta y el volumen de la corteza cerebral, la gruesa capa exterior del cerebro.[30] Los autores de este estudio notaron que el consumo excesivo de frutas altas en azúcar (como higos, dátiles, mangos, plátanos y piña) puede inducir trastornos metabólicos y cognitivos equivalentes a los que causan los carbohidratos procesados.

Nota del médico: cuándo de verdad necesitas restringir la fruta

Las personas tenemos una gran tolerancia a los carbohidratos, pero está claro que, en el caso de los diabéticos, es necesario restringir de forma sustancial el azúcar, incluyendo la de las frutas. A mis pacientes diabéticos les recomiendo que consuman fruta en medias porciones; una sola naranja es capaz de provocar un pico de glucosa que alcanza un rango inaceptable horas después de comerla. ¡Pero no pierdas la esperanza! Una vez que se restaure la sensibilidad a la insulina, el ejercicio se convierta en un hábito y el sistema ya haya tenido tiempo para restaurar el equilibrio energético y la flexibilidad metabólica, es posible reintroducir a la dieta fuentes de carbohidratos no procesados.

Ahora bien, las frutas sí contienen muchos nutrientes importantes. Por suerte, las que poseen las mayores concentraciones de nutrientes suelen ser frutas bajas en azúcar. Algunos ejemplos incluyen coco, aguacate, aceitunas y cacao (no, eso no significa que el chocolate sea una fruta, pero el chocolate amargo sí brinda una miríada de beneficios para el cerebro y es uno de nuestros alimentos geniales). Las moras también son fantásticas porque no sólo tienen poca fructosa, sino que contienen concentraciones particularmente altas de antioxidantes que proveen un efecto positivo para la memoria y combaten el envejecimiento. El Estudio de Salud de las Enfermeras, un estudio nutricional longitudinal de 120 000 enfermeras, descubrió que el cerebro de quienes comían más moras se veía 2.5 años más joven en las tomografías.[31] De hecho, mientras que un metaanálisis reciente de la bibliografía médica no observó vínculos entre el consumo general de fruta y la reducción del riesgo de demencia, la única excepción fue el consumo de moras.[32] ¡A comerlas!

Un llamado a la acción

Cada año se invierten miles de millones de dólares en la venta de comida chatarra. Sin embargo, además de comprar espacios publicitarios en revistas o en la televisión, los grandes corporativos con regularidad financian estudios que intenten minimizar el papel que desempeña la comida chatarra en la crisis pública de obesidad. El *New York Times* expuso hace poco a los científicos involucrados en la iniciativa de un gigante productor de refrescos para cambiar el discurso de las epidemias globales de obesidad y diabetes tipo 2 enfocado de la dieta y redirigirlo hacia la pereza y la falta de ejercicio.[33] Se citó a un ejecutivo del grupo que dijo:

> Gran parte del discurso en los medios populares y la prensa científica es: "Ah, comen demasiado, comen demasiado, comen demasiado". Culpan a la comida rápida, culpan a las bebidas azucaradas y demás. Y, en realidad, casi no hay evidencia contundente de que ésa sea la causa.

Aunque el ejercicio es vital para la salud del cerebro y de todo el cuerpo, incontables estudios han demostrado que tiene un impacto mínimo en el peso corporal, en comparación con el impacto de la dieta. Los entusiastas del ejercicio saben que "el abdomen se marca en la cocina", pero para muchas personas obesas y con sobrepeso, un comentario así sólo perpetúa la confusión y tiende una trampa para los sectores más vulnerables de la sociedad, con lo que pavimenta el camino hacia la disfunción cognitiva y la muerte prematura. No exagero: por primera vez, nuestros hábitos alimenticios están matando más personas que el tabaquismo.[34] De hecho, las últimas cifras publicadas en la revista *Circulation* sugieren que casi 200 000 personas mueren al año por enfermedades desarrolladas únicamente por el consumo de bebidas endulzadas. Es siete veces la cantidad de personas que murieron en 2015 a causa del terrorismo en todo el mundo.[35]

Hablando de fumar, observemos un segundo la conciencia histórica del vínculo entre los cigarrillos y el cáncer de pulmón. Pasaron décadas antes de que hubiera suficiente "evidencia" en la literatura médica que convenciera a los médicos de que los cigarros eran un precursor central de los índices crecientes de cáncer de pulmón, a pesar de que la enfermedad había sido "muy inusual" antes de la ubicuidad del tabaco a mediados del siglo xx. ¿Quién puede olvidar los anuncios espeluznantes de los años cuarenta (son fáciles de encontrar en Google) en los que los médicos recomendaban el cigarrillo con absoluto descaro? Desde los años sesenta, dos tercios de todos los médicos en Estados Unidos creían que los argumentos contra el cigarrillo no eran contundentes, a pesar de reconocer que fumar era la primera causa en la epidemia de cáncer de pulmón de dos décadas antes.[36]

¿Debemos esperar a que el "consenso científico" reconsidere nuestro consumo de algo corrompido por las ganancias comerciales, algo que los humanos no necesitamos a nivel fisiológico, pero que nos causa daño casi con toda seguridad, como indica la información recabada? Ten en mente tu respuesta mientras en el siguiente capítulo nos aventuramos hacia una de las estafas más grandes de nuestros tiempos.

NOTAS DE CAMPO

- La unión entre el azúcar y la proteína (glicación) puede ocurrir con cualquier proteína en presencia de azúcar. Todos los carbohidratos, con excepción de la fibra, tienen potencial de glicación.
- Aunque es posible consumir subproductos de la glicación (AGE) a través de los alimentos, la mayoría se forma en el cuerpo como resultado del consumo crónico de carbohidratos.

- La fructosa aislada estresa al hígado y promueve la inflamación y la resistencia a la insulina.
- El azúcar interactúa con los genes del cerebro, reduce la neuroplasticidad y merma la función cognitiva.
- Ciertos alimentos están diseñados para ser hiperdeliciosos y provocar un hambre insaciable y un sobreconsumo. Estos alimentos son básicamente una trampa que nos lleva hacia la inflamación y la obesidad, y es mejor evitarlos por completo.
- A la industria no le interesa tu salud; no esperes ese "consenso científico" antes de desterrar sustancias innecesarias y potencialmente dañinas de tu dieta.

Alimento genial #3

Moras azules

De todas las frutas y verduras que se consumen de forma cotidiana, las moras azules tienen una capacidad antioxidante superior por su abundancia de compuestos llamados *flavonoides*. Éstos son una clase de compuestos de polifenoles presentes en muchos de los alimentos geniales (recordarás el oleocantal del aceite de oliva extra virgen, que es una clase de fenol).

Los flavonoides que más abundan en las moras azules son las antocianinas, las cuales se ha demostrado que cruzan la barrera hematoencefálica y estimulan la señalización en ciertas zonas del cerebro correspondientes a la memoria.[1] Sorprendentemente, estas antocianinas beneficiosas se acumulan en el hipocampo. Mi amigo Robert Krikorian, director del Programa de Envejecimiento Cognitivo del Centro Académico de Salud, en la Universidad de Cincinnati, es uno de los principales investigadores que observan los efectos de las moras azules en la función mnemónica de los humanos. El doctor Krikorian ha publicado investigaciones que demuestran los amplios beneficios del consumo de moras azules para la función cognitiva; por ejemplo, complementar la alimentación con moras azules durante 12 semanas mejoró la función mnemónica y el estado de ánimo, y redujo la glucosa en ayunas de adultos mayores con riesgo de demencia.[2]

Los estudios observacionales son igual de contundentes. Un estudio que dio seguimiento durante seis años a 16 010 adultos mayores descubrió que el consumo de moras azules (y fresas) puede retrasar el envejecimiento cognitivo hasta 2.5 años.[3] Y aunque un análisis reciente no reveló una asociación entre el consumo general de fruta y el riesgo de demencia en humanos, con las moras sí se observó un vínculo: las moras protegieron el cerebro contra la pérdida cognitiva.[4]

Cómo comprarlas y consumirlas: Las moras azules frescas son maravillosas, pero no tengas miedo de comprarlas congeladas, pues muchas veces son más baratas (y están mucho más disponibles) que las frescas. Siempre elige versiones orgánicas. Las moras azules son fantásticas en licuados y ensaladas, o como colación.

Consejo profesional: Todas las moras son útiles para la salud cerebral, aunque varían en términos de los compuestos beneficiosos específicos que contienen. Cuando quieras algo de variedad, las zarzamoras, los arándanos, las frambuesas y las fresas pueden suplir a las moras azules.

Capítulo 4

Se acerca el invierno (para tu cerebro)

Es más fácil engañar a las personas
que convencerlas de que las han engañado.

ANÓNIMO

Ésta es la historia de un amante abandonado. Después de leer el último capítulo, tal vez te cueste trabajo creer que yo tuve una intensa y larga relación amorosa con los carbohidratos. Pero es cierto. Si tuviera que cerrar los ojos y pensar en el placer más grande en la vida, sería morder un cupcake sabor red velvet recién horneado. Seamos honestos: no todo lo que amamos es bueno para nosotros.

No es necesario haber estudiado nutrición para darte cuenta de que los productos horneados suelen estar repletos de azúcar y harina blanca refinada. Incluso cuando era joven sabía que debía alejarme de estas amenazas evidentes y gravitar hacia los cereales "saludables", en especial los nutritivos cereales enteros y las nueces. A pesar de haber crecido rodeado de harinas refinadas en forma de bagels, pasta y galletas de vainilla y chocolate (las favoritas de mi niñez), desde temprana edad intuí que, entre menos procesado estuviera un cereal, mejor sería para mí. Todavía no llegaba a la adolescencia cuando me convertí en un vocero dentro de mi propia familia y empecé a promover que consumiéramos productos con el logotipo rojo de "bueno para tu corazón" cuando acompañaba a mi mamá al supermercado. Eran más simples y tenían más "cosas" —como salvado— que los volvían más nutritivos, en mi opinión. Hasta tenía un pan favorito en la infancia —llamado Health Nut— cuyo nombre me tranquilizaba, como si cada rebanada fuera otro paso por el sendero de mi salud y la de mi familia.

Conservé esta idea sobre los cereales hasta la edad adulta, y, conforme me fui haciendo más consciente de la comida saludable, pensaba, como muchos, que "más cereales equivalen a más salud". Mi alimentación diaria era más o menos así: en la mañana tomaba un gran tazón de granola con leche descremada o un bagel de trigo integral y una fruta. Hacia la hora de la comida por lo general estaba famélico y me comía un sándwich o un burrito (sólo de trigo integral), o mi platillo favorito: un tazón de arroz integral. Mi estado "comatoso" después de la comida era un fenómeno común y, por ende, necesitaba tener varios refrigerios a la mano para mantener elevado mi nivel de azúcar entre la comida y la cena: por lo general, una galleta dulce o dos, algunas galletas saladas de trigo integral o un poco de fruta seca. (No tenía el conocimiento sobre glucosa que tengo ahora —y que tú tendrás pronto—, pero sí notaba que los carbohidratos tendían a aliviar el letargo que experimentaba.) Mi cena solía ser otro poco de arroz integral, pero algunas noches lo cambiaba por un tazón grande de pasta de trigo integral. Sólo seguía una regla: mis comidas siempre incluían un cereal.

Aunque mis niveles de energía y mis antojos parecían una montaña rusa a lo largo del día, nunca cuestioné mi alimentación. ¿Por qué iba a hacerlo? Pertenecía al "1%" de los consumidores de cereales que los comían casi exclusivamente enteros y sin adulterar. Pero la devastadora verdad es ésta: estaba tan equivocado como tú respecto a la calidad nutricional de los cereales.

Los orígenes de un mito

Una de las dietas mejor conocidas por sus efectos neuro y cardioprotectores es la mediterránea, la cual adquirió popularidad primero gracias al renombrado enemigo de las grasas Ancel Keys (tal vez recuerdes que hablamos de él en el capítulo 2). Keys se fue de vacaciones a la isla griega de Creta, una región de personas excepcionalmente longevas, y usó su dieta como columna vertebral para sus estudios sobre nutrición humana. Si Keys hubiera visitado el este, tal vez se habría fijado la dieta hipersaludable de los japoneses, rica en hueva de pescado, soya fermentada (un platillo llamado *natto*) y tallarines de kelp. Pero Grecia e Italia eran destinos más populares en ese entonces: estaban más cerca, tenían un clima más cálido y, por supuesto, mejor vino.

Como ya vimos, las personas que viven alrededor del Mediterráneo construyen sus dietas alrededor de alimentos vegetales y productos del mar: verduras, leguminosas, pescados, aceite de oliva, cereales y nueces. Sin embargo, la gente de las islas griegas también ama la carne y con regularidad disfruta cortes grasosos de cordero. Ahora bien, Keys no se dio cuenta de esto porque visitó Creta en una época de escasez y se asentó en la empobrecida isla justo después de la Segunda Guerra Mundial, durante la cuaresma, cuando el consumo de carne es particularmente limitado.

Aun así, las observaciones de Keys se convirtieron en los cimientos del patrón nutricional mediterráneo "basado en cereales", el cual después orientó la creación de la influyente Pirámide Alimentaria que recomendaba comer menos grasas y atiborrarse de hasta 11 porciones al día de productos a base de cereales. (El sucesor de la Pirámide Alimentaria, el proyecto Mi Plato del USDA, todavía recomienda a los consumidores incluir cereales en todas sus comidas.) Los productores de comida no se opusieron, sino que sacaron ventaja de los considerables subsidios gubernamentales a los cultivos de cereales. ¿Es decir que Keys atribuyó los efectos saludables de la dieta mediterránea al grupo alimentario equivocado?

Cuando revisamos los datos poblacionales, observamos que el consumo de cereales enteros se asocia con claridad a menor incidencia de diabetes, cáncer de colon y cardiopatías y afecciones neurológicas. La gente que consume arroz integral, pan de trigo entero y cereales inusuales como la quinoa también tiende a tomar mejores decisiones en otros aspectos de su dieta.[1] Son personas que comen más pescados silvestres (ricos en omega-3), aceite de oliva extra virgen y verduras, y menos carbohidratos refinados e imitaciones de aceites, característicos de la dieta occidental. También tienen estilos de vida más saludables en general y tienden a hacer más ejercicio.[2] Sin embargo, desde una visión panorámica es imposible aislar los efectos de los cereales en la salud como parte de una dieta saludable en general. Aun así, la idea de que los cereales enteros mejoran la salud se nos ha enterrado, a falta de una mejor palabra. (Incluso se han convertido en padrinos de las nuevas versiones de la dieta mediterránea, como la dieta DASH que el gobierno promueve para reducir la hipertensión).

En este capítulo, conforme exploramos el papel que desempeña la ancestral hormona insulina en la función cerebral, queremos que te pongas tu sombrero de escéptico (como todo buen científico) y consideres que la dieta mediterránea no es saludable *gracias* a los cereales, sino *a pesar* de ellos.

El problema de los "carbohidratos crónicos"

Muchas veces se considera que los cereales son saludables por las pequeñas cantidades de vitaminas y fibra que contienen. Sin embargo, en la forma en la que solemos consumirlos, elevan la glucosa con la misma eficacia que el azúcar de mesa. Esto ocurre porque el almidón que contienen no es más que moléculas simples de glucosa unidas en cadenas que se empiezan a desprender en cuanto las masticas.

Como un importante precursor de energía en el cuerpo, la glucosa se utiliza para alimentar los músculos de las piernas cuando subimos las escaleras, el cerebro mientras respondemos un examen y el sistema inmunológico cuando combatimos un resfriado. Sin embargo, las moléculas de glucosa (en una rebanada de pan de trigo integral, por ejemplo) no pueden entrar por sí solas a la célula, sino que necesitan que las escolten.

Ahí hace su entrada la insulina.

La insulina es una hormona que el páncreas libera hacia el torrente sanguíneo cuando percibe que aumentan los niveles de glucosa. La insulina activa los receptores en la superficie de las membranas celulares, los que a su vez extienden con diligencia el equivalente de una alfombra roja para dar la bienvenida a las moléculas de azúcar y guardarlas o convertirlas en energía.

Cuando estamos sanos, las células musculares, adiposas y hepáticas requieren muy poca insulina para responder. Sin embargo, una estimulación repetida y prolongada de los receptores de insulina obligará a la célula a desensibilizarse con el tiempo, lo que disminuye la cantidad de receptores en la superficie. Si bien la tolerancia es una virtud en la vida diaria, la tolerancia a la insulina no lo es. Una vez que ocurre, el páncreas tiene que liberar más insulina para obtener el mismo efecto.

Mientras tanto, la glucosa continúa elevándose y permanece elevada durante más tiempo entre comidas, lo que acelera el desagradable proceso de unión entre azúcares y proteínas: la glicación.

La tolerancia —o *resistencia*— a la insulina afecta a gran cantidad de personas. Noticia de último minuto: tal vez tú seas una de ellas. Casi una de cada dos personas en Estados Unidos tiene problemas de control de glucosa, incluyendo afecciones como prediabetes o diabetes tipo 2. Esta última ya afecta a 86 millones de personas sólo en Estados Unidos. La diabetes tipo 2, el estado más avanzado de resistencia a la insulina, se desarrolla cuando el cuerpo necesita un torrente de insulina para completar la tarea que antes requería una cantidad relativamente pequeña. Con el tiempo, el páncreas "revienta" y se vuelve incapaz de cubrir la demanda creciente de insulina, y la glucosa permanece elevada a pesar de que se liberen las mayores cantidades de insulina posible.

Pero ¿qué hay de la otra mitad de la población que no es prediabética ni diabética? Si tu glucosa es normal, estás bien, ¿cierto? Por desgracia, aun entre personas con niveles de glucosa normales, la resistencia a la insulina es sumamente común. Gracias al trabajo del patólogo Joseph R. Kraft, ahora sabemos que la glucosa anormal en realidad es un marcador *tardío* de los niveles crónicamente altos de insulina. Según parece, la insulina crónicamente alta puede evadir los marcadores clínicos de rutina (como la glucosa en ayunas y la hemoglobina A1C descrita en el capítulo anterior) durante años —hasta décadas— antes de que se detecte, mientras sigue afectando la memoria y sentando las bases para problemas neurológicos futuros.[3]

Nota del médico: el largo camino hacia la diabetes

Para darte una referencia, el adulto sano promedio bombea alrededor de 25 unidades de insulina al día para controlar su glucosa. Ahora compara eso con algunos de mis pacientes diabéticos, quienes se inyectan entren 100 y 150 unidades de insulina al día, más de *cinco veces* la norma fisiológica. Esto significa que, antes de que se les diagnosticara diabetes, su páncreas trabajó turnos dobles o triples durante muchos años, antes de que los niveles de glucosa en la sangre empezaran a elevarse.

Las prioridades de otra época

La insulina es la principal hormona anabólica del cuerpo, lo que significa que crea en el cuerpo un ambiente favorable para el crecimiento y las reservas. Puede ser útil para el transporte de energía (en forma de azúcar) y aminoácidos hacia los tejidos musculares si pasas 12 horas desyerbando un campo de cultivo o acarreando agua desde un pozo lejano; sin embargo, por lo general estos recursos terminan en la cadera y la cintura.

Para las células adiposas, la insulina elevada suele significar una cosa: "¡fiesta!" Es útil —e incluso vital— en tiempos de austeridad, pero hoy está provocando que nuestro cuerpo acumule grasa como si se preparara para una hambruna que nunca llegará. Sin embargo, aunque es más probable que haya una resistencia insulínica subyacente si se tiene sobrepeso, la insulina crónicamente alta también es común entre personas delgadas. Muchas veces pasa desapercibida porque la mayoría de las personas asume que la delgadez es sinónimo de salud metabólica, lo cual es un grave error. Incluso hay un término médico para pacientes con pesos normales y síndrome metabólico: *peso normal metabólicamente obeso* (el término popular es *flaco gordo*). Esto ilustra un punto importante que se malinterpreta muchas veces: la resistencia a la insulina y la obesidad son trastornos independientes. Sí, es posible usar una talla pequeña pero seguir siendo "obeso" por dentro.

Una consecuencia de la insulina alta tanto en personas delgadas como obesas es que se bloquea la liberación de grasa como combustible, un proceso llamado *lipólisis*. ¿Cómo? La insulina actúa como una válvula unidireccional sobre las células adiposas. Esto significa que, cuando se eleva la insulina, las calorías pueden entrar, pero no salir. Las células adiposas se convierten en un motel de desechos, previsto para incrementar (y conservar) las reservas de combustible cuando el cuerpo siente que la comida es abundante.

Imagina una persona promedio que consume más de 300 gramos de carbohidratos al día, la mayoría de fuentes refinadas, como bizcochos, panes comerciales, bebidas endulzadas y botanas de trigo. Esta persona produce insulina de forma constante, lo que representa un problema grave porque ciertos órganos evolucionaron para usar (y hasta preferir) la grasa como combustible, como sucede con las neuronas en la retina y el músculo cardiaco, pero esta situación les impide hacerlo.

Investigaciones recientes han demostrado que, contrario a lo que se creía antes, los fotorreceptores de los ojos pueden utilizar la grasa como fuente de energía.[4] En un estudio publicado en *Nature Medicine*, los investigadores demostraron cómo estas células hambrientas de ácidos grasos podrían promover la degeneración macular relacionada con la edad (DMRE), ¡lo que sugiere que este padecimiento puede ser una forma de diabetes del ojo! En vista de que la insulina suprime la liberación de ácidos grasos, reducir el consumo de carbohidratos (y, por ende, la secreción de insulina) puede proveer una modificación significativa y segura en el estilo de vida para una población sustancial en riesgo.[5] (El DMRE sigue siendo la causa principal de problemas oculares entre los occidentales mayores de 50 años.)

Hasta el cerebro es capaz de usar la grasa como combustible una vez que ésta se descompone en sustancias químicas llamadas *cetonas*. Éstas se elevan en periodos de ayuno, con dietas muy bajas en carbohidratos y al consumir ciertos alimentos que producen cetonas. También se producen durante el ejercicio vigoroso una vez que se terminan las reservas de glucosa. Pero las cetonas no son *sólo* un combustible; también actúan como una molécula de señalización que activa interruptores en el cerebro que parecen tener una amplia gama de efectos beneficiosos. Entre ellos se encuentra la capacidad de incrementar el FNDC, la mejor proteína neuroprotectora del cerebro. Sin embargo, la insulina crónicamente alta nos mantiene en un estado de inflexibilidad metabólica al bloquear la generación de cetonas. "La inhibición del metabolismo de lípidos (grasas) causada por dietas altas en carbohidratos puede ser el aspecto más perjudicial de la alimentación moderna", opinó Sam Henderson, un reconocido investigador en el ámbito de las cetonas y la enfermedad de Alzheimer. (Ahondaré más en el tema de las cetonas y su gran potencial terapéutico y de rendimiento en el capítulo 6.)

La clave para permitir que estos ácidos grasos salgan a jugar es disminuir la insulina; así de simple. El investigador italiano Cherubino di Lorenzo (quien en realidad estudia los efectos de las cetonas en las migrañas) lo ha puesto en palabras muy claras: "Podríamos pensar que este proceso [de movilización de grasa] es como la liposucción bioquímica del propio cuerpo".

Envejeces al mismo ritmo que produces insulina

Casi cualquier persona a dieta se beneficiará de un periodo inicial de restricción drástica de carbohidratos. De hecho, una dieta muy baja en carbohidratos, en promedio, eliminará la mitad de la cantidad total de insulina secretada por el páncreas y aumentará la sensibilidad a la insulina apenas un día después.[6] Si bien es una buena noticia para nuestras barrigas cerveceras, lonjitas y chaparreras, también puede ser la clave para desacelerar el proceso de envejecimiento.

Aparte de contribuir a la adiposidad —la palabra científica para gordura—, se considera que la insulina crónicamente elevada acelera el proceso subyacente de envejecimiento. Josh Mitteldorf, catedrático de MIT y Harvard, no se anduvo con rodeos en su libro *El código del envejecimiento*: "Cada tazón de pasta envía un mensaje al cuerpo para acumular grasa y acelerar el proceso de envejecimiento". Cuando hay exceso de calorías, lo que ocurre con facilidad cuando se consumen carbohidratos hiperdeliciosos, el panorama completo desaparece de la vista y los proyectos de reparación celular se vuelven un caos.[7] Después de todo, ¿para qué molestarse con reparar células viejas cuando se puede crear nuevas con ayuda de toda la energía disponible?

Por otra parte, cuando el cuerpo percibe que el abastecimiento de comida disminuye, las secuencias genéticas involucradas en la reparación y la restauración se activan para que el cuerpo siga saludable mañana, cuando la hambruna termine. Estas secuencias son como pequeñas "aplicaciones" biológicas, codificadas en nuestro genoma, que se activan en un ambiente de poca insulina.

Una de esas secuencias de longevidad es FOX03, la cual, entre otras cosas, ayuda a conservar las reservas de células madre en el cuerpo conforme envejecemos.[8] Las células madre son geniales porque son capaces de convertirse en muchos tipos de células distintos —incluyendo neuronas— y ayudar a reparar el daño producto del envejecimiento.[9] Algunos científicos creen que si pudiéramos "colmar" o por lo menos detener la merma de nuestras reservas de células madre conforme envejecemos, tendríamos la capacidad de defendernos mejor de los estragos del tiempo y extender nuestros años de salud y juventud. Activar la secuencia FOX03 puede ser una de las formas más sencillas de hacerlo. De hecho, la gente con una copia de un gen que activa más su FOX03 tiene el doble de probabilidades de vivir hasta los 100 años. (Quienes tienen dos copias ¡triplican sus probabilidades!)[10]

El concepto empoderador es que podemos imitar muchos de estos beneficios si sostenemos con firmeza las riendas de la producción de insulina en nuestro cuerpo. Y esto se logra por medio de breves periodos de ayuno (que explicaré en el capítulo 6), evitando los azúcares que se digieren con facilidad y degradando los almidones (en especial los de cereales procesados) del núcleo de nuestra dieta a una indulgencia ocasional.[11] (El alimento genial #9, el salmón silvestre, también contiene un compuesto que estimula la secuencia *FOX03*.)

Lista para arruinarlo todo

Tal vez ya estás familiarizado con algunas de las consecuencias cognitivas de los picos regulares de insulina; yo claramente lo estaba. Los síntomas más evidentes pueden ser el letargo que sientes poco después de una comida alta en carbohidratos. Esto sucede porque el páncreas, el órgano que secreta la insulina, no es un instrumento de precisión; es más parecido a una herramienta rudimentaria que pretende ayudarnos a almacenar grasa durante los tiempos de abundancia (cuando las frutas de verano están maduras en los árboles, por ejemplo) para asegurar nuestra supervivencia en periodos de carestía alimentaria (durante el invierno o la sequía). Puede ser particularmente descuidado cuando se trata de extraer la "chatarra" de la circulación y muchas veces deja que se desplome la glucosa, lo que nos produce hambre, fatiga y niebla mental. En ese momento del día solemos ir por más carbohidratos y colaciones azucaradas, los cuales palian el ansia de la abstinencia y nos engañan para que los consideremos amistosos.

El problema asociado a la elevación crónica de la insulina, sin embargo, no se limita a la hora de la comida. Algunos investigadores consideran la hiperinsulinemia como una "teoría unificadora" de las enfermedades crónicas, y su impacto en el cerebro es particularmente preocupante.[12] Quizá esto lo ilustren mejor los efectos que tiene la insulina en una proteína misteriosa que producimos en el cerebro, llamada *beta amiloide*.

Si esta proteína pegajosa te suena familiar es porque hace muchas décadas se creía que era la causa del Alzheimer. Al examinar el cerebro de pacientes con Alzheimer en su autopsia, se descubrió que estaban repletos de placas compuestas por cúmulos de proteína amiloide "mal plegada". La idea de que retirar las placas podía curar la enfermedad de Alzheimer sentó las bases de la llamada hipótesis amiloide, pero hasta ahora los medicamentos experimentales que han reducido la placa no han logrado frenar con éxito la progresión de la enfermedad ni mejorar la cognición. Conforme ha crecido la sospecha de que la placa amiloide es más bien la consecuencia de una disfunción subyacente que una prueba irrefutable (al menos inicialmente) de la enfermedad, los científicos han dado un paso atrás para preguntarse: ¿cómo evitamos que el cerebro se convierta en un tiradero de amiloide?

Cuando se eleva la insulina (por comidas frecuentes altas en carbohidratos o un consumo calórico excesivo), se ve afectada nuestra capacidad para desdoblar los amiloides. En parte se debe a una proteína llamada *enzima degradante de la insulina* (EDI). Como el nombre sugiere, la EDI descompone la hormona insulina, pero también tiene otro trabajo (¿quién no tiene más de un trabajo en estos tiempos?): es parte del personal de limpieza enzimática que también degrada la proteína beta amiloide. Si el cerebro tuviera una reserva interminable de EDI, haría ambas tareas con efectividad, pero, por desgracia, las EDI son limitadas y tienen una fuerte preferencia por degradar la insulina que el amiloide. De hecho, la presencia de pequeñas cantidades de insulina inhibe por completo el desdoblamiento amiloide por parte de las EDI.[13]

Gran parte del trabajo de protección cerebral ocurre mientras estamos en los brazos de Morfeo. Gracias a un sistema glinfático recién descubierto, nuestro cerebro básicamente se convierte en un lavavajillas mientras dormimos, por el cual fluye líquido cefalorraquídeo que elimina la proteína amiloide y otros subproductos. Como dije antes, la insulina interfiere con las tareas de limpieza del cuerpo, y eso incluye la depuración que ocurre mientras duermes. Una forma de optimizar esta limpieza cerebral tan importante es dejar de comer dos o tres horas antes de ir a la cama para disminuir los niveles de insulina en circulación.

Si alguna vez has metido al lavavajillas un tazón de avena seca de un día y descubriste que las hojuelas se quedaron pegadas al tazón como pasta después de que terminara el ciclo de lavado, comprenderás la importancia de un concepto químico elemental: solubilidad. La proteína amiloide es como la avena en el cerebro. Para poderla limpiar es necesario que la proteína conserve su solubilidad para disolverse en el líquido cefalorraquídeo que pulsa por el cerebro. ¿Y qué hace que la proteína amiloide se vuelva tan insoluble como la avena seca?

Los efectos nocivos de la glucosa elevada no tienen límites. El azúcar se adhiere sin control a las proteínas cercanas, y la beta amiloide no es la excepción. Cuando la proteína amiloide queda glicada se vuelve pegajosa y menos soluble, por lo que es más difícil quitarla y desecharla.[14] Esto puede explicar los hallazgos de un estudio de 2015 publicado en *Alzheimer's & Dementia*, el cual demostró que, entre más severa es la resistencia a la insulina en el cuerpo (indicativa de un aumento crónico de la glucosa), más placa se acumula en el cerebro de sujetos cognitivamente normales.[15] Todavía más sorprendente es que esta asociación ocurre incluso en personas sin diabetes, lo que implica que la más pequeña resistencia insulínica es suficiente para incrementar el depósito de amiloide.

La importancia de regularizar la señalización de insulina para el mantenimiento adecuado del cerebro subraya la necesidad crítica de lograr un equilibrio entre la alimentación y el ayuno. Nuestro cuerpo se adapta para realizar tareas importantes de mantenimiento en ambos estados. Es difícil negar que la vida moderna inclina la balanza hacia la alimentación constante, la cual parece incrementar la placa cerebral a la vez que evita que otros combustibles, como las cetonas, lleguen al cerebro. Y, aunque no se ha determinado que la placa amiloide sea la causante de la demencia, apuesto que tú, al igual que el doctor Paul y yo, quieres hacer todo lo posible para asegurarte de que haya menos placa por ahí que pueda arruinarlo todo.

La diabetes del cerebro

Antes del diagnóstico de mi madre, la demencia me parecía un concepto distante y vago que evocaba imágenes de tiernos residentes de asilos que pasaban sus últimos días recorriendo pasillos de color pastel iluminados con luz fluorescente, jugando bridge y quejándose de la comida. Mi incredulidad ante el diagnóstico de mi mamá, quien apenas tenía poco más de *cincuenta* años, sólo se quedó corta ante la conmoción que me causó la investigación que hice después: en realidad, el proceso de la enfermedad empieza hasta 30 años antes de que aparezca el primer síntoma (cierta información sugiere que es incluso antes). Cuando el médico me estaba dando la mala noticia sobre su enfermedad, bien pudo haberme asignado el mismo destino *a mí*. Incluso si por alguna extraña razón termino desarrollando la misma monstruosidad mental que mi mamá, una ventana de 30 años no es precisamente causa de preocupación inmediata, ¿o sí?

No del todo. Mucho antes de que la enfermedad se arraigue, los mismos factores que conducen a la demencia pueden afectar los mecanismos de la cognición. Ya expliqué cómo la insulina facilita el traslado de glucosa a las células musculares, adiposas y hepáticas. En el cerebro, la insulina se usa como molécula de señalización que influye en la plasticidad sináptica, el resguardo de memoria a largo plazo y el funcionamiento de ciertos neurotransmisores como la dopamina y la serotonina.[16] También ayuda a las neuronas a procesar la glucosa, en especial en regiones ávidas de energía como el hipocampo.

Cuando las señales bioquímicas se vuelven demasiado fuertes, las células se protegen a sí mismas reduciendo la disponibilidad de receptores que las escuchen. En el cerebro, una disponibilidad reducida para "escuchar" la insulina puede afectar negativamente ciertos aspectos de la cognición, incluyendo la función ejecutiva y la capacidad para almacenar recuerdos, concentrarse, experimentar la sensación de recompensa y tener un estado de ánimo positivo.

No es ningún secreto para los investigadores médicos que tener diabetes tipo 2 puede reducir la función cognitiva, pero otras investigaciones han demostrado que, aun en personas sin diabetes, la resistencia a la insulina se asocia con una mala función ejecutiva y una mala memoria declarativa, que es lo que la mayoría visualizamos al evocar imágenes de una persona con buena memoria (y todos queremos ser esa persona).[17] Un estudio de la Universidad Médica de Carolina del Sur que examinó la potencia cerebral de personas sin diabetes y cognitivamente "saludables" descubrió que los sujetos con niveles más altos de insulina no sólo tenían peor desempeño cognitivo al principio del estudio (cuando se realizaron los análisis de los sujetos), sino que mostraron un deterioro aún mayor en el periodo de seguimiento seis años después.[18]

¿Cómo puedes medir tu sensibilidad (o resistencia) a la insulina para tener una idea de cuál es el desempeño de tu cerebro? Una de las cifras más importantes que debes obtener es tu HOMA-IR, que es la evaluación del modelo homeostático para la resistencia a la insulina y una forma sencilla de responder a la pregunta ¿cuánta insulina necesita secretar mi páncreas para mantener mis niveles actuales de glucosa en ayunas? Se puede calcular con dos sencillos análisis que tu médico de cabecera puede mandarte a hacer: glucosa en ayunas e insulina en ayunas. La fórmula para determinar el HOMA-IR es la siguiente:

Glucosa en ayunas (mg/dl) × insulina en ayunas / 405

Aunque los valores referenciales por lo general indican que cualquier cifra abajo de 2 es normal, es mejor tener menos, así que un HOMA-IR óptimo se encuentra por debajo de 1. Cualquier cifra superior a 2.75 se considera resistencia a la insulina. Las investigaciones indican claramente que los valores elevados de HOMA-IR se asocian con un desempeño cognitivo peor tanto en el presente como en el futuro.

La resistencia a la insulina también es muy común en personas con enfermedad de Alzheimer: 80% de la gente que padece esta enfermedad tiene resistencia a la insulina, la cual puede o no ir acompañada de una diabetes tipo 2 generalizada.[19] Los estudios observacionales han demostrado que tener diabetes tipo 2 implica un riesgo dos a cuatro veces mayor de desarrollar Alzheimer. Dicho lo anterior, 40% de los casos de Alzheimer se le pueden atribuir sólo a la hiperinsulinemia, por lo que un coro creciente de investigadores y médicos ahora se refiere al Alzheimer como "diabetes tipo 3". Por si no quedó claro: la diabetes tipo 2 *no* provoca Alzheimer; si así fuera, todos los diabéticos tipo 2 desarrollarían la enfermedad y todos los pacientes de Alzheimer serían diabéticos, pero no es el caso. Sin embargo, sí parece cada vez más claro que los dos padecimientos son primos cercanos.

La conclusión es que, aunque esté por debajo de niveles diabéticos o hasta prediabéticos, la insulina crónicamente alta puede estar causando estragos en tu interior y limitando tu desempeño cerebral mientras prepara el terreno para una disfunción neuronal generalizada que ocurrirá dentro de varias décadas.

¿UN ANÁLISIS DE SANGRE PARA PREVENIR EL ALZHEIMER?

IRS-1, o sustrato 1 del receptor de insulina, es una proteína involucrada en la señalización de la insulina. Se cree que es un marcador muy susceptible a la baja sensibilidad a la insulina en el cerebro. Los pacientes con Alzheimer tienden a presentar niveles en la sangre más altos de la forma inactiva de esta proteína (y niveles más bajos de la forma activa), así que los investigadores del Instituto Nacional del Envejecimiento se preguntaron si podían usar un simple análisis de sangre para distinguir a los individuos en riesgo de desarrollar enfermedad de Alzheimer antes de que aparecieran los síntomas. Lo que descubrieron fue sorprendente: los niveles más elevados de la forma inactiva de IRS-1 (que implican una señalización trunca de la insulina en el cerebro) predijeron con total exactitud el desarrollo de la enfermedad de Alzheimer en los pacientes.[20] Más asombroso aún es que la diferencia entre estos dos marcadores sanguíneos se hizo evidente 10 años antes de que surgieran los síntomas, lo que sugiere que mantener estable la sensibilidad a la insulina en el cerebro durante toda la vida puede ser un paso crucial para prevenir la enfermedad.

¿Cómo podemos lograrlo? Empieza con el cuerpo. Las intervenciones que parecen mejorar la salud metabólica del cuerpo, cuando se emprenden con suficiente antelación, parecen retrasar la aparición de los síntomas de demencia o su agudización. Y, aunque una miríada de factores —sueño, estrés y deficiencias nutricionales, por nombrar algunos— influye también en la salud metabólica, docenas de estudios aleatorios controlados han confirmado que la dieta baja en carbohidratos es una manera segura y efectiva de mejorar la salud metabólica en general.

La mentira glucémica

Si nuestra meta es minimizar los picos frecuentes y extensos de insulina a lo largo del día, deberíamos pensar en términos del total de carbohidratos concentrados que consumimos, incluidas las fuentes más evidentes de azúcar: bebidas endulzadas, alimentos procesados, jarabes y pasteles. Pero la realidad es que hasta los carbohidratos provenientes de cereales enteros, que se suelen considerar de "bajo índice glucémico", como el arroz integral, generan picos repentinos y elevados de glucosa, la cual debe salir entonces del torrente sanguíneo con ayuda de la insulina. Tal vez no te guste escuchar esto, pero el pan de trigo integral —que para mí fue un alimento básico durante muchos años— tiene un índice glucémico (la medida del impacto en la glucosa) y una carga glucémica (la cual toma en cuenta el tamaño de la porción) ¡mayor que el azúcar de mesa! Aunque se supone que estos alimentos de cereales integrales son "una mejor opción para la salud" que sus versiones refinadas, sería más preciso decir que son "menos malos" cuando se consumen todo el tiempo.

■ **Pregunta:** ¿Esto significa que nunca más voy a poder comer cereales / camotes / plátanos / mis carbohidratos favoritos?

Respuesta: No. Aunque la base de nuestra dieta siempre deben ser los alimentos con alta densidad de nutrientes y bajos en carbohidratos, la señalización de la insulina es increíblemente importante, por lo que la disminución crónica de la insulina puede ser igual de problemática que su elevación crónica, aunque por otras razones. Una ocasional comida alta en carbohidratos puede ser útil para optimizar varias hormonas y aumentar el rendimiento en el ejercicio. La ventana después del ejercicio suele ser un momento seguro para consumir carbohidratos (como camotes o arroz). ¿Por qué después de hacer ejercicio? Después de un entrenamiento vigoroso, los músculos en realidad *sacan* azúcar de la sangre.

Exploraremos más esta idea en el capítulo 6.

Otro problema es que el índice glucémico alude a los alimentos ingeridos *por sí solos*, y el impacto de una rebanada de pan, por ejemplo, sería muy distinto si se come sola que si va acompañada de grasas y proteínas en la forma de un sándwich. Desde 1983, los científicos saben que, si bien añadir grasas a una comida de carbohidratos puede reducir el pico de glucosa, también incrementa la cantidad de insulina liberada.[21] En pocas palabras, la grasa puede hacer que el páncreas responda de más y secrete *más* insulina ¡por la misma cantidad de carbohidratos! (En realidad, las grasas sólo retrasan la entrada de la glucosa al torrente sanguíneo, pero prolongan su elevación.)[22] Esto hace que sea errónea la recomendación de añadir más grasas a una comida a base de carbohidratos para disminuir el pico glucémico cuando se busca aminorar el impacto de los alimentos en los niveles de glucosa en la sangre.

Se necesitan otras cifras, entonces, para discutir los efectos hormonales y metabólicos de la ingesta de carbohidratos. Dos marcadores que se toman en cuenta en la actualidad son la carga glucémica y la insulina ABC (área bajo la curva) de una comida en particular. La carga glucémica básicamente toma en cuenta qué tanta azúcar liberará una porción típica de cierto alimento hacia el torrente sanguíneo, mientras que el ABC es la cantidad total de insulina que estimulará un alimento (o una comida). El impacto total de una comida en tus niveles de glucosa (y en la capacidad del hígado para deshacerse de ella) puede ser más importante que la cantidad o rapidez con la que se eleve el nivel de glucosa en la sangre después de un solo alimento. Algunas investigaciones incluso sugieren que el cuerpo puede encargarse con más rapidez de los carbohidratos de liberación rápida —sobre todo en ausencia de grasa— con un pico veloz y corto de insulina, en lugar de tener la insulina elevada durante horas después de una comida que combina, digamos, una papa al horno y mantequilla.

¿QUÉ VUELVE MALO A UN CARBOHIDRATO?

El debate entre las dietas bajas en carbohidratos y bajas en grasa ha sido álgido en el ámbito de la salud más o menos durante la última década. Defensores de ambas partes sostienen un monopolio de la verdad, pero lo cierto es que ambos muchas veces descartan la evidencia que no embona con su punto de vista. Hay poblaciones enteras que prosperan con dietas altas en carbohidratos y bajas en grasas (como los okinawenses, en Japón), y aquellas que prosperan con dietas altas en grasas y bajas en carbohidratos (como los masáis, en África). ¿Cómo reconciliamos ambas posturas? ¿La tolerancia genética a los carbohidratos puede explicarlo? Un buen modelo científico de nuestra biología debería poder explicar por qué ambas dietas son saludables. Lo que sí sabemos es que, cuando las poblaciones nativas de todo el mundo quedan expuestas a la dieta "occidental", las enfermedades no tardan en aparecer.

Entonces, ¿por qué de pronto se vuelve tóxica una dieta alta en carbohidratos? Al examinar las diferencias entre una dieta "saludable" alta en almidones y una dieta occidental tóxica, encontramos algunos puntos clave que debemos tomar en cuenta:

- Las dietas tradicionales altas en carbohidratos siguen siendo bajas en azúcar.
- Las dietas tradicionales incluyen menos carbohidratos "acelulares"; es decir, azúcares y almidones fuera de las células que los contenían. Piensa en la fruta versus el jugo de fruta, o un pan de cereales germinados comparado con un pan de "trigo integral" pulverizado. En un estudio reciente se alimentó ratones con la misma cantidad del mismo alimento, sólo que en un caso iba entero y, en el otro, en polvo. ¿Adivina qué grupo subió más de peso? El que comió el alimento en polvo. Los alimentos procesados —carbohidratos, grasas o lo que sea— se vuelven al instante más tóxicos para tu sistema.

Es difícil desentrañar el efecto dañino del azúcar versus el de la combinación de azúcar y grasa en esos adictivos alimentos procesados. Puede ser que el azúcar, consumida por sí sola, no sea tóxica o siquiera se incline al sobreconsumo, pero empieza a serlo en el contexto de la industrialización. A decir verdad, es difícil que el cuerpo transforme pequeñas cantidades de azúcar en grasa; sin embargo, cuando los carbohidratos están presentes en el sistema, cada molécula de grasa que los acompaña se guardará de inmediato hasta que las células hayan utilizado esos carbohidratos por completo. Para empeorar las cosas, el pico gigantesco de insulina que ocurre impide que el cuerpo acceda a la grasa como fuente de energía entre comidas. Así es como el hambre se convierte en una bola de nieve y se empieza a perder la flexibilidad metabólica (más al respecto en el capítulo 6).

Antes de seguir adelante es importante aclarar detalles sobre la miríada de factores *distintos* a los "carbohidratos crónicos" que pueden contribuir a reducir la sensibilidad a la insulina, elevar la producción de insulina y afectar el control de la glucosa. Entre ellos se encuentran la falta de sueño, la genética, la exposición a sustancias químicas tóxicas y la inflamación provocada por el consumo de aceites poliinsaturados. Las investigaciones demuestran que una persona sana que no duerme durante una sola noche tendrá menor sensibilidad a la insulina al día siguiente, lo que la vuelve temporalmente prediabética, ¡y todo antes de siquiera comer carbohidratos!

El estrés crónico es otro villano capaz de desequilibrar todo el sistema de la insulina. Muchos factores contribuyen; algunos son obvios y otros no tanto. Incluso algo tan insignificante como la contaminación por ruido se convierte en un problema grave en países desarrollados y puede fomentar estrés crónico de baja intensidad que a su vez afecta la salud metabólica. Un estudio danés descubrió que, por cada 10 decibeles que sube el ruido del tránsito vehicular cerca de tu casa, aumenta 8% tu riesgo de padecer diabetes.[23] Esta asociación subió a 11% en un periodo de cinco años. Retomaremos el sueño y el estrés en el capítulo 9.

EL GLUTEN Y TU METABOLISMO: ¿AMIGOS O ENEMIGOS?

El gluten es la proteína pegajosa que se encuentra en el trigo, la cebada y el centeno. Ya está presente en la mayoría de los panes, pasteles, pastas, pizzas y cervezas, pero también se añade a una gran variedad de otros productos por sus cualidades viscosas y apetecibles; no obstante, es posible que el gluten sólo sea "agradable" para las papilas gustativas. Investigaciones recientes sugieren que el gluten representa un desafío inflamatorio único, ya que afecta la sensibilidad a la insulina y te predispone a subir de peso, independientemente de los carbohidratos con los que se agrupe. Un ejemplo tomado de un estudio reciente: los ratones que recibieron una dieta con gluten añadido subieron más de peso que los ratones con la misma dieta, pero sin gluten.[24] Estos ratones

exhibieron reducción de actividad metabólica y marcadores más elevados de inflamación, en comparación con el grupo de control, a pesar
de comer exactamente la misma cantidad de calorías, carbohidratos y
grasas; la única diferencia fue el consumo de gluten. El hecho de que el
estudio se haya hecho con roedores puede hacerte dudar, pero presta
atención. Respecto del uso de modelos con roedores en estudios sobre
el intestino, los autores del estudio, publicado en *Disease Models & Mechanisms*, comentaron: "En general, el tracto digestivo de los mamíferos
mantiene características inherentes, y las diferencias sustanciales entre
especies seguramente son provocadas por la dieta. Dada su naturaleza
omnívora, los humanos y los ratones comparten múltiples similitudes".[25]
Esto se suma a la evidencia acumulada de que el impacto del gluten va
más allá del tracto digestivo, en lo cual ahondaré en el capítulo 7.

Haz cambios duraderos

Hacer un cambio positivo, como reducir tu consumo de cereales, eliminar el azúcar y dar preferencia a las verduras sin almidón (como la col
rizada) por encima de otras verduras almidonadas, estimulantes de insulina (como las papas), puede parecer un simple acto de fuerza de voluntad. Sin embargo, modificar la dieta puede ser algo realmente difícil
para muchas personas. En cada comida se acumulan los años de hábitos, la presión social y las normas culturales, lo que influye en lo que al
parecer queremos nosotros y nuestro cuerpo.

Antes de la epidemia de obesidad causada por esta clase de alimentos, la gente mantenía un peso sano sin contar calorías ni pagar costosas
membresías de gimnasio. Con los siguientes lineamientos, que nos fun-
cionaron al doctor Paul y a mí, te será posible evitar las fuentes densas
de azúcar y carbohidratos, y hasta quizá incluso lograr una pérdida de
peso sin contar calorías ni crear una relación obsesiva con la comida.
(Sólo tendrás una restricción de tiempo en el consumo de alimentos
—por ende, también de calorías— durante los periodos de ayuno, llamado *ayuno intermitente*, el cual describiré en el capítulo 6.)

Duerme y medita cuando estés estresado

El estrés y la falta de sueño siempre sabotearán la fuerza de voluntad de
alguien que come en exceso, así que es importante tomarlos en cuenta

cuando examines tu dieta. Me extenderé más al respecto en el capítulo 9, pero por ahora recuerda: una buena noche de sueño te dará la fortaleza suficiente para hacer cambios duraderos en la alimentación al asegurar que tus hormonas no trabajen en tu contra.

Respecto al estrés, consumir cereales y azúcares refinadas puede suprimir la hormona de estrés cortisol y la respuesta del cerebro al estrés,[26] lo que provoca una desregulación del flujo natural de cortisol en el cuerpo, además de que destaca una de las múltiples secuencias adictivas que aviva el consumo de azúcar. Procura reducir tus niveles de cortisol de forma natural; la exposición al sol en la mañana, la meditación y el ejercicio son algunos métodos sencillos que puedes implementar.

Limpia tu ambiente alimenticio

Si eres propenso a comer en exceso o eres adicto al azúcar, es probable que sea mucho más sencillo controlar tus decisiones alimentarias si eres la única persona a cargo. Puedes controlar lo que comes en casa personalizando tu lista del supermercado y llenando tu refrigerador y tu alacena de alimentos enteros, saludables y bajos en carbohidratos. Recuerda: si llega a tu carrito del supermercado, acabará en tu cuerpo.

Por supuesto, no podemos controlar todas las circunstancias. Entrar a tu oficina y ver donas gratis desestabiliza tu ambiente cuidadosamente planeado, y es posible que necesites usar toda tu fuerza de voluntad. Ayuda realizar un juego mental, como imaginar el alimento en cuestión como lo que es: no comida. O intenta rechazar la presión social con positivismo. Cuando un amigo o un colega te ofrezca comida chatarra que te hará traicionar tu dieta, puedes enmarcar el rechazo con un mensaje positivo. Decir algo como: "¡Estoy bien, gracias!", con una sonrisa será más efectivo que decirle: "Me encanta, pero no puedo", mientras tuerces la boca. La primera opción envía el mensaje de que ya estás "satisfecho" y no necesitas consumir algo no saludable. La última opción comunica: "Estoy teniendo dificultades con mi dieta y, si no le das importancia, es posible que termine cediendo". (Nota al calce: este truco también funciona con otras formas de presión social, como cuando alguien te ofrece una bebida alcohólica que prefieres no tomar, por ejemplo.)

Cuando comas en restaurantes, intenta leer el menú por adelantado y elegir un lugar donde sepas que habrá opciones saludables. Otro consejo profesional: dale las gracias al mesero de antemano para no traer la canasta del pan. ¿Quién necesita tenerla enfrente?

Crea un "reglamento" personal y escribe tus metas

He descubierto que, al convertir la vida sana en parte de mi identidad, es fácil brincarme la negociación conmigo mismo y sólo remitirme a mi reglamento. Por ejemplo, puedes decidir que no quieres comer productos de trigo y, por lo tanto, eliminas un grupo de alimentos no esencial, bajo en nutrientes y alto en carbohidratos que estimulan la producción de insulina. Otra muy buena regla que podrías integrar a tu definición de ti mismo es "sólo comer carne roja si proviene de un animal que fue tratado con dignidad y alimentado durante toda su vida con lo que en realidad quería comer (pastura)" o "nunca consumir bebidas endulzadas con azúcar" o "siempre comprar productos orgánicos cuando puedas costearlos". Escribe tus reglas e intenta pegarlas en la puerta del refrigerador para que las recuerdes cuando sientas la tentación de picar algo. Las investigaciones sugieren que escribir metas específicas —lo que se conoce como *autocreación*— aumenta de forma significativa la probabilidad de que se vuelvan una realidad.

Olvídate de "todo con moderación" y abraza la uniformidad

A muchas personas les dicen que "moderen" su consumo de carbohidratos, y en su negociación consigo mismas acuerdan sólo comer la mitad del panqué en el desayuno y una porción pequeña de espagueti en la cena. Aunque es menos de lo que la dieta común suele incluir, siguen siendo dos porciones de glucosa (con la subsecuente secreción de insulina) que, para empezar, es probable que tu cuerpo no necesite.

Asimismo, la noción de "comer de todo, pero con moderación", está en todas partes. Un estudio reciente de la Universidad de Texas, el cual buscaba evaluar esta desafortunada prescripción, descubrió que una diversidad alimentaria mayor, definida por menos similitud entre los alimentos que la gente come, se vinculaba con una dieta de menor calidad y una salud metabólica peor.[27] Dicho de otro modo, los participantes que se apegaban a la creencia de "comer de todo, pero con moderación", consumían menos alimentos saludables, como verduras, y más alimentos no saludables, como postres, refrescos y carnes de animales alimentados con cereales. "Los resultados sugieren que, en las dietas modernas, comer 'todo con moderación' en realidad es peor que comer una pequeña cantidad de alimentos saludables", comentó Dariush Mozaffarian, el autor principal del estudio.

"Las personas con las dietas más saludables en realidad comen una variedad relativamente pequeña de alimentos saludables", observó el doctor Mozaffarian. ¿Qué significa esto para ti? Compra con frecuencia los alimentos geniales. En el capítulo 11 te daré una lista con más alimentos que puedes añadir a tu carrito del súper.

Ten un "responsabiliamigo" (real o digital)

Por tomar prestado un término de mi programa favorito (me refiero a *South Park*, para los enemigos de la televisión por cable que no lo conozcan), siempre ayuda tener un *responsabiliamigo*, un amigo a quien rendirle cuentas cuando te esfuerzas por alcanzar metas nuevas. Pueden enviarse fotos de sus alimentos, mensajes de pánico cuando se sientan tentados y otros mensajes positivos para darse ánimo. Si no tienes a nadie cercano que pudiera apoyarte, usa las redes sociales. Avisa a tus amigos y seguidores que tienes el compromiso de "recuperar tu cerebro" y publica fotos de tus comidas con regularidad como incentivo. Crea tu propio hashtag o tómate la libertad de usar #GeniusFoods, el que yo utilizo en mi cuenta de Instagram (es @maxlugavere, ¡salúdame!) para destacar comidas que incorporan alimentos geniales y "dan energía" al cerebro. Tus amigos quieren verte triunfar, y es posible que también los inspires en el proceso.

Un comentario final

La ciencia siempre está evolucionando, sobre todo en lo relativo al cerebro. Como mencioné en el primer capítulo, 90% de lo que sabemos ahora sobre la enfermedad de Alzheimer, la forma más común de demencia, se descubrió en los últimos 15 años. La ciencia de la prevención de la demencia (por no mencionar la optimización cognitiva) es nueva; y, sin duda, no es una ciencia *definida*. Sin embargo, esperar que lo sea podría implicar muchos años, si no décadas, de pasividad.

Hay una cantidad considerable de información que enfatiza que la glucosa (y la insulina) crónicamente elevada puede poner en riesgo tu salud cognitiva. Sin embargo, se sigue afirmando una y otra vez que los cereales (incluso los "saludables") *mejoran* la salud, pero existe muy poca evidencia que lo respalde.[28] Es una falsedad que hemos defendido con tanta dedicación que hasta se ve reflejada en la agricultura estadounidense: al menos 15% de las cosechas son de trigo, mientras que más de la mitad son cultivos de maíz y soya. Sólo 5% de los cultivos son verduras, que son las que en realidad deberían ocupar la mitad de nuestro plato.

Si bien la tolerancia personal a los carbohidratos puede variar, te recomiendo llenar tu plato con alimentos naturalmente bajos en carbohidratos y ricos en micronutrientes y fibra, ya que esta última es un arma poderosa en nuestro arsenal contra la inflamación crónica, lo cual describiré más adelante, en el capítulo 7. Algunos ejemplos de alimentos bajos en carbohidratos son aguacate, espárragos, pimientos morrones, brócoli, coles de Bruselas, col, coliflor, apio, pepinos, col rizada, jitomates y calabacitas. En cuanto a la proteína y otros nutrientes, dales prioridad a alimentos como el salmón silvestre, los huevos, el pollo de libre pastoreo y la carne de ternera de libre pastoreo. Aunque antes mi dieta era rica en cereales, hoy en día hago un gran esfuerzo por llenar mi plato con los alimentos que acabo de mencionar.

Es el momento de darle a tu cerebro estos preciados nutrientes, así que vayamos a la siguiente sección y emprendamos el viaje hacia la vitalidad vascular. ¡Ponte el cinturón!

NOTAS DE CAMPO

* Reducir los picos frecuentes y prolongados de insulina al minimizar el consumo de carbohidratos concentrados es una de las mejores formas de mantener y estimular la sensibilidad insulínica, además de que minimiza la inflamación y la acumulación de grasa. La insulina es una válvula unidireccional en las células adiposas que impide la liberación de las calorías guardadas como combustible. Muchos órganos disfrutan consumir grasa como fuente de energía, incluyendo el cerebro (una vez que la grasa se convierte en algo llamado *cetonas*).

* Hasta 40% de los casos de Alzheimer puede estar causado por niveles de insulina crónicamente elevada, pues ésta empieza a perjudicar la función cognitiva décadas antes de un diagnóstico.

* Los cereales, incluyendo el trigo, estimulan los picos de insulina y glucosa, tienen pocos en micronutrientes y son la principal fuente de calorías que se consumen en Estados Unidos. Los humanos no tenemos la necesidad fisiológica de consumirlos.

- Si bien son importantes, los carbohidratos sólo cuentan una parte de la historia; el estrés, el consumo de aceites rancios y hasta la intoxicación por sustancias químicas industriales pueden contribuir a un mal manejo de la insulina.

Alimento genial #4

Chocolate amargo

¿Sabías que los granos de cacao fueron moneda corriente en la región de la Ciudad de México hasta 1887? Este valioso fruto es tan saludable como históricamente venerado. También se encuentra entre las fuentes alimentarias naturales más ricas en magnesio, según mi amigo Tero Isokauppila, un experto recolector finlandés, dueño de hongos medicinales y uno de los más grandes expertos en cacao que conozco.

Algunos de los beneficios más importantes de comer chocolate, un alimento fermentado de forma natural, parten de su abundancia de flavonoles, un tipo de polifenol. Se ha demostrado que los flavonoles del cacao revierten los signos del envejecimiento cognitivo y mejoran la sensibilidad a la insulina, la función vascular, el flujo de sangre al cerebro e incluso el rendimiento deportivo.[1] De casi 1 000 personas cognitivamente sanas de entre 23 y 98 años, quienes comían chocolate al menos una vez por semana tuvieron un desempeño cognitivo mayor en pruebas de memoria visual-espacial, memoria funcional y razonamiento abstracto.[2] Pero ¿cómo podemos asegurarnos de comprar el cacao adecuado, habiendo tantas opciones en el supermercado local?

Para empezar, revisa la etiqueta para asegurarte de que no procesaron el cacao "con álcali", también llamado procesamiento holandés (por lo general se menciona en la lista de ingredientes, justo después del cacao). Este proceso degrada enormemente el contenido de fitonutrientes del cacao, pues extrae los componentes beneficiosos y dejando sólo las calorías vacías. La cantidad de azúcar que contienen los chocolates comerciales varía mucho; lo ideal es algo con un mínimo de azúcar y un alto porcentaje de cacao, así que busca chocolates con un contenido de cacao superior a 80%. Todo lo demás se acerca al territorio de lo *hiper-delicioso*. (El chocolate con leche y el chocolate blanco en realidad son pura azúcar). Una vez que encuentres una buena barra de cacao al 85%, notarás que comer unos cuantos trocitos de forma ocasional te permite disfrutar del chocolate sin crear un círculo vicioso insaciable que dure hasta terminarte la barra.

De preferencia (y si es posible), prepara tu propio chocolate en casa para evitar el azúcar por completo, ¡y come todo lo que quieras! Es muy fácil de preparar. Encontrarás una gran receta en la página 313.

Cómo usarlo: Consume una barra de chocolate con 85% de cacao a la semana. Procura comprar chocolate orgánico o certificado, el cual casi siempre se produce con prácticas éticas.

SEGUNDA PARTE

La interconectividad de todo (tu cerebro responde)

Capítulo 5

Corazón saludable, cerebro saludable

Recuerdo cuando comí mi primer omelette como si fuera ayer. (¿Qué, tú no?) Estábamos en la cocina de nuestro departamento en Nueva York, y mi mamá batió un huevo para prepararme un omelette. Tenía siete u ocho años. Mi mamá siempre tuvo miedo de las cardiopatías, ya que su padre murió de problemas cardiacos; quizá eso explica por qué nunca la vi comer huevos. A fin de cuentas, las yemas ricas en colesterol cayeron en la desgracia nacional durante décadas por ser consideradas una de las causas principales de cardiopatías. Una noche, sin embargo, mamá me ofreció un omelette como premio.

Calibró la flama bajo la amada sartén de hierro que le heredó su mamá, sazonada con el aceite de maíz que siempre estaba junto a la estufa.* Me senté en la barra de la cocina para poder verla y, un par de momentos después, alcé el tenedor y el cuchillo. Cuando asentó el plato frente a mí, toda la emoción que sentí porque era la primera vez que comía huevo se desinfló cuando mi mamá me advirtió: "No puedes comerlos muy seguido. ¡La grasa y el colesterol de las yemas te taparán

---

* ¿Recuerdas esas grasas poliinsaturadas, delicadas y químicamente reactivas del capítulo 2? Son maravillosas para crear esa capa antiadherente en las sartenes porque se oxidan y se adhieren al hierro con facilidad... ¡el mismo proceso que ocurre en tu sangre! Es casi imposible conseguir una capa antiadherente con aceite de oliva o grasas saturadas porque son más estables a nivel químico y no se oxidan con facilidad.

las arterias!" (A su favor, también me dijo muchas veces que probar nuevos alimentos me haría un mejor amante para la futura señora Lugavere. Siempre fui quisquilloso con la comida, así que era su manera de hacer que me relajara un poco. Mi mamá siempre tuvo un sentido del humor muy peculiar. ¿Resultó cierto? Sólo digamos que sigo siendo quisquilloso con la comida.)

Años después, estábamos de vacaciones en el sur de Florida, donde muchos neoyorquinos se refugian para escapar del invierno. Ahí tuve mi primera probada de otro alimento: el coco. Me enamoré al instante de su exquisita textura, su dulzor sutil y ese sabor tropical. A mis tiernos 12 años comprendí por qué los neoyorquinos amaban tanto Florida: ¡por los cocos! Pero nuestra relación terminó trágicamente poco después, cuando mi mamá me dijo que la carne del coco no era saludable. "Es rica en grasa saturada, que es mala para el corazón".

En este capítulo nos zambulliremos de lleno en lo relativo a la salud vascular. ¿Por qué todo un capítulo dedicado a los vasos sanguíneos en un libro sobre el cerebro? Porque la salud de las venas y arterias afecta más que sólo al corazón y el potencial para desarrollar cardiopatías. Es una red eléctrica de cerca de 650 kilómetros de largo que provee nutrientes, energía y oxígeno al cerebro. Cualquier corto circuito a lo largo de esta red (que provoque una reducción del flujo sanguíneo al cerebro) no sólo contribuye a una discapacidad cognitiva e incrementa el riesgo de Alzheimer y demencia vascular, sino que también produce los déficits sutiles en la función cognitiva que solemos asociar con el envejecimiento.[1] Y, para ser sinceros, nadie quiere eso.

El desastre de la dieta y el corazón

Hoy en día entendemos la salud vascular mucho mejor que antes; sin embargo, y por desgracia, muchos médicos todavía comparten recomendaciones anticuadas. No lo sabemos todo aún, pero cada vez es más claro que, si *hay* un supervillano alimentario, no es la grasa saturada. En 2010 el doctor Ronald Krauss, uno de los principales expertos en nutrición en Estados Unidos y coautor de muchos de los primeros lineamientos alimentarios, concluyó en un metaanálisis que "no hay evidencia significativa para concluir que la grasa saturada en la dieta esté asociada con un aumento del riesgo de ECC [enfermedad cardiaca coronaria] o ECV [enfermedad cardiovascular]".[2]

Aun así, la "hipótesis de la dieta y el corazón" —o la idea de que el colesterol de los alimentos provoca cardiopatías— persiste. La hipótesis se originó de los primeros estudios sobre ateroesclerosis, una enfermedad en la cual se acumula placa hasta crear un endurecimiento y estrechamiento de las arterias. En estos estudios, las placas de los cadáveres diseccionados estaban llenas de colesterol. De hecho, en esto se basa la idea tan difundida de que "la comida grasosa te tapa las arterias", la cual compara la compleja biología humana con lo que sucede cuando viertes grasa por una tubería fría. Dado que la grasa saturada sí eleva el colesterol, y los alimentos ricos en colesterol —como es evidente— contienen colesterol, reducir el consumo de ambos se convirtió en el enfoque de la prevención y el tratamiento para las enfermedades cardiovasculares. Pero la biología no siempre es tan simple. Resulta que el colesterol muchas veces es el peatón inocente que tiene la mala suerte de estar presente en la escena del crimen, pero rara vez es el villano.

Muchos científicos de la nutrición, incluyendo a Ancel Keys, el padre de la hipótesis de la dieta y el corazón, intentaron reducir los alimentos enteros a sus "nutrientes" constitutivos. ¿Y quién podría culparlos? El descubrimiento de la vitamina C curó el escorbuto. La vitamina D previene el raquitismo. Han sido grandes éxitos con soluciones sencillas. Por ende, cuando los científicos enfocaron su atención en las cardiopatías, resultó muy seductor aceptar esta reducción simplista: *El colesterol se encuentra en las arterias de las víctimas de ataque cardiaco. Comer más grasas saturadas aumenta los niveles de colesterol en la sangre. Por tanto, la grasa saturada causa cardiopatías al incrementar dichos niveles.* Era apenas lo suficientemente complejo como para que los médicos lo consideraran plausible y lo suficientemente simple para generar un discurso fácil de explicarle al público.

No obstante, como a los programadores les gusta decir, "la basura entra y la basura sale". La enorme complejidad e interacción entre los alimentos y la biología muchas veces desafía nuestra capacidad de moldearla, ya no digamos jugar con ella al introducir alimentos purificados o sintéticos.

El estadístico Nassim Taleb, especialista en azar, probabilidad e incertidumbre, quien también predijo la crisis financiera de 2008, lo expresó con claridad:

Gran parte de la investigación local sobre biología experimental, a pesar de sus atributos supuestamente "científicos" y demostrables, no pasaría un examen sencillo de rigor matemático. Eso significa que necesitamos tener cuidado de las conclusiones que podemos o no hacer sobre lo que observamos, sin importar qué tan contundentes parezcan en ese punto. Por la maldición de la dimensionalidad, es imposible producir información a partir de un sistema complejo debido a la reducción científica de métodos experimentales convencionales. Simple y sencillamente imposible.

En otras palabras, dada la impresionante complejidad de nuestro cuerpo y las limitaciones de las herramientas científicas con las que contamos, deberíamos recibir con bastante escepticismo cualquier cambio repentino y artificial en los alimentos que solemos consumir. Cuando el gobierno de Estados Unidos dio un paso adelante y le quitó la grasa a la dieta nacional, nuestros líderes cayeron precisamente en esta trampa: convertir en una política la aplicación prematura de observaciones científicas fallidas.

Con la intención de darle el tiro de gracia a la grasa saturada, Ancel Keys estableció lo que parecía ser un modelo de estudio perfecto: un estudio longitudinal aleatorio doble ciego: el Estudio Coronario de Minnesota. Como recordarás del capítulo 2, Keys era epidemiólogo y estudiaba las asociaciones entre salud y enfermedad entre grandes grupos de personas. Este experimento, el cual involucró a más de 9 000 pacientes de instituciones mentales, era su oportunidad para demostrar el vínculo entre las cardiopatías y la grasa saturada como principal responsable; era, según él, un estudio a prueba de balas.

Keys y sus colegas dividieron a los sujetos en dos grupos y a cada uno le asignaron una dieta diferente. La dieta de control imitaba la dieta estadounidense estándar, con 18% de calorías de grasa saturada. La dieta de "intervención" contenía sólo la mitad, cantidad ajustada a las recomendaciones nutricionales de la Asociación Estadounidense del Corazón y que más adelante adoptaría el gobierno. Para cubrir las calorías faltantes, los sujetos recibieron alimentos cocidos o preparados con aceite de maíz poliinsaturado, como margarina, aderezos para ensalada y hasta carne, leche y quesos de res "adicionada" con aceite de maíz.

En el transcurso de cinco años, el estudio sí demostró que el colesterol del grupo con la dieta de aceite de maíz se redujo significativamente, pero eso no produjo ningún beneficio en términos de cardiopatías o mortalidad por otras causas.[3] La ausencia de beneficios contradijo en gran medida muchas de las recomendaciones nutricionales que se daban en ese entonces. Se nos prometía que reducir el colesterol en la sangre limitando el consumo de grasa saturada *mejoraría* la salud, no que demoraría la enfermedad. Esta "inconveniente verdad" explica por qué los resultados del estudio curiosamente se publicaron hasta 1989, 16 años después de que concluyera. Pero ahí no termina la historia.

Max Planck, físico ganador del Premio Nobel, una vez comentó que "la ciencia avanza un funeral a la vez", haciendo referencia a la obstinación de ciertas personalidades científicas déspotas y salvajemente territoriales. Esto se corroboró cuando, casi 30 años después de la publicación inicial del Estudio Coronario de Minnesota, investigadores de los Institutos Nacionales de Salud y de la Universidad de Carolina del Norte descubrieron cajas en el sótano con datos no publicados que pertenecían a uno de los ya fenecidos coautores del estudio, un colega cercano de Ancel Keys.[4]

¿Qué fue lo que encontraron los investigadores en esos datos sepultados durante tanto tiempo? Al revisar el análisis, parecía que el aceite de maíz sí tenía un efecto en la salud de los participantes, y no era positivo: por cada 30 mg/dl de colesterol en suero había un riesgo 22% *mayor* de muerte prematura. El grupo de la dieta con aceite de maíz también tuvo dos veces más ataques cardiacos durante el periodo de cinco años, en comparación con el grupo de la dieta con grasa saturada. Aun cuando el aceite de maíz les permitió reducir sus niveles de colesterol, ¡los resultados obtenidos eran mucho peores!

La conclusión de este impactante descubrimiento es que el aceite de maíz y otros aceites procesados (al igual que el azúcar) probablemente son mucho más dañinos para los vasos sanguíneos que la grasa saturada. ¿Qué tanto? Sólo imagina encender un soplete microscópico de crème brûlée en tus arterias y eso te dará una idea. El resultado final de la arterosclerosis se ve igual que la piel de pollo frita, como describe vívidamente la doctora Cate Shanahan en su interesante libro, *Deep Nutrition*. Estarás muerto pero, bueno, tendrás el colesterol bajo.

El colesterol y el cerebro

Es momento de enfrentarnos a la realidad. El colesterol es un nutriente vital para el cuerpo, y en especial para el cerebro, donde se concentra 25% de todo el colesterol del cuerpo. Es un componente crítico para todas las membranas celulares, en donde provee apoyo estructural, asegura el transporte fluido de nutrientes dentro y fuera de la célula, y puede incluso servir como antioxidante protector. Es esencial para el crecimiento de la mielina, la capa aislante que rodea las neuronas. (La mielina se pierde en la esclerosis múltiple, una condición autoinmune.) También es importante para el mantenimiento de la plasticidad cerebral y para conducir impulsos nerviosos, sobre todo a nivel de sinapsis; la reducción del colesterol en este nivel provoca una degeneración sináptica y de las espinas dendríticas.[5] Se cree que las espinas dendríticas, los puntos de contacto del ramaje neuronal que facilitan la comunicación entre neuronas, son la encarnación física de los recuerdos.

El doctor Yeon-Kyun Shin, especialista en colesterol y su función en el cerebro, hace poco publicó hallazgos en la revista *Proceedings of the National Academy of Sciences* en los que alerta sobre las consecuencias negativas e involuntarias de los medicamentos para bajar el colesterol (en este caso, la clase omnipresente de medicamentos llamados *estatinas*). En el comunicado de prensa que lo acompañaba, explicó: "Si privas al cerebro del colesterol, afectas directamente la máquinaria que provoca la liberación de neurotransmisores. Los neurotransmisores afectan el procesamiento de información y las funciones mnemónicas. Dicho de otro modo, qué tan listo eres y qué tan bien puedes recordar".

Hay estudios poblacionales que validan el temor del doctor Shin. En el Estudio Framingham del Corazón, un análisis multigeneracional en curso sobre el riesgo de cardiopatías entre residentes de ese pueblo en Massachusetts, 2 000 hombres y mujeres participantes se someten a pruebas cognitivas rigurosas. Los investigadores descubrieron que tener niveles más altos de colesterol total, aunque estén por encima del rango considerado saludable, se vinculaba con mejores resultados en pruebas cognitivas que involucraban razonamiento abstracto, atención y concentración, habilidades verbales y capacidad de ejecución.[6] Los sujetos con menos colesterol tuvieron un desempeño cognitivo más deficiente. Otro estudio que incluyó a 185 hombres ancianos sin demencia descubrió que los niveles más elevados de colesterol total (la combinación de HDL y LDL) y de LDL aislado (muchas veces llamado el colesterol "malo") se correlacionaban con un mejor desempeño mnemónico.[7] Ciertos resultados incluso sugieren que el colesterol alto puede protegernos contra la demencia.[8]

Un estudio reciente que incluyó 20 000 participantes descubrió evidencia sólida de que usar medicamentos para bajar el colesterol, llamados estatinas, incrementaba el riesgo de padecer enfermedad de

Parkinson, la segunda enfermedad neurodegenerativa más común, la cual afecta el movimiento corporal. "Sabemos que en general la literatura médica coincide en que el colesterol elevado se asocia con resultados positivos en la enfermedad de Parkinson, así que es posible que las estatinas eliminen dicha protección cuando se usan para tratar el colesterol alto", dijo el autor principal del estudio y vicedirector de investigación de la Facultad de Medicina de la Universidad de Pennsylvania, Xuemei Huang, en una entrevista realizada por la página web Medscape. (Retomaremos la discusión sobre las estatinas más adelante.)

■ **Pregunta:** Si el colesterol es tan bueno para el cerebro, debería comer más, ¿cierto?

Respuesta: Siéntete libre de disfrutar alimentos que contengan colesterol, pero toma en cuenta que no hay necesidad de priorizarlo como nutriente. El cerebro produce naturalmente todo el colesterol que necesita. Es más importante asegurar que el sistema de colesterol del cuerpo permanezca sano y evitar (lo más posible) medicamentos como ciertas estatinas que pueden interferir con su síntesis. Ahondaré en esto más adelante.

Las acciones del colesterol por debajo del cuello también tienen un impacto sustancial en el cerebro. Es necesario para producir ácido biliar, el cual es esencial para la absorción de grasas promotoras del cerebro y nutrientes protectores liposolubles. Usamos el colesterol para la síntesis de muchas hormonas protectoras del cerebro, como la testosterona, el estrógeno, la progesterona y el cortisol. En conjunto con la exposición a los rayos uvb del sol, el colesterol ayuda a producir otra hormona, la vitamina D, la cual participa en la expresión de casi 1 000 genes en el cuerpo, muchos de los cuales están involucrados directamente con el funcionamiento sano del cerebro.

Imagino que estarás pensando: ¿dónde encuentro este colesterol? ¡Quiero colesterol! ¿De verdad fuimos tan negligentes como para acusar de forma injustificada a un nutriente que hace tanto por nosotros?

La conexión entre el colesterol y las enfermedades

Muchos alimentos de origen animal contienen colesterol, y durante muchos años se nos advirtió que limitáramos el consumo de esta sustancia grasosa. Sin embargo, los alimentos que nos preocuparon durante tanto tiempo, como la yema de huevo, los camarones y otros mariscos, en realidad tienen un efecto ínfimo en los niveles de colesterol circulante. Esto se debe a que el cuerpo produce colesterol en cantidades superiores a las que podemos encontrar en los alimentos. Para darte una idea, ¡una persona común genera a diario el colesterol equivalente a cuatro yemas de huevo!

Nota del médico: amortiguar el golpe del colesterol

Si escribiéramos advertencias prácticas antes de cada recomendación que hacemos en este libro, sería completamente ilegible. Sólo ten en mente que intentamos que nuestras palabras sean aplicables *a la mayoría de la gente, la mayor parte del tiempo*. Planteamos que el consumo alimentario de colesterol, en general, tiene un impacto mínimo en los niveles de colesterol en la sangre. Como villano alimentario quedó exonerado, así de simple. Pero —siempre hay un pero— hay ciertas personas y variantes genéticas codificadas de otra manera. La mayoría de las personas sintetizamos nuestro propio colesterol, pero hay quienes ¡sí absorben más colesterol de los alimentos! En casos específicos y especiales, sobre todo cuando se intentan regularizar marcadores de colesterol inexplicablemente altos antes y después de un episodio cardiaco, es posible medir ciertos marcadores sanguíneos de personas con una producción interna de colesterol muy alta o una absorción inusualmente alta de colesterol de los alimentos. Lo anterior puede dar pautas para el tratamiento en casos en los que no se sabe por qué una estatina, la cual bloquea la producción de colesterol, quizá no funciona para disminuir los niveles de colesterol en la sangre de un paciente en particular. ¡Esa persona puede estar absorbiendo colesterol de la comida! Los análisis específicos recaen fuera del tema de este libro, pero, para los conciudadanos científicos: quienes tienen *lathosterol* alto tienden a producir colesterol de más y responden mejor a las estatinas, mientras que las elevaciones de *campesterol* y *beta sitosterol*, esteroles vegetales, indican una absorción de la dieta.

Sin embargo, hay un porcentaje nada trivial de la población que todavía atiende las recomendaciones de sustituir la nutritiva yema del huevo con cereales azucarados, avena instantánea o, peor aún, ¡el espantoso omelette de claras! Una encuesta reciente de Credit Suisse exploró las percepciones de los consumidores respecto a la grasa y descubrió que 40% de los nutriólogos y 70% de los médicos generales todavía creen que comer alimentos ricos en colesterol es malo para el corazón.[9] Los autores de la encuesta escribieron:

> El gran problema respecto al consumo de alimentos ricos en colesterol (por ejemplo, los huevos) no tiene fundamento. Básicamente no hay un vínculo entre el colesterol que consumimos y los niveles de colesterol en la sangre. Ya se sabía hace 30 años y se ha confirmado una y otra vez. Comer alimentos ricos en colesterol no tiene un efecto negativo en la salud en general ni en el riesgo de desarrollar enfermedades cardiovasculares [ECV] en particular.

El colesterol en la dieta no es y nunca ha sido un problema para la mayoría de las personas. En la actualidad, hasta la Administración de Alimentos y Medicamentos (FDA, Food and Drug Administration) eliminó el colesterol de la lista de "nutrientes preocupantes" en su último número de Lineamientos Alimentarios para Estados Unidos, con lo que dio el tiro de gracia a uno de los mitos más extendidos de nuestros tiempos.

Como dije antes, la mayor parte del colesterol circulante se produce en el cuerpo; una parte en el cerebro, pero sobre todo en el hígado. De hecho, al comer menos colesterol enviamos una señal al hígado para que secrete más. El doctor Pete Ahrens, detractor de la hipótesis de la dieta y el corazón, describió este fenómeno por primera vez hace décadas. Por otra parte, el colesterol que podemos crear en nuestro cuerpo *puede* estar vinculado a las enfermedades si no lo mantenemos saludable.

Cuando creamos colesterol en el hígado, la mayor parte viaja por el cuerpo las partículas de LDL (*lipoproteína de baja densidad*) que actúan como autobuses. El colesterol LDL muchas veces se conoce como "malo", pero estas partículas en realidad no son moléculas de colesterol ni son tan malas como parecen, al menos cuando recién se embarcan.

En realidad son *cargueros* de proteínas esenciales para ayudar a que las partículas solubles en grasa, como el colesterol y los triglicéridos, se disuelvan o se vuelvan solventes en la sangre. Como quizá ya sabes, el agua y el aceite no se mezclan, y la sangre tiene 92% de agua por volumen. En otras palabras, las lipoproteínas son la solución de la naturaleza al problema de la solvencia.

Describí un modelo muy rudimentario para comprender cómo se produce el colesterol en el cuerpo. Para empezar a entender el vínculo entre las partículas de LDL y las enfermedades, podrías imaginar dos carreteras: la carretera A y la carretera B. Las carreteras tienen 100 personas cada una, y todas van de camino al trabajo. En la carretera A, esas 100 personas se encuentran en 100 carros diferentes. Las 100 personas de la carretera B van repartidas entre cinco autobuses. La carretera A será más propensa a los accidentes y los embotellamientos, pues a fin de cuentas hay 100 vehículos en ella. La carretera B sólo tiene esos cinco vehículos, los autobuses. ¿Qué carretera preferirías tomar para ir al trabajo? A menos de que seas masoquista, sádico o las dos, supongo que la carretera B.

INTERPRETA TUS CIFRAS

Los análisis de colesterol convencionales se parecen a una estimación de las condiciones del terreno elaborada a partir de la suma de los pesos de todos los vehículos en el camino, pero un camión puede pesar tanto como cinco autos, y el análisis básico no logra diferenciar entre ambos escenarios. La buena noticia es que ya tenemos un análisis que mide el total de vehículos en el camino, el cual consideramos una herramienta invaluable. La mala noticia es que muchos médicos no lo conocen y no todas las aseguradoras lo cubren.

El número de partículas LDL, o LDL-p, se puede obtener con un análisis llamado perfil de lípidos RMN (resonancia magnética nuclear). El análisis LDL-p representa el total de *partículas* de LDL —o vehículos en nuestra analogía de la carretera—, un mejor indicador de riesgo, como sugieren las investigaciones. Y, al igual que en nuestra analogía de la carretera, en el caso del LDL-p es mejor una cifra más baja.

Como mencioné antes, los pasajeros del colesterol salen en autobuses, como en el ejemplo de la carretera B. Los autobuses son partículas LDL "grandes y esponjosas" gracias a sus múltiples pasajeros. Conforme las partículas van dejando pasajeros, se encogen para actuar más como autos, y se vuelven "pequeñas y densas". Ahora bien, en un sistema sano, estas partículas más pequeñas regresan al hígado para reciclarse después de poco tiempo. Sin embargo, dos escenarios de mala adaptación pueden interrumpir este proceso, y la consecuencia es que el torrente sanguíneo se llena de pequeñas partículas densas. Cuando esto sucede, la circulación se asemeja más a la carretera A y es señal de que tu cuerpo tiene un problema de reciclaje.

En el primer escenario de mala adaptación, las partículas LDL se dañan por la oxidación (dependiendo del tiempo que pasan en el torrente sanguíneo y están expuestas a subproductos oxidativos) o por vincularse con moléculas de azúcar (la glicación que describí en el capítulo 3 en todo su esplendor). Una vez que estas partículas sufren daños, tanto los tejidos donde tiene que hacer las entregas (las células adiposas o musculares, por ejemplo) y el propio centro de reciclaje en el hígado dejan de reconocerlas. Es como si intentaran abrir una puerta con una llave doblada; la partícula LDL ya no entra. Este LDL dañado se queda estancado en la circulación y se acumula, como una colonia de leprosos nómadas que, a la larga, establece su campamento en una pared arterial. Esto a veces significa que el colesterol total subirá, pero si las partículas son pequeñas y densas, tal vez el colesterol total no se verá afectado, si acaso. Esto puede explicar por qué muchas personas que nunca tuvieron colesterol alto (o personas que toman medicamentos y tienen el colesterol bajo de forma artificial) siguen padeciendo ataques cardiacos.

El segundo escenario es que la puerta misma puede trabarse. Esto ocurre cuando el hígado pasa por un estrés oxidativo y se sobrecarga debido al consumo excesivo de carbohidratos procesados o concentrados (entre otras cosas). En pocas palabras, cuando el hígado está digiriendo los carbohidratos (o carbohidratos y grasas al mismo tiempo), el alcohol u otras toxinas, no prioriza el reciclaje de las lipoproteínas. De la misma manera, cuando un destino, como una célula muscular, ya está "colmado" de nutrientes, va a rechazar a la partícula LDL al verla pasar. Cualquiera de estas dos situaciones provoca que la partícula LDL pase tiempo adicional en circulación y cerca de subproductos oxidativos, lo que facilita entonces el daño e incrementa la posibilidad de que se adhiera a alguna pared vascular. (Esto se demostró en un estudio reciente donde mujeres que llevaban una dieta alta en carbohidratos y baja en grasas observaron que sus niveles de colesterol oxidado se elevaron 27%, a pesar de que el nivel de colesterol total no cambió.)[10]

"TRUCOS" PARA RECICLAR EL LDL

Aminorar la carga de procesamiento del hígado puede derivar en un perfil de lípidos más sano, en especial entre ciertas poblaciones genéticas que reaccionen de forma peculiar a las dietas muy altas en grasas o altas en grasas saturadas. La variante genética común que se asocia con el incremento de riesgo de Alzheimer, la *ApoE4*, se considera promotora de una respuesta exagerada de lípidos circulantes ante la grasa saturada —es decir, aumenta el LDL— en el 25% de la población que la tiene.[11] Aunque aún no entendemos del todo el mecanismo, algunos investigadores sospechan que se debe al reciclaje reducido de LDL en el hígado, lo que puede hacer que pase más tiempo circulando, haciéndose más pequeño y, en consecuencia, causando problemas. Estas tácticas pueden ayudar a que tu hígado se convierta en una superestrella del reciclaje:

• **Recupera tu sensibilidad a la insulina.** Elimina los cereales procesados (incluso el trigo entero), los aceites inflamatorios y las azúcares añadidas (en especial el jugo de fruta, el jarabe de agave y el jarabe de maíz alto en fructosa), y reduce el consumo de fruta dulce y verduras almidonadas.
• **Consume más aceite de oliva extra virgen.** Una dieta rica en grasas monoinsaturadas (comparada con una dieta alta en carbohidratos "saludables") redujo 4.5 veces más la grasa hepática en un estudio hecho a diabéticos con exceso de grasa en el hígado. Los aguacates, el aceite de aguacate, las nueces de macadamia y el aceite de oliva extra virgen son fuentes magníficas de grasas monoinsaturadas.
• **Reduce el consumo de grasas saturadas "añadidas".** La grasa saturada merma los receptores LDL del hígado y eleva esta lipoproteína.[12] Evita la mantequilla en exceso, el ghee y el aceite de coco. Las fuentes alimentarias enteras (como carne de libre pastoreo) están bien.
• **Consume muchas verduras fibrosas.** Éstas son capaces de desacelerar la absorción de carbohidratos y grasas, con lo que le dan más tiempo al hígado para procesar la carne.
• **Limita o elimina el consumo de alcohol.** Seis cervezas causan hígado graso instantáneo en un hombre joven sano, ¡en una sola sentada!
• **Integra periodos de ayuno intermitente, los cuales estimulan el reciclaje de ldl.** Explicaré más al respecto en el siguiente capítulo.
• **Integra comidas altas en carbohidratos y bajas en grasas después de ejercitarte una o dos veces a la semana.** Una vez que recuperes la sensibilidad a la insulina, ésta puede "encender" la maquinaria de reciclaje de LDL en el hígado. Los camotes o el arroz blanco o integral son buenas opciones bajas en fructosa para ayudarte a echar a andar el mecanismo.

Una vez que una de estas partículas LDL, ahora tóxicas, penetra la pared vascular, se liberan moléculas de adhesión que señalizan el lugar de la lesión. Luego se secretan varios mensajeros proinflamatorios, llamados *citocinas*, que alertan al sistema inmunológico de la ruptura, promueven la reunión de células inmunológicas que se adhieren al lugar de los hechos y forman lo que llamamos una *célula espumosa*. Cuando chocan múltiples células espumosas, crean una característica franja de grasa que marca el principio de lo que con el tiempo se convertirá en placa conforme se integren otras células inmunológicas y plaquetas, y aumente el mal funcionamiento de la pared arterial.

Es claro que el proceso de la oxidación de partículas de LDL influye de forma importante en el desarrollo de la aterosclerosis. Lo que es interesante es que este padecimiento sólo se encuentra en arterias, no en venas. Las arterias, a diferencia de las venas, transportan la sangre oxigenada en un ambiente de alta presión, por lo que representan un terreno fértil para que esas partículas pequeñas y densas de LDL se dañen y se adhieran a la pared vascular. Y, mientras que un ataque cardiaco (debido a la acumulación de placa en las arterias alrededor del corazón) es lo que muchos considerarían el peor escenario, la ateroesclerosis puede ocurrir en cualquier parte del cuerpo, incluyendo la microvasculatura que provee oxígeno al cerebro. Esto es la demencia vascular: muchos pequeños infartos en el cerebro.[13] Y es la segunda forma de demencia más común después del Alzheimer.

Pero ¿qué pasa si eres joven y sano, y aún te faltan décadas para desarrollar esa enfermedad cerebral "que sólo tienen los ancianos"? ¿Este elegante sistema de drenaje de verdad puede afectar tu función cognitiva? Mi amigo y colega, el doctor Richard Isaacson, quien dirige la Clínica de Prevención de Alzheimer de Weill Cornell Medicine y el Hospital NewYork-Presbyterian, ha visto incontables pacientes con niveles elevados de esas pequeñas y densas partículas LDL, las cuales se correlacionan con función ejecutiva deficiente en pruebas cognitivas (esto incluye la capacidad de pensar con claridad, enfocarte y tener mayor flexibilidad mental). Aunque el mecanismo exacto no está claro, es posible que el proceso subyacente descrito arriba contribuya de alguna manera. El doctor Isaacson ahora estudia de cerca estas asociaciones para ver si validan sus observaciones clínicas.

AUMENTAR EL FLUJO SANGUÍNEO HACIA EL CEREBRO

Nuestro cerebro es un consumidor imparable de oxígeno. Veinticinco por ciento de cada inhalación se va directamente al cerebro para cubrir sus necesidades metabólicas voraces, por lo que asegurar que los lípidos en la sangre estén saludables es una forma de mantener la reserva energética cognitiva libre de interrupciones. Por fortuna, hay formas de mejorar la salud del flujo sanguíneo al cerebro:

- **Come chocolate amargo.** Se ha observado que los compuestos del chocolate amargo (llamados *polifenoles*) estimulan la perfusión cerebral o el flujo sanguíneo al cerebro. Como indica el alimento genial #4, elige sólo chocolate con 80% o más de cacao (lo ideal es 85% o más, pues implica menos azúcar), y asegúrate de que el chocolate no haya sido procesado con álcali, ya que éste degrada el contenido antioxidante.
- **Elimina o reduce el consumo de cereales, azúcares y almidones.** Permitir que tu cerebro trabaje con grasa, específicamente con *cetonas*, puede incrementar el flujo sanguíneo del cerebro *hasta 39%*.[14] Comentaré más al respecto en el siguiente capítulo.
- **Consume más potasio.** Algunos alimentos ricos en potasio son: aguacate (¡un aguacate entero tiene dos veces la cantidad de potasio que un plátano!), espinacas, col rizada, hojas de betabel, acelgas, champiñones y, aunque no lo creas, salmón.
- **Disfruta alimentos ricos en nitratos.** El óxido de nitrógeno dilata los vasos sanguíneos y expande las arterias, al tiempo que mejora el flujo sanguíneo. En términos comparativos, la arúgula tiene más nitratos que cualquier otra verdura. En segundo lugar se encuentran el betabel, la lechuga mantequilla, las espinacas, las hojas de betabel, el brócoli y las acelgas. Una sola comida rica en nitratos puede incrementar tu función cognitiva.[15]

¿Las cardiopatías pueden empezar en el intestino?

Por último, la mala salud intestinal es otro medio bastante subestimado por el cual estas partículas LDL pequeñas y densas proliferan en el cuerpo.[16] Dentro del santuario de nuestro intestino reside una impresionante población de bacterias. La mayor parte del tiempo, estas bacterias son amistosas y mejoran nuestra vida de formas invisibles; sin embargo, cuando descuidamos su terreno, pueden "sangrar" fragmentos bacterianos hacia nuestro torrente sanguíneo y desencadenar muchos problemas.

Uno de estos componentes bacterianos normales son los lipopolisacáridos, o LPS, también conocidos como endotoxinas bacterianas (que significa "toxinas internas"). Bajo circunstancias normales, estas endotoxinas se quedan seguras en el intestino, así como el ácido clorhídrico tan corrosivo se queda sólo en el estómago. Sin embargo, a diferencia del estómago, el tracto gastrointestinal inferior es una zona activa de transporte de nutrientes hacia la circulación. Es todo un sistema selectivo, pero, como resultado de nuestras dietas y estilos de vida occidentales, la barrera que controla estas transacciones se puede volver indebidamente porosa y permitir que los LPS la atraviesen.

Una forma en la que nuestro cuerpo provee el medio para controlar el daño es enviando a los cargadores de colesterol LDL al rescate como bomberos encargados de apagar un incendio. Se cree que las partículas LDL cumplen un propósito antimicrobiano, ya que tienen unos puntos de acoplamiento llamados *proteínas fijadoras de LPS* que les permiten absorber a los LPS renegados.[17] Cuando el hígado siente que los LPS entraron en el torrente sanguíneo a través de las señales de inflamación, aumenta la producción de partículas de LDL para fijarlas y neutralizarlas. Un intestino crónicamente "permeable" puede disparar el LDL hasta el techo. Por si fuera poco, una vez que las partículas LDL se fijan a los LPS, la endotoxina afecta la capacidad del hígado de disponer de estas partículas portadoras de toxinas, lo que duplica la gravedad del golpe. Por esta razón, un número pequeño pero creciente de cardiólogos cree que las cardiopatías se originan en el intestino.[18]

Algunas formas en que puedes proteger al intestino para promover niveles sanos de LDL son:

- **Consume mucha fibra.** Las hortalizas de hoja verde, como las espinacas y la col rizada, son fuentes excelentes de fibra, junto con los espárragos, el tupinambo y las verduras del género *allium* (como el ajo, la cebolla, el poro y los chalotes). Empieza comiendo poca fibra y añade cada vez más para evitar malestares digestivos.
- **Duplica tus porciones de alimentos crudos con probióticos.** El kimchi, el chucrut y el kombucha —mi favorito— son grandes opciones.
- **Consume muchos polifenoles.** Te benefician a ti y a tu microbioma intestinal directamente. Algunas buenas fuentes son el aceite

de oliva extra virgen, el café, el chocolate amargo y las moras. Las cebollas también son muy benéficas para el funcionamiento de la pared intestinal.

- **Elimina el azúcar de tu dieta, sobre todo la fructosa añadida.** La fructosa, ya sea que provenga del azúcar de mesa orgánica (la sacarosa es 50% fructosa y 50% glucosa), el jarabe de agave (90% fructosa) o el jarabe de maíz alto en fructosa (que tiene en realidad 55% de fructosa), no sólo aumenta la permeabilidad intestinal, sino que facilita la filtración de los LPS hacia la circulación.[19] Las frutas bajas en azúcar están bien porque incluyen fibra y nutrientes que apoyan la resistencia del propio intestino a la permeabilidad. *Vive la résistance!*
- **Elimina el trigo y los alimentos procesados de tu dieta.** El gluten (la proteína que se encuentra en el trigo y en gran cantidad de alimentos procesados) tiene el potencial de expandir los "poros" en la pared intestinal. Este efecto lo intensifican las dietas bajas en grasa y ciertos aditivos comunes en los alimentos procesados. Ahondaré más en el tema en el capítulo 7.

Nota del médico: HDL… lo bueno, lo malo y lo más o menos

Antes de entrar a la facultad de medicina, cuando un médico me empezaba a hablar sobre "colesterol bueno" y "colesterol malo", dejaba de escuchar. ¿Qué decían? Ahora, cuando un médico me habla de "colesterol bueno" y "colesterol malo", *todavía* dejo de ponerle atención, pero por un motivo diferente. Cuando uno ya se aventuró a ir más allá, la analogía bueno / malo se vuelve ridículamente simplista.

La sección anterior se enfoca en la historia del LDL porque, entre más partículas LDL haya flotando por ahí durante mucho tiempo, es mayor el riesgo de enfermedad. Por otra parte, las lipoproteínas de alta densidad, o HDL —el "colesterol bueno"—, son menos conocidas, pero, al igual que el LDL, la cantidad total de colesterol en los análisis de HDL puede ser menos importante que la cifra de partículas funcionales y sanas en el organismo.

Se cree que las partículas HDL benefician la salud porque actúan como camiones de basura. Recogen el exceso de colesterol de los rincones más lejanos del cuerpo y lo devuelven al hígado, donde se convierte en bilis y sale. De hecho, una proporción baja de LDL a HDL o de HDL a triglicéridos es un fuerte indicador de riesgo de enfermedad cardiaca, más que tener niveles elevados de "colesterol malo". Curiosamente, la grasa saturada, aunque sí eleva la cantidad de LDL en el cuerpo, *también* incrementa el HDL y conserva esta proporción favorable de lipoproteínas.

Pero la historia no se acaba con los niveles totales de HDL. Se están desarrollando nuevos análisis para observar la *funcionalidad* del sistema de reciclaje del HDL. Lo llamamos *capacidad de eflujo*: esto describe qué tan eficiente es el HDL para recolectar colesterol de los agotados glóbulos blancos dentro de las placas arteriales dañadas y llevarlo de vuelta al hígado.

Todavía seguimos descubriendo los demás aspectos funcionales del HDL. Sabemos que actúa como un antioxidante y un antiinflamatorio potente, favorece la salud vascular al promover la creación de óxido de nitrógeno, un gas que mantiene tus vasos sanguíneos dinámicos y abiertos, y puede incluso tener un componente anticoagulante.

Está bien, ya amas el HDL tanto como nosotros. Ahora, ¿cómo lo puedes volver más funcional? Adivinaste… una dieta baja en carbohidratos. Los adultos con síndrome metabólico (más de uno de cada dos adultos tan sólo en Estados Unidos) por lo general tienen poco HDL, triglicéridos altos, hipertensión, glucosa elevada y grasa abdominal. Una dieta baja en carbohidratos y alta en fibra revierte todos estos factores y te devuelve a un estado de salud metabólica. Cuando consideras que la glucosa elevada *por sí sola* aumenta el riesgo de ataque cardiaco e infarto en 15%, no hay nada que discutir.

Una última cosa: las proteínas HDL deben ser igual de sensibles al "soplete bioquímico" que es el estrés oxidativo de las grasas poliinsaturadas rancias y el azúcar como las proteínas LDL, así que mata dos pájaros de un tiro y ¡reduce también tu consumo de aceites vegetales procesados!

Estatinas: fuga de cerebros

Una consecuencia del miedo generalizado al colesterol alto es el incremento meteórico de recetas para un tipo de medicamento llamado estatinas. Si todavía estás a décadas de que te las prescriban, es muy probable que encuentres una caja de ellas en el botiquín de tus padres.

No se pueden esconder porque todos sus nombres químicos terminan en -*statina*. Se estima que 20 millones de estadounidenses las consumen, lo que las convierte en el medicamento más prescrito del mundo. La variante más común a la venta es *rosuvastatina*, la cual suele estar en el número uno de la lista de medicamentos más vendidos en Estados Unidos. Es un gran negocio: las empresas farmacéuticas tuvieron una ganancia neta de 35 000 millones de dólares en 2010.

Mucho antes de que mi mamá empezara a mostrar señales de declive cognitivo, su médico le recetó uno de estos medicamentos cuando determinó que necesitaba disminuir sus niveles de colesterol. Aunque nunca hubiera tenido un ataque cardiaco ni un infarto, cuando me dijo por teléfono que iba a empezar a tomar el medicamento (yo estaba en Los Ángeles en ese entonces), asumí que era seguro y parte habitual del "envejecimiento". Además, lo prescribió un médico. ¿Cómo podría *no* ser seguro?

El problema es que las estatinas no son cinturones de seguridad; muchas veces tienen efectos secundarios involuntarios, o lo que mi amiga psiquiatra Kelly Brogan llama simplemente "efectos".

Como sabes, el colesterol es importante por muchas razones, incluyendo la inmunidad, la síntesis hormonal y la función cerebral sana. La evidencia sugiere que, si bien las estatinas disminuyen el LDL total, hacen muy poco para reducir la proporción de LDL *pequeño y denso*, la variante que se oxida con facilidad y que en realidad promueve más el riesgo. La causa es que las estatinas disminuyen la cantidad de LDL creada por el hígado, pero no resuelven el problema subyacente de reciclaje de LDL que describí antes. De hecho, algunos estudios han demostrado que las estatinas pueden incluso *aumentar* la proporción de LDL pequeño y denso.[20] Muchos médicos, sin embargo, no distinguen entre patrones de LDL antes de llenar una receta médica. (Para saber cuáles son las partículas de LDL dominantes en tu caso, así como la cantidad de partículas de LDL circulantes, pide a tu médico que realice un perfil de lípidos RMN.)

El doctor Yeon-Kyun Shin, a quien mencioné antes, es uno de los científicos que validan la noción de que los medicamentos para bajar el colesterol también pueden reducir la producción de colesterol en el cerebro. "Si intentas bajar el colesterol tomando una medicina que ataca la maquinaria de síntesis de colesterol en el hígado, esa medicina se va también al cerebro. Y entonces reduce la síntesis de colesterol necesaria en el cerebro", expresó en un comunicado de la Universidad de Iowa.

Como el cerebro está formado principalmente por grasa, las estatinas, las cuales tienen una afinidad mayor por la grasa, pueden penetrar en el cerebro con facilidad. La atorvastatina, lovastatina y simvastatina son lipofílicas, o amantes de la grasa, y pueden cruzar la barrera hematoencefálica sin problemas. Hay incontables reportes de que estas variantes lipofílicas inducen efectos secundarios cognitivos que imitan la demencia en casos extremos.[21] (Mi mamá estaba tomando lovastatina cuando detectamos sus síntomas cognitivos.) Por otra parte, la pravastatina, rosuvastatina y fluvastatina son más hidrofílicas —o amantes del agua—, por lo que pueden ser opciones un tanto "más seguras".

Las estatinas también disminuyen los niveles de la coenzima Q_{10} (CoQ_{10}), un nutriente importante para el metabolismo cerebral. Como leerás en el siguiente capítulo, el metabolismo cerebral es de vital importancia, y desacelerarlo se vincula con la primera característica preclínica reconocible de la enfermedad de Alzheimer. La CoQ_{10} también es un antioxidante liposoluble que ayuda a mantener el estrés oxidativo a raya. Mermarla con estatinas puede ser malo para un cerebro rico en oxígeno y grasas poliinsaturadas.[22]

Nota del médico: por qué desconfiamos de las estatinas

El paradigma bajo el cual se estudiaron originalmente las estatinas y a favor del cual existe la evidencia más sólida era para prevención secundaria: prevenir un ataque cardiaco *después* de que ya hubieras tenido uno. Las indicaciones para su uso se extendieron a la prevención primaria (prevenir un evento cardiovascular en alguien que nunca ha tenido alguno) gracias a estudios financiados por las empresas farmacéuticas, con lo que básicamente etiquetaron a millones de personas que nunca habían tenido un problema cardiaco como "pacientes" de *hipercolesterolemia* o colesterol alto. Pero eso es bueno, ¿cierto? ¡Estamos salvando vidas! El concepto clave, sin embargo, es que la mayoría de esas personas que empezaron a tomar estatinas para el colesterol alto *nunca habrían tenido un ataque cardiaco en primer lugar*. Permíteme repetirlo: la mayor parte de la gente que toma estatinas está sana. Las estatinas están ayudando a *alguien*, pero por cada persona a la que ayudan, nosotros como médicos se las recetamos a casi cientos de personas perfectamente sanas que padecen los subsecuentes efectos secundarios y no reciben ningún beneficio real.

Una forma de cuantificar la efectividad general de un medicamento es el NNT, o "número de pacientes que es necesario tratar". Para ilustrar el concepto, veamos los cinturones de seguridad de un auto. Si están gastados como medida preventiva por el uso generalizado, su eficacia es sustancial y el riesgo de efectos secundarios es cercano a cero. Muchas personas tienen que usar el cinturón de seguridad para que éstos salven alguna vida: el NNT es masivo. Pero no es realmente un problema, ya que usar un cinturón de seguridad no tiene efectos secundarios. No es el caso de las estatinas, las cuales suelen provocar dolor muscular, problemas de memoria y disfunción metabólica, e incrementan en gran medida el riesgo que tienen las personas sanas en general de desarrollar diabetes y hasta parkinsonismo.

Entonces, ¿cuál es el NNT para las estatinas en el caso de adultos en riesgo sin ninguna enfermedad cardiaca diagnosticada? Los estudios varían entre 100 y 150 para prevenir un episodio cardiaco (ataque cardiaco o infarto), sin ningún efecto en el índice de mortandad. En otras palabras, 99 de cada 100 sujetos no obtendrían ningún beneficio de las estatinas. Si fuera algo con un costo mínimo y cero efectos secundarios, como el cinturón de seguridad, quizá podríamos justificar darles esta medicación adicional a esas otras 99 personas. Pero aquí entra el concepto opuesto al NNT: el NND, o "número necesario a dañar". Respecto a las estatinas, el NND para desarrollar daño muscular (miopatía) es nueve, o alrededor de uno de cada 10 pacientes, y el NND para diabetes es 250. No hay una respuesta correcta o incorrecta a "¿Debería tomar estatinas?" Dicho lo anterior, tu médico y tú deberían tener una conversación informada y tomar una decisión sobre lo que introduces a tu cuerpo y por qué. Por desgracia, en el clima actual de las limitantes que imponen las aseguradoras, la mayoría de los médicos tiene poco tiempo para tener una conversación tan amplia con cada paciente, lo que implica que se ven obligados a tomar atajos y terminan tratando de más a sus pacientes o poniendo en práctica lineamientos preconcebidos.

Como médico de cabecera prescribo estatinas a muy pocos pacientes y por lo regular sólo en casos de prevención secundaria; es decir, después de un evento cardiovascular, pero a veces ni siquiera en esas circunstancias. Siempre colaboro con mis pacientes para diseñar un plan global de reducción de riesgos (¡incluyendo muchas de las recomendaciones contenidas en este libro!) en el que la dieta y el ejercicio son las piedras angulares.

Otra manera en la que las estatinas afectan el cerebro directa e indirectamente es que casi duplican el riesgo de diabetes tipo 2. En 2015 se publicó un estudio longitudinal extenso que involucraba 3 982 usuarios de estatinas y 21 988 no usuarios (todos *con los mismos factores de riesgo* de diabetes), y se descubrió que, si bien todos los sujetos comenzaron el estudio con una salud metabólica normal, en el grupo de estatinas se desarrolló el doble de casos de diabetes después de 10 años, y más del doble terminó con sobrepeso.[23] Recuerda: tener diabetes tipo 2 duplica el riesgo de desarrollar Alzheimer, junto con una gran cantidad de otras enfermedades crónicas, incluyendo cardiopatías.[24]

Imagino que en este momento te estarás preguntando si las estatinas en realidad ayudan a *alguien* (además de enriquecer a las farmacéuticas) dado que se prescriben tanto. Para los pacientes que ya tienen alguna enfermedad cardiovascular, las estatinas proveen un efecto antiinflamatorio, independiente de su efecto en el colesterol. Como mencioné antes, la inflamación es un precursor considerable no sólo de enfermedades cardiovasculares, sino también de enfermedades neurológicas y, por este motivo, las estatinas sí confieren una pizca de beneficios. Pero ¿por qué tolerar todos los efectos secundarios que acabo de mencionar si es posible modular la inflamación con la dieta y el estilo de vida?

Lo que espero aportar a tu vida con esta sección, incluso si no estás tomando estatinas ahora, es el conocimiento de lo intrincadamente conectados que están todos los sistemas del cuerpo. Aunque tu médico de cabecera puede prescribirte una estatina basándose en resultados de "colesterol alto" y enviarte a casa, los medicamentos *no trabajan de forma aislada*. Y, como ya sabes, tampoco los compuestos que produce nuestro propio cuerpo.

Por ende, reduce tu consumo de carbohidratos y grasas poliinsaturadas, y come todo el coco y los omelettes que quieras mientras le permites a tu colesterol que siga cumpliendo sin peligro todas las tareas cruciales que debe realizar en el organismo. A continuación veremos cómo explotar la tecnología híbrida de alimentación más avanzada del universo… y no estoy hablando de un auto.

NOTAS DE CAMPO

* El colesterol es vital para el funcionamiento óptimo del cerebro y el cuerpo, pero su medio de transporte, la partícula LDL, es increíblemente vulnerable a los insultos de la dieta y el estilo de vida occidentales.
* Evita el azúcar, los carbohidratos refinados y las agresiones potenciales al intestino, como estrés crónico y una dieta con poca fibra, pues toman algo bueno (tus partículas LDL sanas) y lo vuelven malo. El colesterol, el pasajero de la partícula LDL, muchas veces sólo es un observador inocente.
* Los aceites poliinsaturados se oxidan con facilidad y queman el interior de los vasos sanguíneos.
* El daño a las partículas de LDL es producto de un reciclaje deficiente. Facilitar el procesamiento de la carga hepática ayudará a reciclarlo con más efectividad, y prevendrá la formación de partículas pequeñas y densas que puedan acumular placa en las arterias.
* Las estatinas son un problema para el cerebro. Habla con tu médico antes de empezar a tomarlas o dejarlas como prevención primaria (es decir, prevenir un problema cardiaco si nunca lo has tenido).

Alimento genial #5

Huevos

Ya se refutó la creencia en el "peligro" del colesterol en la yema de huevo. Algunos estudios longitudinales y extensos recientes han aclarado que ni siquiera un consumo alto de huevo incrementa el riesgo de enfermedad cardiovascular o enfermedad de Alzheimer; de hecho, el huevo en realidad estimula la función cognitiva e incrementa los marcadores de salud cardiovascular. Un estudio realizado con hombres y mujeres con síndrome metabólico descubrió que, al llevar una dieta reducida en carbohidratos, tres huevos enteros al día podían disminuir la resistencia a la insulina, elevar los niveles de HDL y aumentar mucho más el tamaño de las partículas LDL, en comparación con una dieta que sólo incluye claras de huevo.[1]

En un embrión, el sistema nervioso (que incluye al cerebro) es de los primeros sistemas que se desarrollan. Por tanto, la naturaleza diseñó la yema de huevo a la perfección para que contenga todo lo necesario para la creación de un cerebro sano con un desempeño óptimo. Esto favorece que los huevos, y en especial las yemas, sean uno de los alimentos más nutritivos que puedes consumir. Contienen un poco de casi cada vitamina y mineral necesario para el cuerpo humano, incluyendo vitamina A, vitamina B_{12}, vitamina E, selenio, zinc y otros. También proveen una fuente abundante de colina, la cual es importante para la salud y la flexibilidad de las membranas celulares, y un neurotransmisor del aprendizaje y la memoria llamado *acetilcolina*. La yema de huevo contiene luteína y zeaxantina, dos carotenoides que protegen el cerebro y mejoran la velocidad de procesamiento neuronal. En un estudio de la Universidad Tufts, comer sólo 1.3 yemas de huevo al día durante 4.5 semanas aumentó los niveles de zeaxantina en la sangre entre 114 y 142%, y de luteína entre 28 y 50%.[2] ¡Impresionante!

Cómo usarlos: Disfruta con libertad comer huevos enteros. Cómelos revueltos, pochados, estrellados (con mantequilla o aceite de coco) o pasados por agua. Dado que las yemas de huevo contienen muchas grasas valiosas (además del colesterol) que son vulnerables a la oxidación, recomiendo que mantengas la yema lo más líquida posible o un poco espesa, pero no completamente cocida (por ejemplo, en el caso de huevos duros). Para preparar huevos revueltos y omelets, cocina a fuego bajo y asegúrate de que los huevos se mantengan cremosos y suaves, en lugar de secos y duros.

Cómo comprarlos: Hay muchas variedades de huevos disponibles, así que puede ser confuso saber cuáles comprar, en especial si la decisión depende de tu presupuesto alimenticio. Ésta es una fórmula sencilla que te ayudará a elegir:

De libre pastoreo > Enriquecidos con omega-3 > De granja > Convencionales

Sin importar la variedad, los huevos siempre son una opción barata, baja en carbohidratos y muy nutritiva (incluso los huevos convencionales, si son los que puedes costear). Son perfectos como desayuno, pero también son un complemento maravilloso para cualquier comida o cena. Y, sobre todo, ¡come las yemas!

Capítulo 6

Alimenta tu cerebro

Ya hablamos de cómo la dieta puede ayudar a que las membranas de tus 86 000 millones de neuronas sean lo más receptivas posibles. Ya discutimos cómo llevar sangre y nutrientes saludables a esas células, así como por qué debemos regular bien la señalización de insulina y mantener los niveles de glucosa bajos. Pero de lo que no hemos hablado aún es de los *motores* de esas células; es decir, los organelos responsables de mantener las luces prendidas: las mitocondrias.

En este preciso momento estamos en medio de una crisis energética global. No es algo que leas en los periódicos ni es el tema de galas, beneficencias carísimas o becas científicas, y tampoco es el tema de una docena de documentales en Netflix producidos por actores famosos. Sin embargo, es quizá la responsable de la fatiga mental, el hambre insaciable, la neblina mental, la mala memoria y el deterioro cognitivo generalizado.

Tu cerebro necesita una cantidad tremenda de combustible para funcionar de forma adecuada. A pesar de su masa relativamente pequeña —2 o 3% del volumen total del cuerpo—, representa 20 o 25% de la tasa metabólica en reposo. Esto significa que un cuarto del oxígeno que respiras y de la comida que consumes se usa para crear energía que propulsa los múltiples procesos cerebrales. Ya sea que estés estudiando para un examen, preparando un discurso o utilizando tu aplicación de citas favorita, el cerebro está quemando combustible al mismo ritmo que los músculos de las piernas durante un maratón.[1]

Sin embargo, nuestra crisis energética no es por falta de combustible. En todo caso, nuestro cerebro está sobrealimentado. Por primera vez en la historia hay más humanos con *sobrepeso* que *bajos de peso* en el planeta.[2] Entonces, ¿de dónde viene este malestar cognitivo?

Condenados desde la extracción

A mediados del siglo XX la gasolina derivada del petróleo se convirtió en el combustible que utilizaba la mayoría de los autos. Apenas ahora, décadas después, nos dimos cuenta de que nuestra adicción a la gasolina tiene muchos efectos secundarios y consecuencias imprevistas a largo plazo que no vimos hasta que provocaron un caos potencialmente irreversible en el medio ambiente y nuestra salud.

La glucosa —uno de los principales combustibles para el cerebro— es como la gasolina en muchos aspectos, y entra en el torrente sanguíneo a través de los carbohidratos que consumimos. ¿Un rollo de pan hecho de masa fermentada? Glucosa. ¿Una papa cocida mediana? Glucosa. ¿Una dulce rodaja de piña madura? Glucosa (y fructosa). Cuando la consumes con frecuencia, la glucosa se convierte en la principal fuente de energía del cerebro. Con su azúcar nuestras mitocondrias generan energía a nivel celular por medio de una forma de combustión compleja que involucra oxígeno. Este proceso se llama *metabolismo aeróbico*, y la vida como la conocemos sería imposible sin él. Pero, como sucede con la gasolina, el metabolismo tiene un costo: emisiones.

Uno de los subproductos del metabolismo de glucosa es la creación de compuestos llamados *especies reactivas de oxígeno* o radicales libres. Estas moléculas zombis dañadas son las mismas que describí en el capítulo 2, y su presencia es parte normal e inevitable de la vida. Ahora mismo, mientras lees esto, las mitocondrias de las células de todo tu cuerpo (y tu cerebro) están convirtiendo glucosa y oxígeno en energía, y dejando como resultado estos productos de desecho.

Los radicales libres no son tan malos. Durante el ejercicio, su concentración aumenta de forma momentánea y se convierten en poderosos mecanismos de señalización que convencen al cuerpo de que se adapte y se desintoxique de formas muy eficaces. (Lo explicaré más a detalle en el capítulo 10.) En circunstancias ideales, tenemos la capacidad de depurar estos compuestos; sin embargo, cuando hay una producción excesiva y constante de radicales libres, puede sobrepasar la capacidad del cuerpo de limpiar efectivamente el entorno, lo que detona entonces una cascada de procesos dañinos que llevan al envejecimiento y los trastornos asociados a él. La epilepsia, el Alzheimer, el Parkinson, la esclerosis múltiple y hasta la depresión son enfermedades en las que el estrés oxidativo satura sin control el cerebro y propaga la enfermedad.[3]

Por este motivo, una fuente de combustible alterna a la glucosa —el equivalente biológico de los combustibles fósiles— que se consuma de forma más "limpia" y eficiente, y que sea sustentable durante mucho tiempo puede ser muy valiosa. Y da la casualidad de que no tenemos que buscarla demasiado lejos. Desde mediados de los años sesenta, los científicos saben de una poderosa fuente de combustible escondida nuestro interior, la cual descubrieron al observar una práctica antigua.

Abrir la manguera de las cetonas

Casi todas las religiones principales tienen su versión de un protocolo de ayuno, desde el mes islámico del Ramadán, hasta el día de la expiación de los judíos, Yom Kippur. El Libro de los Hechos del Nuevo Testamento cristiano dice que los creyentes deben ayunar antes de tomar decisiones importantes. Lo que todas estas tradiciones antiguas tienen en común es que reconocieron los efectos psicológicos y fisiológicos del ayuno mucho antes de comprender la ciencia que lo sustenta.

Después de que terminas de digerir la última caloría de una comida, el cerebro se conecta a la primera fuente de combustible de reserva: el hígado. Éste desempeña cientos de papeles sumamente importantes para el cuerpo, por lo que se le puede considerar una fábrica de alta tecnología multifuncional, capaz de empacar, enviar, guardar y desechar un despliegue infinito de sustancias químicas y combustibles importantes. En el capítulo anterior hablamos de la capacidad del hígado para reciclar los vehículos del colesterol —como las partículas LDL—, pero otro papel importante es su capacidad de proveer un pequeño colchón de azúcar de reserva, llamado *glucógeno*.

Cuando los niveles de glucosa empiezan a bajar, el hígado libera glucosa al torrente sanguíneo. La capacidad de reserva del hígado es un tanto limitada: sólo 100 gramos de glucógeno. Esto significa que la fuente de reserva de azúcar dura poco, alrededor de 12 horas, más o menos, dependiendo de los niveles de actividad.

Después de que se termina el azúcar guardada en el hígado, el cerebro se convierte en Audrey II de *La tiendita de los horrores*, la carnívora que exige que la alimenten. Es lo que la mayoría de la gente siente cuando experimenta una combinación de hambre y enojo. Esta sensación se debe en parte a que el cerebro se convirtió en el equivalente carnívoro de un extraterrestre. Como su fiel servidor —y el Seymour de nuestra analogía de *La tiendita de los horrores*—, el hígado inicia un proceso llamado *gluconeogénesis*, que se traduce como "creación de nueva azúcar".

Al ser la mejor planta recicladora de la naturaleza, el hígado mata dos pájaros de un tiro: cuando el cuerpo funciona con azúcar, el hígado toma proteínas gastadas y disfuncionales de todo el cuerpo, las separa en sus aminoácidos constitutivos y los quema.[4] (¿Paté de hígado? En realidad, tu hígado es el que está moliendo todo, picando proteínas y convirtiéndolas en azúcar.) El hígado mantiene al cerebro alimentado y al cuerpo limpio. Esta capacidad de nuestro cuerpo de "hacer limpieza" como medio de rejuvenecimiento celular se llama *autofagia*, y en la actualidad es un rubro muy emocionante para los investigadores de la longevidad.

Cuando tienes periodos regulares de alimentación y ayuno, la autofagia ocurre de manera cotidiana. Hoy, por desgracia, rara vez permitimos que suceda, pues dejamos la manivela atorada de forma permanente en la modalidad de alimentación. Pero, incluso si es un proceso deseable, sin un sistema biológico de cuentas y balances se saldría de control en poco tiempo. El sistema musculoesquelético (que incluye los bíceps y cuádriceps, e incluso —el cielo no lo quiera— los *glúteos*) se convertiría en un blanco de la gluconeogénesis, dado que comprende "bancos" de proteína bastante extensos.

Descomponer tejido muscular no es exactamente deseable para un cazador-recolector hambriento. Durante los periodos de hambre tampoco te daría mucho tiempo: cubrir los requerimientos metabólicos del cerebro sólo con proteína implicaría la muerte en alrededor de 10 miserables días.[5] Para prevenirlo, una hormona llamada *hormona de crecimiento* se eleva drásticamente cuando el cuerpo está en ayuno. La hormona de crecimiento cumple muchos papeles, pero su función principal en los adultos es *preservar la masa magra en un estado de ayuno*, es decir, evitar que se descomponga la proteína muscular para generar glucosa. Después de sólo 24 horas de ayuno, la hormona de crecimiento puede dispararse hasta 2 000% (más al respecto en el capítulo 9) y enviar la señal al cuerpo de que detenga la descomposición del tejido y acelere mejor la maquinaria quemagrasa.

La grasa, por el otro lado, está ahí para que el cuerpo la queme. Es la leña del cuerpo, pues contiene más de 3 000 calorías de combustible cerebral en apenas 500 gramos. Una persona con un peso promedio camina con decenas de miles de calorías de reserva, mientras que una persona obesa puede cargar ¡cientos de miles! A diferencia del azúcar, la cantidad de calorías que podemos almacenar como grasa es virtualmente ilimitada.

Cuando se descompone el tejido adiposo (la grasa debajo de la piel y alrededor de la cintura) durante los tiempos de ayuno, se liberan ácidos grasos en el torrente sanguíneo que el hígado convierte en un combustible llamado *cuerpos cetónicos* o simplemente cetonas. Las cetonas llegan con facilidad a las células del cerebro y pueden cubrir hasta 60% de los requerimientos de energía. En un artículo publicado en 2004, Richard Veech, pionero especialista en cetonas, escribió: "Los cuerpos cetónicos merecen llamarse 'supercombustible' ". Y estás a punto de descubrir por qué.

¿La solución a la contaminación?

A diferencia de la glucosa, las cetonas se consideran una forma de energía "de combustión limpia" porque crean más energía por unidad de oxígeno en menos pasos metabólicos, lo que genera como resultado menos moléculas zombis (radicales libres) en su conversión.[6] También se ha demostrado que aumentan de forma sustancial la disponibilidad de antioxidantes naturales como el glutatión, el neutralizador de radicales libres más potente que tiene el cuerpo, lo que hace que el uso de cetonas sea una oferta antienvejecimiento al "dos por uno".[7]

Pero las virtudes promotoras de la longevidad que poseen las cetonas no terminan ahí. Se ha observado que su presencia en el cerebro activa secuencias genéticas que incrementan los niveles de FNDC, la "hormona de crecimiento" capaz de facilitar el aprendizaje, la plasticidad y el buen ánimo. Con ello, protege todavía más nuestras neuronas del desgaste de la vida diaria.[8] Como mencioné en el capítulo anterior, también tiene un efecto positivo en el abastecimiento de sangre al cerebro, pues aumenta el flujo sanguíneo hasta 39 por ciento.[9]

LA GRASA DE LOS BEBÉS NO SÓLO ES TIERNA... ES UNA BATERÍA

¿Has visto un bebé últimamente? Estoy hablando de un recién nacido, justo después de que sale del útero. Los bebés son regordetes y lindos. Pero, más que nada, son regordetes. La gordura de los bebés humanos no tiene precedente entre los mamíferos porque representa grandes reservas de energía presentes desde el tercer trimestre, antes incluso del parto. Mientras que los neonatos de la mayoría de las especies de mamíferos nacen con un promedio de 2 o 3% de grasa corporal de su peso total, los humanos nacen con un promedio de grasa corporal de casi 15%, lo que sobrepasa incluso la gordura de las focas recién nacidas. ¿Por qué? Porque los humanos nacemos desnudos.

Cuando un bebé humano sano emerge del útero, está físicamente indefenso y su cerebro está poco desarrollado. A diferencia de la mayoría de los animales al nacer, un neonato humano no está equipado con un largo catálogo de instintos preinstalado. Se estima que, si un humano naciera con un estado de desarrollo cognitivo similar al de un chimpancé recién nacido, la gestación tendría que durar al menos el doble de tiempo (eso no suena muy divertido, ¿verdad, señoras?). Al nacer "de forma prematura", el cerebro humano completa su desarrollo fuera del útero, en el mundo real, con los ojos y los oídos abiertos, ¡y quizá por eso somos tan listos y sociables! Y es durante este periodo de crecimiento cerebral acelerado, al cual algunos llaman el "cuarto trimestre", que nuestra grasa funge como una reserva importante de cetonas para el cerebro, lo que supone casi 90% del metabolismo del recién nacido.[10] Ahora lo sabes: la grasa no sólo está ahí para que la pellizques. Es para el cerebro.

En el contexto de una dieta occidental "normal", rica en carbohidratos, la producción significativa de cetonas se inhibe la mayor parte del tiempo[11] porque los alimentos altos en carbohidratos suscitan una respuesta de insulina por parte del páncreas y la cetosis se para en seco cuando la insulina se eleva. La supresión de insulina, por otra parte, ya sea por medio del ayuno o de una dieta muy baja en carbohidratos, *promueve* la cetogénesis. Exploremos estas dos rutas de creación de cetonas.

Ayuno intermitente

Hoy en día, los humanos pasan la mayor parte del tiempo comiendo y muy poco tiempo en estado de ayuno. Por lo general comemos desde que despertamos hasta que nos vamos a dormir. Sin embargo, no ha sido así a lo largo de la historia de la humanidad. Mucho antes de que los libros religiosos o de dieta convirtieran la privación calórica en una práctica cuidadosa y cuasi obligatoria, nuestros ancestros preagrícolas experimentaban el ayuno con regularidad como consecuencia del abastecimiento impredecible de comida. Su cerebro (y el que nosotros heredamos) se forjó bajo esta incertidumbre y, como resultado, se adaptó con elegancia para oscilar entre los estados de alimentación y ayuno.

Al restringir de forma periódica el consumo de alimentos, forzamos al cuerpo a adaptarse a nivel fisiológico y producir cetonas. Hay muchos protocolos de ayuno distintos entre los cuales podemos elegir. Al asegurar una ventana de 16 horas entre la última comida del día y la primera del siguiente, estarías practicando el método de ayuno común de "16:8" (que conlleva 16 horas de ayuno y ocho horas de alimentación permitida). Se puede hacer a diario y conlleva muchos de los beneficios del ayuno, entre ellos reducir la insulina y promover la descomposición de la grasa de reserva. (Por lo general les recomendamos a las mujeres empezar con 12 o 14 horas en lugar de 16. Los sistemas hormonales de las mujeres pueden ser más sensibles a las señales de escasez de alimentos. De hecho, los ayunos prolongados pueden tener un efecto negativo en la fertilidad.)

Se puede lograr un ayuno entre 12 y 16 horas con algo tan simple como eliminar el desayuno, una comida que no es esencial, a pesar de lo que digan las marcas de cereal. Extender el ayuno que el cuerpo experimenta cada noche mientras duermes también te permite aprovechar la hormona que el cuerpo utiliza para despertar, el cortisol, la cual alcanza su clímax entre 30 y 45 minutos después de despertar. Esta hormona ayuda a movilizar los ácidos grasos, la glucosa y las proteínas de la reserva para usarlos como combustible, lo que puede representar un bono adicional (más al respecto en el capítulo 9) si te saltas la cena.

Eliminar el desayuno también funciona porque muchas veces es más fácil empezar a comer más tarde que dejar de comer más temprano, ya que la cena tiende a ser una comida en la que socializamos más. No obstante, si no eres capaz de saltarte el desayuno, cenar temprano es una buena alternativa, como lo demostró un estudio reciente de la Universidad de Luisiana. En este estudio, los sujetos con sobrepeso consumían todas sus calorías entre 8:00 a.m. y 8:00 p.m., el horario promedio de alimentación para la mayoría de las personas. Sin embargo, cuando los investigadores les pidieron que se saltaran la cena y dejaran de comer a las 2:00 p.m., los sujetos incrementaron su quema de grasa (es decir, cetonas) en lugar de glucosa. Los sujetos también exhibieron una mejor flexibilidad metabólica, que es la capacidad del cuerpo de alternar entre la quema de grasa y la quema de carbohidratos. Esto significa que cenar ligero y temprano, o no cenar una o dos veces por semana, puede atizar las llamas de la quema de grasa. (Comer tarde también puede alterar la inclinación natural del cuerpo a relajarse cuando anochece.)

Otros protocolos que se están estudiando incluyen alternar los días de ayuno (que, al igual que el método 16:8, es otro ejemplo de "tiempo de alimentación restringido") y llevar dietas muy bajas en calorías de forma periódica. El razonamiento que sustenta esto último es que el cuerpo reacciona a un déficit de energía liberando las calorías guardadas, sin importar que se consuman carbohidratos. Estas dietas que imitan el ayuno (un término acuñado por el investigador Valter Longo) pueden conferir beneficios significativos, incluyendo menos factores de riesgo y biomarcadores de envejecimiento, diabetes, cáncer y enfermedades neurodegenerativas y cardiovasculares.[12]

De las opciones disponibles, ¿qué estilo de ayuno deberías elegir? Henry David Thoreau dijo que "malgastamos la vida en detalles". Cuando se trata de elegir (y repetir) un protocolo, la mayoría de las personas, hombres o mujeres, se beneficiará de no comer durante una o dos horas (o más) después de despertar, y de no comer entre dos y tres horas antes de dormir. Esto favorecerá los ritmos naturales del cuerpo para optimizar la creación de cetonas, entre otras cuestiones positivas.

CREATINA: CONSTRUCTORA DEL MÚSCULO (Y DEL CEREBRO)

En el mar de publicidad exagerada que promueve la billonaria industria de los suplementos, la creatina se mantiene como una de las pocas herramientas cuya efectividad es notable, ya que cuenta con evidencia sólida y un perfil seguro. Es una sustancia natural que produce el cuerpo y se encuentra en la carne roja y el pescado (500 gramos de carne de ternera cruda contienen 2.5 gramos de creatina), y tomarla en suplemento promueve un mejor desempeño muscular.

El trifosfato de adenosina (ATP) es la moneda energética de las células y se usa durante la contracción muscular. Una vez que una célula utiliza el ATP durante el ejercicio intenso, la creatina actúa como reserva de energía que recicla y crea nuevas moléculas de ATP. No se requiere glucosa ni oxígeno adicionales, y la producción de ATP se mantiene constante. Consumir creatina adicional incrementa las reservas de energía celular en el músculo, lo que permite un reabastecimiento energético mayor.

Sin embargo, la creatina no sólo está destinada a proveer más energía durante un entrenamiento pesado en el gimnasio. Es indispensable para el cerebro y actúa como una defensa energética que contribuye a reciclar con rapidez las moléculas de ATP. Aunque el uso del ATP se mantiene estable durante la extenuación mental, los niveles de creatina bajan para ayudar a cubrir las necesidades energéticas del cerebro, por lo que niveles más elevados de creatina cerebral se correlacionan con un mejor desempeño mnemónico.[13]

Dado que no consumen carne roja ni pescado, los vegetarianos y veganos carecen de las principales fuentes de creatina alimentaria; por ende, tienen niveles más bajos de creatina en la sangre que los omnívoros.[14] (Aunque el cuerpo sí crea su propia creatina, hacerlo produce estrés en el sistema, lo que puede elevar los niveles de un aminoácido llamado *homocisteína*, un marcador de riesgo de cardiopatías y Alzheimer.)[15] Cuando se le administró un suplemento de creatina a un grupo de vegetarianos (20 gramos al día durante cinco días), su función cognitiva mejoró.[16] Esto se replicó en otro estudio, donde la suplementación de sólo cinco gramos de creatina al día durante seis semanas incrementó la memoria ejecutiva y la velocidad de procesamiento, y redujo la fatiga mental de los vegetarianos. Según los investigadores, estos hallazgos resaltan el "papel dinámico y significativo de la capacidad energética del cerebro para influir en el desempeño cerebral".

En dichos estudios, los omnívoros jóvenes y sanos no experimentaron un incremento cognitivo significativo, pero los vegetarianos sí. ¿Por qué? El cerebro puede tener cierto punto de saturación, por lo que suplementar con más creatina resulta inútil, además de que basta con comer carne para alcanzar este punto. Por otro lado, para quienes no consumen mucha carne roja o pescado, puede haber espacio para "llenar" la reserva del cerebro y beneficiar la función cognitiva. Y quienes comen poca carne no son el único grupo que puede verse beneficiado: la capacidad del cuerpo de producir creatina y llevarla al cerebro también disminuye con la edad.[17] Un estudio sorprendente realizado con ancianos omnívoros descubrió que suplementar con creatina sí mejora la cognición.[18] Por último, quienes tienen el gen de riesgo de Alzheimer, el alelo *ApoE4*, presentan niveles más bajos de creatina en el cerebro.[19] Ellos y quienes están en riesgo de deterioro cognitivo o ya experimentan síntomas pueden beneficiarse de las cualidades neuroprotectoras y preservadoras de energía de la creatina. (Asegúrate de consultar con tu médico antes de tomar suplementos de creatina, sobre todo si padeces problemas renales.)

La dieta cetogénica

La dieta cetogénica es el estándar de oro para incrementar de forma sustancial la producción de cetonas sin tener que restringir el tiempo de alimentación ni reducir las calorías. La dieta se enfoca en minimizar la secreción de insulina con un consumo extremadamente restringido de carbohidratos; entre 60 y 80% de las calorías provienen de la grasa, entre 15 y 35% de la proteína y 5% de los carbohidratos.[20] Quienes llevan una dieta cetogénica tienen prohibido comer fuentes concentradas de carbohidratos, ya sean de frutas dulces, cereales o verduras amiláceas como las papas.

LA PROTEÍNA EN UNA DIETA CETOGÉNICA

Contrario a la creencia popular, las dietas cetogénicas no son altas en proteína. La razón es que el exceso de proteína (más allá de lo indispensable para el mantenimiento de tus músculos) se puede transformar en glucosa en el cuerpo por medio de un proceso llamado *gluconeogénesis*. La proteína alimentaria también estimula la insulina, aunque en un grado mucho menor que los carbohidratos, ya que la insulina ayuda a transportar los aminoácidos de la proteína hacia los músculos esqueléticos para ayudar a repararlos (lo cual es útil durante un entrenamiento de resistencia, por ejemplo, donde se promueve la síntesis de proteínas musculares).

La dieta cetogénica se ha usado como recurso clínico durante más de 80 años; es un tratamiento poderoso para la epilepsia, pues disminuye de forma sustancial la incidencia de ataques y calma la inflamación en el cerebro. Es tan efectiva y segura que en la actualidad se está evaluando como opción terapéutica para muchas otras enfermedades neurológicas. Las migrañas, la depresión, el Alzheimer, el Parkinson y hasta la esclerosis lateral amiotrófica son trastornos que se asocian con una inflamación excesiva del cerebro.[21] En teoría, cualquiera de estas enfermedades se puede ver beneficiada por las cetonas, no sólo como tratamiento, sino también como método preventivo. (Se ha observado que la dieta cetogénica mejora la función mnemónica en pacientes con un impedimento cognitivo leve —considerado predemencia— y hasta Alzheimer temprano.)[22]

Las dietas cetogénicas también se están estudiando como tratamientos potenciales para algunos cánceres. Ciertas células cancerígenas prosperan en ambientes donde los niveles de insulina son altos y carecen de la "tecnología híbrida" que posee el resto del cuerpo, lo que significa que no pueden sobrevivir a base de cuerpos cetónicos. Todavía está por verse si el beneficio se extiende a largo plazo, pues las células cancerígenas son famosas por su capacidad para evadir, mutar y adaptarse incluso a los ambientes más tóxicos. Al final del día, sin embargo, la insulina está íntimamente relacionada con los "péptidos similares a la insulina", llamados IGF1 e IGF2, que son factores de crecimiento poderosos para cualquier célula, sana o cancerígena, que contenga sus receptores.[23]

Las dietas cetogénicas tienen *mucho* potencial, ya sea que se usen para tratar problemas neurológicos, que sirvan para reiniciar el metabolismo de los pacientes con diabetes tipo 2 (una dieta cetogénica, en promedio, divide la cantidad de insulina circulante y mejora el control de glucosa después de sólo un día) o para quienes buscan perder mucha grasa en poco tiempo.[24]

El plan genial

El plan genial (explicado a detalle en el capítulo 11) es sin duda una variante de la dieta cetogénica que combina el ayuno intermitente con una alimentación baja en carbohidratos para incrementar la disponibilidad de cetonas en el cerebro. Sin embargo, difiere de la dieta cetogénica descrita en la literatura neurológica en algunos puntos clave.

En primer lugar, las dietas cetogénicas básicas no toman en cuenta la floreciente ciencia del microbioma, de la cual hablaré en el siguiente capítulo. El microbioma nos recompensa cuando consumimos una amplia y diversa variedad de verduras fibrosas —verduras que contienen carbohidratos, aunque sean pocos—, por lo que el plan genial las incluye. (Estas verduras también contienen vitaminas y minerales importantes en los que no queremos escatimar.)

Otra diferencia importante es el tipo de grasas: tan sólo la cantidad de grasa que suelen incluir las versiones clásicas de la dieta cetogénica puede dificultar bastante la inclusión de consideraciones importantes para la construcción del cerebro, como garantizar una proporción adecuada entre omega-3 y omega-6. La dieta cetogénica medicalizada no estipula nada al respecto y suele apoyarse en alimentos como crema espesa y queso para incrementar las calorías (mientras tanto, el plan genial toma en cuenta la proporción de omega-3 a omega-6 y se ajusta en consecuencia).

Quizá lo más importante es que el ejercicio es un aspecto vital de cualquier protocolo para optimizar la salud neurológica, y éste no es distinto. Quienes se encuentran en "cetosis crónica" causada por dietas cetogénicas de larga duración pueden notar que su desempeño físico durante el entrenamiento disminuye, sobre todo si intentan aumentar su musculatura o fortalecerla con ejercicios de alta intensidad. Conservar la musculatura es esencial conforme envejecemos y, de hecho, se correlaciona directamente con una mayor capacidad cerebral.[25] El plan genial permite hacer una comida alta en carbohidratos después de un intenso entrenamiento, aunque esto no sea típico de las dietas cetogénicas (y se permite sólo después de haber recuperado la flexibilidad metabólica), para garantizar que la capacidad física de entrenar, el metabolismo, las hormonas y los lípidos permanezcan en rangos óptimos. Daré detalles específicos sobre cómo realizar estas comidas en la página 286.

CARBOHIDRATOS DESPUÉS DEL ENTRENAMIENTO: ¿UN MEDICAMENTO PARA MEJORAR EL RENDIMIENTO?

Los carbohidratos no son "malos", simplemente los empleamos muy mal en la actualidad. Si eliges consumirlos, es mejor hacerlo en el momento adecuado para que el estímulo anabólico cumpla un propósito funcional en el cuerpo: *incrementar* el rendimiento, no mermarlo. ¿Cuál es el mejor escenario? Reabastecer el tejido muscular con el azúcar reservada después de un entrenamiento vigoroso.

El entrenamiento de resistencia es una de las mejores formas conocidas para mejorar la sensibilidad general a la insulina, pero el periodo posterior al entrenamiento suele conllevar el beneficio adicional de convertir los músculos en esponjas de glucosa. Esto se debe al receptor GLUT4. Estos canales para la glucosa se esconden debajo de la superficie de las membranas celulares de los músculos hasta que éstos empiezan a contraerse, momento en el cual brincan a la superficie. (¿Recuerdas los receptores de los neurotransmisores que describí en el capítulo 2 y cómo salen a la superficie? Es exactamente el mismo mecanismo económico, pero reasignado a los músculos. El ADN y el genoma se asemejan a un juego de construcción con partes modulares e intercambiables que pueden tener funciones del todo distintas, ¡pero con los mismos componentes!)

Una vez que está presente en la superficie celular, el receptor GLUT4 se convertirá en un grifo que permitirá el flujo de azúcar hacia la célula como agua que pasa por una represa abierta. Es decir, la misma cantidad de carbohidratos requiere menos insulina para dividir y disponer de la glucosa con seguridad si se consumen después del ejercicio. ¿Qué implica esto para ti? Es menos probable que los carbohidratos promuevan la acumulación de grasa, por lo que no tardarás en volver al estado de quema de grasa. En esencia, el momento más seguro para consumir carbohidratos simples o complejos es después de ejercitarte. ¡Gánate tus carbohidratos!

Regresar a la configuración original

Puede ser intimidante comenzar una dieta baja en carbohidratos, ya no digamos un ayuno intermitente. Créeme, lo sé. Cuando era niño, cada año mi mamá intentaba (en vano) hacer que ayunara un día para celebrar la fiesta judía de Yom Kippur, la cual para mí era un masoquismo sin sentido. Prefería ir con el ortodoncista, el doctor Moskowitz, a que me apretara los *brackets* antes que saltarme una comida. Hoy, sin embargo, con facilidad puedo ayunar durante varias horas.

¿VAS A DEJAR LOS CARBOHIDRATOS? COME UN POCO DE SAL

Un factor que suele pasar desapercibido y que a veces puede hacerte sentir pésimo cuando empiezas una dieta baja en carbohidratos es que disminuir la insulina (algo bueno) puede agotar la reserva de sodio del cuerpo. Entre la miríada de tareas que cumple, el sodio ayuda a transportar la vitamina C al cerebro, donde se utiliza para crear neurotransmisores que pueden afectar el estado de ánimo y la memoria. El sodio también es clave para mantener un buen rendimiento durante el ejercicio a medida que dejas los carbohidratos.

Según James DiNicolantonio, especialista en salud cardiovascular y sodio, durante la primera semana de restricción de carbohidratos podrías necesitar hasta dos gramos adicionales de sodio —alrededor de una cucharadita de sal— al día para sentirte en óptimas condiciones, y luego puedes reducirlo a un gramo después de la primera semana. Recuerda: la experimentación individual es la clave. (Puedes ver la breve entrevista que le hice a James en http://maxl.ug/jamesdinicinterview [en inglés] para aprender más sobre este fascinante tema.)

"¡Pero mi médico me dijo que llevara una dieta baja en sodio porque tengo hipertensión!" La insulina y el azúcar pueden afectar la tensión arterial más que la sal, ya que estimulan la permanente reacción de pelea o huida, la cual puede promover que se eleve la tensión arterial y el cuerpo retenga más sodio de todas maneras.

Cuando le negamos al cerebro de manera crónica que descanse un poco de la glucosa, se produce una adicción, lo que explica por qué la eliminación repentina de carbohidratos provoca dolores de cabeza y fatiga. Yo lo experimenté como adolescente adicto a la pizza y a las Pop Tarts. Sin embargo, cuando combinas los periodos de alimentación baja en carbohidratos con un ayuno regular, creas el escenario fisiológico necesario para que tu metabolismo vuelva a su "configuración original". Al reducir la insulina y abrir la manguera de las cetonas, recuperas la flexibilidad metabólica y entrenas al metabolismo para que trabaje a tu favor, no en tu contra. Es el santo grial de la salud metabólica.

Los siguientes siete pasos para adquirir flexibilidad metabólica implican adaptar el cerebro para que use cetonas como combustible e imitan la cascada establecida por el ayuno. Creemos que el hambre, el malestar y los dolores de cabeza que se presentan durante este periodo de tres a siete días son síntoma de la regularización óptima de las enzimas que realiza el cerebro para procesar las cetonas como combustible.

Los tiempos son aproximados y parten de un estado de adaptación no cetogénica.

1. Se agota el último carbohidrato consumido (4 a 12 horas).
2. Se agota la reserva de carbohidratos del cuerpo. Recuerda que el hígado puede guardar alrededor de 100 gramos de carbohidratos en forma de glucógeno, dependiendo de tus dimensiones corporales (12 a 18 horas).
3. Disminuye la descomposición de aminoácidos para conservar los músculos (20 a 36 horas).
4. Se descomponen los aminoácidos para la gluconeogénesis (24 a 72 horas).
5. Aumenta la producción de cetonas y su utilización (48 a 72 + horas).
6. Se optimiza la regulación de las enzimas para quemar cetonas en el cerebro. Esto tarda hasta una semana, pero se puede acortar el tiemppo vaciando las reservas de carbohidratos más rápido con ejercicio de alta intensidad, llevando una dieta en general baja en carbohidratos o integrando *triglicéridos de cadena media*, lo que explicaré en un momento (1 a 7 días).
7. Entras en un estado de flexibilidad metabólica. Aquí puedes consumir ocasionalmente una comida más alta en carbohidratos sin

interrumpir el estado de adaptación a la grasa, sobre todo si los consumes durante o después de un entrenamiento.

La clave para experimentar la verdadera libertad alimenticia radica en romper nuestra dependencia a la glucosa y reestablecer la clase de flexibilidad metabólica que nuestros ancestros conocían tan bien. Después de algunos días con una dieta baja en carbohidratos, la sensación de hambre y el antojo de más alimentos ricos en carbohidratos empieza a disminuir, hasta que por fin desaparece. Éstas son algunas señales de que el suministro de grasa está funcionando de forma adecuada:

- Puedes pasar varias horas sin comer y no quieres matar a nadie.
- No se te antojan colaciones azucaradas ni almidonadas entre comidas.
- Tienes mayor agudeza y claridad mental, y tu estado de ánimo y niveles de energía se mantienen estables.
- El ejercicio moderado no induce un hambre voraz ni fatiga.

Nota del médico: las mujeres y las dietas muy bajas en carbohidratos

Aunque por lo regular preferimos las dietas bajas en carbohidratos que la dieta común, debo mencionar que hay diferencias genéticas y de género sustanciales en la tolerancia a los carbohidratos. Sobre todo las mujeres que realizan dietas cetogénicas muy bajas en carbohidratos pueden experimentar estancamiento en la pérdida de peso, problemas anímicos y alteraciones en su ciclo menstrual. La cantidad óptima de carbohidratos diarios o semanales debe variar entre personas con base en el nivel de actividad física, y puede abarcar entre 30 y 150 gramos al día. Hablaremos más respecto de la cantidad de carbohidratos y el momento para consumirlos en el capítulo 11.

Cetonas: ¿un bote salvavidas para el cerebro que envejece?

Ahora que sabes cómo entrar en estado de cetosis, debes estar consciente de que los beneficios de permitir que el cerebro "queme" cetonas en lugar de glucosa no se limitan a que son una fuente de combustible limpio. Uno de los principales beneficios de abastecer cetonas al cerebro que todavía no menciono es que ciertos cerebros en realidad funcionan *mejor* cuando se les permite alimentarse con cetonas. Estos cerebros a veces no procesan la glucosa con efectividad, así que no agradecen nada nuestras dietas "deficientes de cetonas", término acuñado por el especialista en cetonas Sam Henderson.[26]

Un ejemplo excelente pueden ser los portadores del gen que más define el riesgo de Alzheimer, el alelo *ApoE4*. Los portadores de una o dos copias de este gen, que representan más de un cuarto de la población en Estados Unidos, tienen un metabolismo cerebral de glucosa bajo,[27] lo que se supone que les ocurre a lo largo de casi toda la vida, desde los 20 o 30 años, *mucho* antes de que aparezcan los primeros síntomas relacionados de déficit cognitivo.

Los portadores del alelo *ApoE4* tienen entre dos y 12 veces más riesgo de desarrollar la enfermedad, dependiendo de si heredaron una o dos copias. A pesar del riesgo incremental, muchos portadores del *ApoE4* nunca desarrollan Alzheimer. Lo que es todavía más inusual es que una cantidad significativa de pacientes con Alzheimer no tiene esta variante del gen. Sin embargo, los no portadores del alelo que desarrollan la enfermedad exhiben la misma reducción en el metabolismo cerebral de la glucosa que los portadores de *ApoE4*, lo que implica que el mal metabolismo de glucosa en el cerebro es una posible causa de la enfermedad. Esta paradoja hace que nos preguntemos si la preocupante relación entre el *ApoE4* y la enfermedad de Alzheimer es otro síntoma del patrón alimentario que nos han convencido de adoptar.

El gen *ApoE4* se considera un gen "ancestral", pues ha estado en el capital genético durante más tiempo que otras variantes. En poblaciones con una exposición más temprana a la agricultura (es decir, con acceso a cereales y almidones), la incidencia del gen es más baja, lo que sugiere que nuestra dieta moderna quizá perjudica más a los portadores de este gen.[28] Aun en la actualidad, cuando miramos de cerca las zonas menos industrializadas del mundo, la teoría se sostiene. Pensemos en el pueblo yoruba de Ibadán, Nigeria, cuya dieta no se ha industrializado como la nuestra. Entre ellos, el gen *ApoE4* es relativamente común, sin embargo, tiene una baja o nula asociación con la enfermedad de Alzheimer en comparación con lo que ocurre con la población afroestadounidense.[29] Los yorubas tienden a consumir menos de un tercio del azúcar que consumen los estadounidenses per cápita, así como carbohidratos con menor índice glucémico en general.[30] ¿Qué implica esto para ti? Si tienes el gen de riesgo de Alzheimer (estadísticamente, uno de cada cuatro lectores de este libro lo tendrá), tu cerebro puede ser especialmente vulnerable a la dieta alta en carbohidratos y alta en azúcar propia de la época "posterior a la agricultura".

Para cuando se diagnostica a una persona con Alzheimer, el metabolismo cerebral de glucosa ya se redujo 45% en comparación con el de las personas sanas, pero como mencioné antes, cualquier cerebro puede experimentar dificultades para extraer energía de la glucosa mucho antes de que surjan problemas cognitivos. Aparte del alelo *ApoE4*, esta situación puede ser resultado del mismo estrés causado por la dieta y el estilo de vida que promueven el desarrollo de la diabetes tipo 2.[31] En un estudio muy esclarecedor, la resistencia a la insulina predijo las deficiencias del metabolismo de glucosa (llamado *hipometabolismo*) en los cerebros de adultos cognitivamente normales. "Los sellos distintivos de la enfermedad de Alzheimer, como el hipometabolismo de glucosa y una pérdida del tejido cerebral, se asocian en gran medida y de múltiples formas a la resistencia insulínica periférica", afirma una publicación de la revista *Physiological Reviews*. (En la página 269 aprenderás cómo determinar tu propia sensibilidad a la insulina.)

NUEVOS HORIZONTES: TRATAR EL ALZHEIMER COMO UNA ENFERMEDAD METABÓLICA

Cuando se trata de la forma más común de demencia, es probable que interactúen muchas variables que deciden nuestro destino. Como dice mi amigo Richard Isaacson, especialista en la prevención de Alzheimer: "Una vez que has visto un caso de Alzheimer, has visto sólo un caso de Alzheimer". La complejidad de la enfermedad, junto con el hecho de que comienza en el cerebro mucho antes de que aparezcan síntomas, puede explicar por qué las pruebas de medicamentos para Alzheimer tienen un índice de fracaso de 99.6%. Y por qué nadie se ha curado de la enfermedad.

Hace poco, el Instituto Buck para la Investigación del Envejecimiento informó que pudo "revertir" los síntomas en nueve de 10 pacientes con varios grados de deterioro cognitivo, incluyendo enfermedad de Alzheimer. El programa estaba diseñado para mejorar la salud metabólica: disminuyeron los niveles de glucosa e insulina, y se les pidió a los pacientes que consumieran dietas "bajas en cereables" para fomentar la producción de cetonas.[32] Al mismo tiempo atendieron otros factores involucrados en la salud metabólica, como la deficiencia de nutrientes, los problemas de sueño y el estilo de vida sedentario. En total, le prescribieron 36 intervenciones personalizadas a cada sujeto, muchas en consonancia con las recomendaciones de este libro.

Después de seis meses, la mayoría de los pacientes reportó mejoras en su capacidad para pensar y recordar, cosa que sus parejas corroboraron. Las pruebas cognitivas confirmaron la mejoría. El informe afirmaba que algunos de los pacientes a quienes la gravedad del deterioro cognitivo les impedía seguir trabajando pudieron recuperar su empleo, y las tomografías incluso revelaron que, en el caso de un paciente, se incrementó el volumen del vulnerable hipocampo: ¡el crecimiento fue de casi 10 por ciento!

¿Esto significa que la enfermedad de Alzheimer puede ser "reversible"? Aunque es tentador sacar conclusiones grandilocuentes a partir de unas cuantas anécdotas, sólo un puñado de los participantes en este estudio tenía enfermedad de Alzheimer. Por tanto, para responder a esta pregunta, se necesitarían más estudios realizados con una metodología científica rigurosa. No obstante, este acercamiento, aunque es sumamente amplio, representa un ángulo nuevo y valioso a partir del cual tratar el deterioro cognitivo como un problema metabólico.

Si tomamos en cuenta ambas cosas, no es ninguna sorpresa que un grupo de investigadores de la Universidad Brown (dirigido por la neuropatóloga Suzanne de la Monte) acuñara el término "diabetes tipo 3" para describir la enfermedad de Alzheimer. Este concepto, referido ampliamente en la literatura médica, califica el origen del Alzheimer como metabólico.

Que no quepa duda: un cerebro sin energía es un problema. De hecho, el olvido que solemos asociar con el envejecimiento puede estar entre las primeras señales de que el cerebro tiene dificultades para alimentarse. La buena noticia es que, además de contribuir a reducir el estrés oxidativo y la inflamación, suministrar cetonas al cerebro (con el plan genial o una variante de la dieta cetogénica) puede ayudarlo a "mantener las luces encendidas" hasta una edad avanzada, puesto que, a diferencia de la glucosa, la capacidad del cerebro de extraer energía de las cetonas no parece verse afectada por la vejez, el gen *ApoE4* ni la enfermedad de Alzheimer.[33]

Además, se ha demostrado que las dietas cetogénicas incrementan la cantidad de mitocondrias en las neuronas (las plantas de energía de las células), con lo que aumenta la eficacia metabólica que de otro modo disminuye con la edad, sobre todo en casos de trastornos neurológicos.[34]

¿Podemos comer las cetonas?

Hay otra manera de abastecer al cerebro de cetonas que sólo mencioné de paso: al consumir alimentos con una propensión particular a producir cetonas. Estos alimentos contienen una fuente natural de una grasa alimentaria relativamente rara llamada *triglicéridos de cadena media*, o TCM. Los TCM abundan en el aceite de coco, el aceite de palma, la leche de cabra y la leche materna humana, y tienen un efecto importante y único en el cuerpo. Al consumirlas, estas grasas se van directamente al hígado,* en donde se convierten en cetonas, una propiedad impresionante que puede elevar la cantidad de cetonas en la sangre, sea de día o de noche, en ayunas o con alimento.[35] El investigador Stephen Cunnane descubrió que, en un estado no cetónico sin ayuno, el cerebro podría derivar entre 5 y 10% de su combustible de estas cetonas suplementarias. Lo interesante es que se trata de la misma cantidad de combustible ausente en el hipometabolismo de cerebros jóvenes con el alelo *ApoE4*.

De los 14 gramos de grasa que contiene una cucharada común de aceite de coco, entre 62 y 70% es puro TCM, en su mayoría ácido láurico. En la leche materna, el ácido láurico también representa la proporción más grande de TCM. Además del ácido láurico, el aceite de coco contiene otros ácidos grasos, incluyendo ácido cáprico y ácido caprílico, los cuales pueden ser todavía más cetogénicos, en especial el último, que es el ácido graso predilecto sobre todo para el tratamiento de la epilepsia resistente a los medicamentos.[36] Muchas veces, estos ácidos grasos se aíslan para crear formulaciones de puro aceite de TCM, que son triglicéridos de cadena media con una producción de cetonas de casi 100 por ciento.

> ■ **Pregunta:** ¿Los suplementos de cetonas y el aceite de TCM me ayudan a quemar más grasa?
>
> **Respuesta:** El aceite de TCM y los suplementos de cetonas pueden ofrecer grandes beneficios cognitivos, pero muchas veces se les promueve como recurso para perder peso, aunque no sean ideales para ello. Las cetonas que produce el cuerpo son el subproducto de la quema de grasa. Cuando añades cetonas exógenas,

---

* La mayoría de las grasas, como las del aceite de oliva o las de una hamburguesa de carne de libre pastoreo, entran al sistema linfático después de que las consumimos, y desde ahí se distribuyen a todo el cuerpo.

> una forma de energía que todavía necesitarás quemar, en realidad estás *evitando* que el cuerpo use su propia grasa. Para perder peso, consideramos mejor y más significativo crear tus propias cetonas, en lugar de consumirlas de fuentes externas.

Para las personas con Alzheimer u otros trastornos neurodegenerativos, el aceite de TCM puede ser particularmente útil. En el caso del Alzheimer ocurre un cambio en las preferencias alimenticias cuando los pacientes desarrollan una inclinación por las cosas dulces.[37] Puede ser una llamada de auxilio que señalice el sufrimiento metabólico del cerebro, pues se trata de la clase de alimentos que incrementan la insulina, promueven la inflamación y bloquean la producción de cetonas. En teoría, tomar un suplemento de aceite de coco o de aceite de TCM puede resolver este problema en particular mientras se reducen los carbohidratos de la dieta de forma gradual. En algunos estudios, la cognición ha mejorado tras el suministro de cetonas alimentarias a quienes padecen pérdida de memoria, y al menos un caso detalló respuestas positivas de un paciente con Alzheimer avanzado, quien consumía tan sólo dos cucharadas al día (más detalles en el siguiente recuadro).[38] Incluso te pueden prescribir un alimento de grado médico elaborado con ácido caprílico y aprobado por la FDA para el tratamiento de la enfermedad de Alzheimer. (En la actualidad se está estudiando su uso como estrategia preventiva para el Alzheimer.)

MARY NEWPORT: PIONERA DEL ACEITE DE COCO

Me familiaricé con el trabajo de Mary Newport con el aceite de coco desde el principio. A su esposo, Steve, le diagnosticaron enfermedad de Alzheimer, después de lo cual ya no pudo realizar muchas de sus actividades cotidianas, incluyendo algunos de sus pasatiempos favoritos. Después de probar todas las opciones farmacéuticas disponibles sin mucho resultado, Mary comenzó a buscar algo mejor.

Se topó con un comunicado de prensa de un "alimento de grado médico" que estaba en desarrollo, el cual estaba compuesto de ácido caprílico, un TCM. El comunicado afirmaba que abastecer al cerebro de cetonas mejoró la memoria y la cognición de casi la mitad de los pacientes con Alzheimer que participaron en el estudio. La enfermedad ya llevaba siete años de avance y consumía a gran velocidad el cerebro de su esposo, así que Mary estaba desesperada por conseguir este producto experimental; sin embargo, la FDA no lo aprobaría hasta un año después. Entonces tuvo una revelación.

Mary Newport es neonatóloga, una subespecialidad de la pediatría que consiste en el cuidado médico de los recién nacidos. Ya estaba familiarizada con los TCM porque eran un componente de la leche materna y se usaron con frecuencia en los años setenta y ochenta para ayudar a bebés prematuros a subir de peso. Desde entonces, a casi todas las fórmulas para bebé se les añade TCM y aceite de coco. Los conocimientos particulares de Mary le permitieron llegar a la conclusión de que podía darle a su esposo aceite de coco, en lugar de esperar a que la fórmula médica saliera al mercado.

Mary empezó a darle poco más de dos cucharadas de aceite de coco al día, que calculaba que era el equivalente de TCM en una dosis de alimento médico, y luego le pidió que dibujara un reloj, una prueba que se utiliza a veces para determinar la función cognitiva (cualquier persona que tenga un ser querido con demencia está familiarizada con esta prueba). Después de sólo dos semanas de recibir dosis diarias de aceite de coco, el dibujo de reloj de Steve mejoró de forma sustancial. Al poco tiempo, Mary empezó a cocinar con aceite de coco y a dárselo a Steve cada vez que podía. Para la quinta semana, el reloj de Steve era totalmente distinto al del primer día.

I día antes de tomar aceite de coco

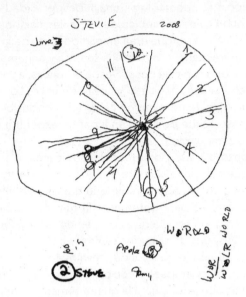

14 días tomando aceite de coco

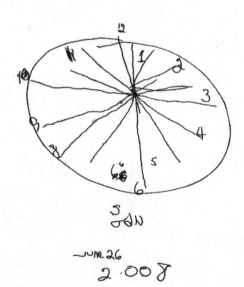

37 días tomando aceite de coco

Durante el año siguiente, Mary aumentó de forma gradual la dosis de Steve hasta alcanzar 11 cucharadas de aceite de coco mezcladas con aceite de TCM al día (incrementar la dosis de aceite de TCM demasiado rápido puede provocar diarrea). Según los informes de Mary, la memoria de Steve mejoró, así como sus resultados en las pruebas cognitivas. Recuperó muchas de sus habilidades cotidianas, "y retrocedió el avance de la enfermedad al menos dos o tres años", dijo Mary. En dos días que Steve no recibió su dosis, Mary reportó una pérdida evidente de sus habilidades, señal de que el aceite de coco puede ser el responsable del progreso de Steve. Continuó dándole aceite de coco durante casi una década e implementó cambios en la dieta y el estilo de vida similares a los que recomiendo en este libro.

El experimento de Mary con aceite de coco, publicado como caso de estudio en la revista *Alzheimer's & Dementia*, comenzó siete años después de que a su esposo le diagnosticaran la enfermedad, pero ahora sabemos que ésta se empezó a desarrollar en su cerebro décadas antes. Al final, Steve perdió la batalla contra el Alzheimer y falleció en 2015, pero su historia se mantiene viva en el activismo de Mary.

Para quienes están sanos cognitivamente y acostumbrados a una dieta alta en carbohidratos, los aceites de TCM y las grasas también *pueden* ayudar a suplementar energía al cerebro mientras reducen la carga de carbohidratos, aunque en la actualidad sólo sea una especulación empírica. Al adoptar una dieta baja en carbohidratos por primera vez, muchas personas pueden padecer el "resfriado bajo en carbohidratos", el cual es común durante los primeros días y se caracteriza por una sensación de letargo, neblina mental e irritabilidad, así que cualquier cosa que tenga el potencial de apoyar al cerebro y ayudarte a sobrellevar este periodo vale la pena. Para empezar, no hace daño hacer la prueba, además de que puedes obtener algunos de los beneficios cerebrales de las cetonas al incluir estos aceites en tu dieta conforme reduces tu dependencia a la glucosa. Siéntete libre de experimentar, pero toma en cuenta que no hay sustentos científicos sólidos aún. (Y no olvides añadir sal, como mencioné en la página 157.)

Aunque quizá estés pensando que el aceite de TCM puede ser el complemento perfecto para una porción de pasta o para añadirlo a tu tazón de cereal en la mañana (¿quién no quisiera tenerlo todo?), forzar una elevación de cetonas en el contexto de una dieta alta en carbohidratos ignora muchos de los problemas subyacentes que promueven desde un principio la neurodegeneración y el envejecimiento del cerebro: el exceso de insulina. Asimismo, las cetonas temporales de un suplemento nunca alcanzarán las concentraciones derivadas de una dieta cetogénica o un periodo de ayuno. Suplementar con aceite de coco o hasta con aceite de тсм puro —comprado en el supermercado— en un estado de no ayuno es el equivalente de verter agua a un vaso que ya está lleno. En cambio, ayunar o llevar una dieta baja en carbohidratos que permita al cuerpo generar sus propias cetonas equivale a beber de ese vaso.

Recuerda: la "liposucción bioquímica" —que es cuando el cuerpo puede abastecerse de su propia reserva de grasa y usarla para generar energía— ocurre cuando bajas la insulina lo suficiente, y no sólo si añades más grasa a tu dieta. En adultos sanos, las cetonas sólo son un marcador de todos los maravillosos procesos que acompañan al ayuno, los cuales hemos mencionado ya. Cuando quemas tu propia grasa, añadir aceite aporta calorías, lo cual no está mal; sin embargo, ten en mente que un exceso sustancial de calorías —ya sea de carbohidratos, proteína o grasa— con el tiempo puede hacerte subir de peso. En la actualidad, muchos hemos pasado casi toda la vida sin que nuestro cerebro se adapte a usar nuestra propia grasa como combustible porque siempre estamos comiendo. Dales a tu cuerpo y a tu cerebro la oportunidad de quemar grasa, y tu fisiología te lo pagará con creces.

A continuación miraremos de cerca a un "órgano olvidado" que yace escondido en tu interior, así como su poderoso papel en el desempeño neurológico.

NOTAS DE CAMPO

- Las cetonas se consideran un "supercombustible" capaz de reducir el estrés oxidativo en el cerebro y regular de manera óptima los genes involucrados en la neuroplasticidad.
- Ciertos cerebros son incapaces de utilizar la glucosa de forma eficaz, así que las cetonas pueden proveer una fuente alterna de combustible.
- A veces se cree erróneamente que las cetonas se producen como resultado del consumo adicional de grasas. En realidad, las cetonas se generan cuando la insulina baja como resultado del ayuno o de una dieta baja en carbohidratos.
- La flexibilidad metabólica es una meta más importante que la cetosis crónica (a menos de que sea para tratar una condición neurológica que justifique la cetosis médica). Con la flexibilidad metabólica podemos disfrutar un devaneo con la cetosis mientras también nutrimos nuestra salud intestinal y disfrutamos del ocasional abastecimiento de carbohidratos para mantener la eficacia de nuestro desempeño físico sin interrumpir el estado de adaptación a la grasa.
- Elevar las cetonas con aceite de тсм mientras consumes un exceso de carbohidratos frustra el propósito e ignora muchos de los problemas subyacentes que derivan en la neurodegeneración.

Alimento genial #6

Carne de ternera de libre pastoreo

En la actualidad, el sector ganadero es cruel, insostenible y, siendo sinceros, injustificable. En el caso de la carne de ternera, la industria produce carne poco saludable, de animales estresados, llenos de antibióticos y alimentados con una dieta del todo antinatural, a base de cereales de desecho y hasta dulces.* Pero no confundamos la carne de terneras de engorda que viven hacinadas en granjas con la carne de vacas sanas a las que se les permite pastar (que es dieta natural) y que sólo tienen un mal día en su vida, como dicen los ganaderos.

Gran parte del debate en torno al valor nutrimental de la carne se centra en la proteína, pero creo que es vital ampliar el diálogo para abarcar el resto de los nutrientes que desempeñan un papel importante en nuestra función cognitiva, *más allá* de la proteína. Por ejemplo, la carne de libre pastoreo es una fuente rica de minerales esenciales, como hierro y zinc, los cuales vienen en una presentación que el cuerpo puede aprovechar con facilidad. (A diferencia, digamos, del hierro de las espinacas o el zinc de las leguminosas.)[1] La carne de ternera de libre pastoreo también es una excelente fuente de grasas omega-3, vitamina B_{12}, vitamina

---

* Sí, leíste bien. Muchas veces les dan comida chatarra a los animales en hacinamiento —como dulces, galletas y malvaviscos— porque proveen carbohidratos baratos para engordarlos.

E y ciertos nutrientes más, como creatina (de la que hablé en la página 152), la cual sí ofrece grandes beneficios, aunque no sea esencial. Los investigadores creen que justo el acceso a estos nutrientes (junto con el incremento de energía calórica al cocinar la carne) catalizó la evolución de nuestro cerebro hasta convertirlo en la supermáquina cognitiva moderna. Las deficiencias de todos estos nutrientes están ligadas a los trastornos cerebrales, incluyendo bajo coeficiente intelectual, autismo, depresión y demencia.

Pocos conocen el vínculo entre la dieta y la salud mental mejor que la doctora Felice Jacka, directora del Centro de Alimentación y Estado de Ánimo de la Universidad Deakin, a quien tuve el privilegio de entrevistar. En 2017 publicó el primer estudio controlado aleatorio del mundo que demostró el efecto antidepresivo de la comida saludable (comento sus hallazgos a detalle en la página 214). Antes de eso, descubrió que las mujeres que no cumplían con las recomendaciones dietéticas australianas de comer tres o cuatro porciones de carne de ternera eran *dos veces más propensas* a la depresión o desarrollaban una forma de ansiedad o trastorno bipolar, a diferencia de las mujeres que sí lo hacían.[2] (También descubrió que, si bien un poco era mejor que nada, no necesariamente se requería más de lo recomendado; las mujeres que consumían más de la cantidad recomendada también tenían mayor riesgo.) Una aclaración importante es que en Australia las vacas suelen estar alimentadas con pastura.

¿Qué hay del valor de la carne para la función cognitiva de los niños, un grupo particularmente vulnerable? Más allá del alcance que tienen las aplicaciones para ordenar comida desde el celular, la malnutrición sigue siendo un problema de salud pública en muchas partes del mundo. Una de ellas es Kenia, donde Charlotte Neumann, investigadora de la Escuela de Salud Pública Fielding de la UCLA, observó que los niños que consumían más carne en realidad tenían un mejor desarrollo físico, cognitivo y conductual. La doctora Neumann diseñó una prueba para observar qué efecto tiene el consumo de carne en el cerebro en desarrollo, si es que lo hay.

Dividió a niños de 12 escuelas de Kenia en cuatro grupos. Un grupo fungía como control, mientras que los otros tres grupos de niños recibían una papilla de maíz, frijoles y verduras de hoja verde cada mañana. Un grupo recibía la mezcla con un vaso de leche, otro con carne molida y el tercero sin añadir nada más. Todas las versiones estaban diseñadas para contener la misma cantidad de calorías. El estudio duró dos años.

En comparación con los demás grupos, los estudiantes en el grupo de carne aumentaron su masa muscular y tuvieron menos problemas de salud que los niños que consumían la papilla sencilla o con leche.[3] También mostraron más confianza al jugar, señal de una mejor salud mental. El desempeño cognitivo también era sólido. Si bien todos los grupos mejoraron, el grupo de carne mostró un ritmo más pronunciado de mejoría en las materias de matemáticas y lenguaje. Neumann y sus colegas concluyeron:

> La mejoría en el desempeño cognitivo y el incremento de actividad física y de comportamientos propositivos y de liderazgo en el grupo de alimentación con carne pueden asociarse a un mayor consumo de vitamina B_{12}, así como a la disponibilidad añadida de hierro y zinc como resultado de la presencia de la carne, la cual incrementa la absorción de hierro y zinc de los alimentos vegetales ricos en fibra y ácido fítico. La carne, gracias a su contenido intrínseco de micronutrientes y otros elementos constitutivos, y de su proteína de alta calidad, puede favorecer mecanismos específicos involucrados en el aprendizaje, como la velocidad de procesamiento de información.

El estudio se realizó con niños, pero ahora sabemos que nuestro cerebro sigue cambiando a lo largo de la vida; por ende, abastecerlo con los nutrientes necesarios debería ser prioridad. Aun así, muchos catalogarán la carne como un alimento poco saludable, pero ante esto (citando a Carl Sagan): "Afirmaciones extraordinarias requieren pruebas extraordinarias". La carne y los nutrientes que contiene fueron parte esencial de la evolución de nuestro cerebro, y la evidencia es que el oficio de carnicero entre los humanos primitivos existió hace más de tres millones de años.[4] Hoy en día podemos darnos el lujo de elegir la carne que consumimos con base en una postura ética, pero nuestros antepasados no tenían este privilegio; ellos no habrían despreciado la oportunidad de obtener los nutrientes vitales que contiene la carne fresca. La noción de que los animales criados de forma adecuada y que proveen una serie de nutrientes altamente biodisponibles son malos para nosotros de alguna manera sería una afirmación extraordinaria con muy poca evidencia para respaldarla.

Nunca sabré si la abstinencia de carne roja que practicó mi mamá durante toda su vida estuvo vinculada de alguna manera con su pérdida de memoria o con los ocasionales episodios depresivos que sufrió durante mi niñez, pero está claro que tampoco la protegió.

Cómo comprarla: Busca carne de ternera criada de forma responsable, 100% de libre pastoreo, incluyendo la última etapa de engorde, de preferencia orgánica o de granjas locales. Considera que la carne de ternera orgánica, a menos de que afirme ser "100% de libre pastoreo", suele ser de vacas alimentadas con cereales orgánicos.

Consejo profesional: La carne de ternera molida tiende a ser más económica que los cortes.

Cómo cocinarla: Aunque la carne de ternera de libre pastoreo tiene el triple de vitamina E que la carne de reces alimentadas con cereales, lo que ayuda a proteger sus grasas poliinsaturadas de la oxidación, recomiendo cocinarla a fuego lo más bajo posible. Considera marinarla con ajo y cebolla para reducir la formación de compuestos neurotóxicos, como las aminas heterocíclicas.[5] Siempre acompáñala de verduras fibrosas, como espinacas, col rizada o coles de Bruselas para ayudar a neutralizar los productos oxidativos en el intestino, y evita comerla con verduras amiláceas, cereales y otros carbohidratos concentrados.

Puntos extra: ¡Come vísceras y bebe más caldo de huesos! Ambos están llenos de nutrientes importantes —como el colágeno— que no se encuentran en la carne magra. El colágeno contiene aminoácidos importantes que también se han perdido en la dieta moderna. Uno de ellos, la glicina, mejora la calidad del sueño y aumenta los niveles de serotonina en el cerebro (lo cual es importante para la salud anímica y la función ejecutiva).[6]

Capítulo 7

Hazle caso a tu intestino

Si quieres ir rápido, ve solo.
si quieres llegar lejos, ve acompañado.

PROVERBIO AFRICANO

Los seres humanos sabemos desde tiempos inmemoriales algo
que la ciencia apenas está descubriendo: nuestras entrañas son
responsables en gran medida de cómo nos sentimos. Podemos
estar a punto de "cagarnos" de miedo. Si no logramos terminar
un trabajo, tenemos que "apretar las nalgas". Nos "tragamos" la
decepción y necesitamos tiempo para "digerir" una derrota.
Un comentario desagradable nos deja "un mal sabor de boca".
Cuando nos enamoramos, sentimos "mariposas en el estómago".

GIULIA ENDERS, *Gut*

Si eres como la mayoría de las personas, el simple hecho de pensar que
una gran colección de *miles de billones* de células bacterianas vive en
tu interior puede bastar para que salgas corriendo al baño más cercano.
El "factor del asco" implícito se agrava por el hecho de que vivimos en
una cultura que aprovecha cualquier oportunidad para vendernos jabones y geles antibacterianos. Pero lo cierto es que nos han vendido mentiras sobre las bacterias: sin ellas, no estaríamos aquí.

Ya estás familiarizado con las mitocondrias, que son los organelos
celulares responsables de la combinación de glucosa (o cetonas, un subproducto del metabolismo de la grasa) y oxígeno para crear energía.

Estas importantes estructuras no siempre trabajaron a nuestro favor. La teoría es que las bacterias flotaban en el mundo cuando otra bacteria devoró a una mitocondria. En lugar de digerirla, la célula huésped, mucho más grande, fue capaz de explotar las capacidades productoras de energía de su nueva amiga para sobrevivir; una gran ventaja hace 1.5 mil millones de años, cuando el mundo se estaba oxigenando cada vez más. A cambio, la mitocondria consiguió protección de los elementos y un bufet ilimitado, pero nunca jamás podría irse. Quizá fue el primer caso en la historia de síndrome de Estocolmo.

Con el tiempo, la mitocondria y su célula huésped empezaron a depender la una de la otra, con lo cual inauguraron el salón de la fama de las colaboraciones más famosas, como Batman y Robin, Han Solo y Chewbacca, Beto y Enrique (bueno, quizá no *tanto* como Beto y Enrique). Fue el nacimiento de las complejas células *eucarióticas* que finalmente dieron lugar a organismos multicelulares como nosotros. Aun después de todos estos años, es sorprendente darnos cuenta de que nuestras mitocondrias todavía pueden multiplicarse adentro de las células y conservar su propio ADN completamente aislado, rescoldo de su vida de solteras.

No hubiéramos llegado a ningún lado sin las bacterias. Y aunque nuestra forma moderna es mucho más compleja que en esos primeros años de organismos unicelulares, nuestra comunión actual con las bacterias no es menos importante. Tenemos incontables microbios en la piel, alrededor de los oídos, en el cabello, la boca, los genitales y el intestino. Incluso partes de nosotros que antes se creían estériles, como los pulmones y las glándulas mamarias de los senos, ahora se sabe que son clubes exclusivos para los microbios.[1] La población microbiana en el intestino, por ejemplo, que consiste principalmente de bacterias que sobreviven sin oxígeno, moriría al instante si estuviera junto a los microbios del rostro, los cuales se deleitan con la exposición al aire fresco.

El término general que utilizamos para el contenido genético acumulativo de todos estos organismos unicelulares es *microbioma*. Tu casa tiene su propio microbioma y representa el material genético de los microbios que viven en ella. El microbioma de tu hogar puede diferir radicalmente del de tu vecino, dependiendo de si tienes un perro o un niño pequeño, o de si vives en una ciudad o en un suburbio. De hecho, las ciudades enteras tienen su propia marca microbiana.[2] El microbioma de Los Ángeles, por ejemplo, es distinto del de Nueva York. ¿Será que las bacterias hollywoodenses prefieren trabajar ante las cámaras que sobre un escenario, donde *realmente* brillan los microbios de Broadway? La ciencia no ha podido responder estas preguntas.

Aunque tienes microbios en todo el exterior del cuerpo, la mayoría de las células microbianas que llevas contigo residen en tu intestino: tu microbioma intestinal. Si bien creíamos que superaban nuestras células humanas en una escala de 10 a uno, hemos logrado hacer una estimación más precisa: son alrededor de 30 000 billones, lo que significa que su población es más o menos igual a la cantidad de células que contienen ADN humano. Y no es menos sorprendente que estas bacterias por sí solas pesen lo mismo que tu cerebro: ¡entre uno y dos kilogramos!

¿QUÉ HAY EN TU POPÓ?

La mitad de una muestra fecal común son bacterias, pues cada gramo contiene hasta 100 000 millones de microbios. ¡Es casi 14 veces la población humana global en sólo un gramo de popó! De hecho, la materia fecal tiene tanta densidad de microbios que cada vez que vas al baño excretas alrededor de un tercio de tu contenido bacteriano colónico. No te preocupes, el contenido bacteriano se reconstituye en el transcurso del día.[3]

Estos microbios contienen mucha información; cada uno tiene su propio material genético único. Si consideramos la cantidad total de material genético que representan nuestros amigos bacterianos —cuya longitud de ADN por lo general varía entre una y 10 megabases con un millón de bytes de información—, ¡sólo un gramo de heces humanas tiene una capacidad de información de 100 000 terabytes! Y creías que tu USB era genial.[4]

Así como nosotros relegamos aspectos de nuestra cognición a nuestros smartphones —como la capacidad de recordar números telefónicos, por ejemplo, lo cual libera nuestra capacidad cerebral para realizar otras tareas—, también delegamos muchos servicios a nuestro microbioma. El microbioma es capaz de proveer estos servicios porque representa material genético casi 100 veces tan complejo como nuestro genoma (relativamente rudimentario) de 23 000 genes. Esto hace que el microbioma sea capaz de realizar una gran variedad de funciones, desde mantener sano nuestro sistema inmunológico, hasta extraer calorías de los alimentos para sintetizar sustancias químicas importantes, como las vitaminas.

Tal vez no parezca obvio, pero el intestino y el cerebro tienen una relación muy cercana también. Nuestro microbioma está conectado con nuestro comportamiento y estado anímico, y se comunica con el cerebro a través del nervio vago, el cual provee una línea directa entre el cerebro y el intestino, y a través de varias sustancias químicas que produce y libera hacia el torrente sanguíneo. La renta que paga nuestra población inmigrante de bacterias es tan poco apreciada que no en vano los científicos ahora le llaman el "órgano olvidado" a esta masa de material genético que se retuerce en nuestras entrañas.

MTV Cribs:
edición microbioma

Aunque preferiríamos no concebirnos como elaborados tubos digestivos con piernas, en esencia eso es lo que somos. Casi cada característica de nuestro ser evolucionó para ayudarnos a aprovechar lo mejor posible la energía proveniente de los alimentos.

El sistema digestivo, el nombre que le damos a este tubo largo y ventoso también conocido como canal alimentario, comienza en la boca y termina, bueno, ya sabes dónde. La salud y la función intestinal no suelen ser un agradable tema de conversación para la mayoría de las personas. A fin de cuentas, nuestro intestino hace ruidos extraños, es una fuente de malestar físico para muchos y excreta cosas en las que, estoy seguro, la gente preferiría ni pensar. El intestino también actúa como mediador en nuestra relación con la comida, relación que se puede distorsionar y desviar cuando tenemos problemas de peso.

Un viaje hacia el sur que empieza en la boca y desciende por el esófago primero se topa con el estómago, seguido del intestino delgado y finalmente el intestino grueso, llamado también colon. Cada uno de estos segmentos tiene su propio clima único, como si viajaras del último rincón del noreste de Estados Unidos hasta las playas soleadas del sur de Florida. Conforme te aventuras hacia el sur, observas una diferencia de vegetación, follaje, aves e insectos seleccionados por la naturaleza debido a su capacidad de adaptación a la temperatura, la gastronomía local, las distintas estaciones e incontables variables únicas de cada locación.

Asimismo, el tracto gastrointestinal tiene un clima diferente conforme uno viaja a través de él, y los microbios lo saben. El estómago es demasiado ácido para la microbiota (a menos de que tomes con regularidad medicamentos antiácidos, como hacen millones de personas, lo cual puede traer consigo muchas consecuencias impredecibles e indeseables), y el intestino delgado —en tanto que es el centro activo de la absorción de nutrientes— es demasiado volátil. Aun así, hay microbios desde el principio de nuestro viaje: por cada gramo de contenido en el estómago y en el intestino delgado, hay aproximadamente entre 10^3 y 10^8 bacterias. Aunque son inocuas en dichas cantidades, pueden surgir problemas si de pronto hay una sobrepoblación de bacterias ahí. En el intestino delgado, el SBID, o sobrecrecimiento bacteriano del intestino delgado, puede provocar inflamación, dolor abdominal y hasta deficiencias nutricionales para el huésped. Una vez que llegamos al colon, sin embargo, éste provee la atmósfera más adecuada para estas bacterias, así que la concentración de microbios se dispara a 10^{11} bacterias por gramo. Es el Miami del tracto gastrointestinal.

En parte, la cifra tan elevada de estas bacterias en el intestino grueso se debe a que tus "inquilinos" esperan encontrar una abundante fuente de alimento. Verás, el microbioma intestinal se compone de una clase de bacteria llamada *comensal*, derivada de la palabra latina *commensalis*, que significa "compartir la mesa". Se ganaron este nombre porque cada vez que comemos esperan en silencio a que las alimentemos, como 30 000 billones de perros obedientes. Pero ¿qué comen?

Si estuvieran en un restaurante moderno, las bacterias comensales se olvidarían del menú por completo y se irían directamente hacia la barra de ensaladas. Ahí encontrarían el alimento que más les gusta masticar: fibras vegetales, las cuales proveen una forma de carbohidrato inaccesible para nosotros y que viaja a través del estómago y el intestino delgado sin ser digerido. Cuando las fibras por fin llegan al intestino grueso, para los microbios es el equivalente a una cena de Acción de Gracias.

LA CARNE Y EL MICROBIOMA

Un estudio publicado hace un par de años provocó una conmoción entre los carnívoros conscientes de su salud. En el estudio realizado en roedores, algunos investigadores descubrieron que ciertas especies de bacterias intestinales consumen el aminoácido carnitina, presente en la carne roja, el cual incrementa a su vez un compuesto llamado *N-óxido de trimetilamina* (OTMA).[5] Se cree que el OTMA contribuye a la ateroesclerosis, el proceso patológico que conduce a la acumulación de placa en las arterias. El miedo subsecuente fue que la carne, más allá de su contenido de grasa saturada o cualquier otra consideración en contra, promovía las cardiopatías a través de un mecanismo completamente nuevo: la fermentación microbiana.

Un examen más detallado de la investigación revela unos cuantos detalles relevantes. En primer lugar, los ratones recibieron dosis muy altas del suplemento de carnitina, lo que provocó un cambio en el microbioma y les dio una ventaja competitiva en el intestino grueso a las bacterias productoras de OTMA. En segundo, las dietas veganas y vegetarianas bajas en cereales parecen ir en contra de la flora intestinal que ama la carnitina, un hecho subrayado por el investigador de microbioma Jeff Leach.[6] En el brazo humano del estudio, los investigadores pudieron convencer a una vegana de consumir un filete de 225 gramos para ver lo que pasaría con sus niveles de OTMA, los cuales no se vieron afectados. Aunque fue un experimento pequeño con una sola persona, los resultados sugieren que, hasta cierto punto, la composición general del microbioma es más importante que el alimento individual que se consuma. ¿Una conclusión razonable? No dejes la carne, sólo come muchas más verduras y omite los cereales.

Al vernos obligados a adoptar la dieta moderna, la relación entre los microbios y el huésped se puede volver tensa. Como mencioné antes, en realidad sólo les gusta consumir una cosa: fibra, sobre todo una forma de fibra llamada *fibra prebiótica*, la cual incluye la fibra soluble y una forma de almidón que no podemos digerir, llamada *almidón resistente*. Si les ofrecieras tu típico desayuno de hot cakes con harina refinada, tocino y huevos con queso, tus bacterias intestinales comunes rechazarían el ofrecimiento de forma no muy amable.

Ahora bien, tal vez quieras ignorar a tus amigos microbios por ser demasiado selectivos con sus alimentos, pero ten en mente que durante cientos de miles de años los humanos llevaron dietas ricas en fibra, y los científicos estiman que consumían casi 150 gramos de fibra al día. Hoy consumimos sólo 15 gramos de fibra al día en promedio. Así como ocurre con el consumo inadecuado de omega-3 y otros nutrientes esenciales, las fibras prebióticas están ausentes en nuestro patrón alimentario occidental. Como sabrás, la desaparición de estos *carbohidratos accesibles para la microbiota* (un término acuñado por Justin y Erica Sonnenburg, prominentes microbiólogos de la Universidad de Stanford) provoca graves consecuencias. No obstante, es sencillo incrementar la presencia de estos carbohidratos que hacen feliz al intestino, ya que hay muchos alimentos llenos de fibra prebiótica, entre ellos, moras, poro, jícama, col rizada, tupinambo, aguacate, espinacas, arúgula, ajo, cebolla, café, achicoria, plátanos verdes, nueces crudas, hinojo, okra, pimientos morrones, brócoli, rábanos, chocolate amargo y germinados.

Ahora que ya sabes dónde encontrar estas fibras nutritivas, las siguientes páginas cerrarán el ciclo al vincularas de forma definitiva con mejorías en el estado de ánimo, la cognición y la longevidad.

La fuente de la juventud

A menos que seas una *turritopsis dohrnii*, es probable que envejecer bien sea una de tus preocupaciones. Si eres una de estas recién descubiertas medusas "inmortales" que se desliza por el mar Mediterráneo, posees la capacidad de regresar a tus primeros estados de desarrollo a voluntad. Sin embargo, si no eres una de estas criaturas con suerte, es probable que quieras conservar tu cuerpo y tu mente en buen estado el mayor tiempo posible.

Una consecuencia del consumo de fibra es que nuestros amigos microbianos metabolizan la fibra y la transforman en sustancias llamadas *ácidos grasos de cadena corta*, o AGCC.[7] Esta categoría de ácidos grasos incluye el butirato, acetato y propionato, los cuales se asocian con muchos efectos promotores de la salud y la longevidad. Estos ácidos grasos son literalmente los productos de desecho de las bacterias, y estamos en deuda con ellas.

El *butirato* es el AGCC que más se ha estudiado. La carne de ternera de libre pastoreo y los lácteos contienen pequeñas cantidades de esta grasa, pero podemos obtener una cantidad mucho más considerable de butirato de nuestra microbiota con sólo comer más fibra. En parte es deseable porque se ha demostrado que el butirato eleva los niveles de FNDC, el cual promueve directamente la neuroplasticidad y desacelera los procesos neurodegenerativos.[8]

Además de incrementar el FNDC, el "abono" antienvejecimiento del cerebro, uno de los efectos más beneficiosos es que reduce la inflamación en el cerebro. En general, entre más fibra consumimos, más la microbiota se asemeja a una fábrica de butirato que combate la inflamación.[9] En términos de la función cognitiva, menos inflamación implica que puedas pensar con más claridad y te enfoques y recuerdes mejor las cosas.[10] Sin embargo, aunque tomar medidas para reducir la inflamación es clave para pensar y desarrollarte mejor, hacerlo también puede protegerte del paso del tiempo.[11]

Cuando se trata de la longevidad, lo importante es enfocarse en el tiempo de *salud*, que es el que estarás *sano*. A diferencia del tiempo de vida, el cual describe la cantidad de años que vivirás, el tiempo de salud representa la calidad de vida en tus años. Tener un tiempo de salud más largo implica menos discapacidad, mejor funcionamiento cognitivo, mejor estado de ánimo y protección contra enfermedades crónicas el mayor tiempo posible. Lo ideal es que el tiempo de salud y el tiempo de vida sean iguales. Por desgracia, hoy en día nuestro tiempo de vida va en aumento (en parte gracias a las maravillas de la medicina moderna), pero nuestro tiempo de salud no. Sólo vivimos enfermos más tiempo.[12]

No obstante, hay algunas excepciones: personas que parecen permanecer sanas y vibrantes hasta el final de su vida. En un estudio que dio seguimiento a más de 1 600 adultos durante toda una década, quienes comían más fibra eran 80% más propensos a librarse de la hipertensión, la diabetes, la demencia, la depresión y las discapacidades, en comparación con quienes consumían poca fibra.[13] De hecho, el consumo de fibra determinó la buena salud durante el envejecimiento más que cualquier otra variable estudiada, incluyendo el consumo de azúcar. No está mal para un nutriente que es famoso por ayudar a tus abuelos a ir más fácilmente al baño, y eso no es todo.

TRASPLANTE DE MICROBIOTA FECAL (TMF)

Aunque el trasplante de materia fecal de una persona a otra tal vez no sea una idea agradable, imagina por un segundo que tienes una infección llamada *C. difficile*. La *Clostridium difficile*, una bacteria patógena y resistente a los antibióticos que provoca una diarrea tremenda e inflamación intestinal, es la causa de medio millón de hospitalizaciones y 30 000 muertes al año, según los estimados actuales de los Centros para el Control y Prevención de Enfermedades (CDC) de Estados Unidos. Además de ser oportunista en extremo, la *C. difficile* es contagiosa y está presente en 2 a 5% de la población humana adulta. El uso de antibióticos es un factor de riesgo considerable, pues permite que el patógeno saque provecho de la debilidad de la comunidad microbiana hasta que se convierte en una infección generalizada.

En 2013, científicos quisieron averiguar si trasplantar el microbioma de una persona sana al de alguien con dicha infección podía reestablecer el orden y ayudar a vencer la *C. difficile* de forma natural. Por medio de un trasplante de microbiota fecal (TMF), donde se trasplantan heces ricas en bacterias de una persona sana al tracto gastrointestinal de una persona enferma, el procedimiento tuvo un éxito de 90%, un índice de cura sorprendente y sin precedentes.

El procedimiento por lo general requiere colonoscopías invasivas e incómodas, enemas y hasta tubos nasales para suministrar las heces sanas, sin embargo, hace poco los investigadores refinaron el método de entrega con pastillas congeladas y descubrieron que son tan seguras y efectivas como las técnicas tradicionales de trasplante. ¡Ah, el dulce olor del progreso!

El afinador inmunológico

La autoinmunidad —cuando el sistema inmunológico de una persona ataca partes de su propio cuerpo— es la característica definitoria de muchas enfermedades comunes, incluyendo la celiaquía, la esclerosis múltiple, la diabetes tipo 1 y la enfermedad de Hashimoto, por nombrar sólo algunas. ¿Por qué se desarrolla la autoinmunidad, y por qué parece que los casos van en aumento? ¿Estamos destinados a que nuestro sistema inmune dañe nuestro cuerpo y nuestro cerebro con fuego amigo, o éste es un aspecto más de nuestra biología que sucumbe al abismo de la vida moderna? Para comprender cómo la dieta y el estilo de vida pueden contribuir a confundir al sistema inmunológico —y, por ende, provocar autoinmunidad— es útil comprender cómo este sistema dinámico se "entrena" a lo largo de la vida.

Si imaginas la intersección de un túnel, te darás una buena imagen de la anatomía del intestino grueso. El tejido más profundo es el epitelio. Esta barrera del grosor de una célula actúa como la división entre el interior del colon —conocido como *lumen*— y la circulación. Dado que su contenido no es parte del cuerpo (como el aire que llena tus pulmones), los científicos creen que el lumen es parte del ambiente del huésped. De hecho, el intestino es en realidad la interfaz más grande con el ambiente, mucho más grande que la piel. Si sacaras todo el tubo digestivo de tu cuerpo, lo desenrollaras y lo extendieras en el suelo, cubriría la superficie de un departamento pequeño de una sola habitación.

Por este motivo, la mayoría de las células inmunológicas del cuerpo se concentran sobre todo en lo que ocurre en el sistema digestivo. Aunque puede parecer contradictorio o incluso un mal uso de los recursos del mundo actual, dada la existencia de alimentos empaquetados y productos lavados tres veces, en realidad tiene sentido: durante la mayor parte de nuestro tiempo en la Tierra, mucho antes de que existiera algo parecido a la alimentación moderna, nuestra comida estaba *sucia*. No teníamos supermercados llenos de los productos más frescos (y más atractivos) a nuestra disposición, y definitivamente no coevolucionamos con la plétora de jabones antibacterianos o los "lavados de verduras" que están disponibles hoy y que prometen una esterilidad similar a la de los hospitales con cada mordida.

Para nuestros ancestros paleolíticos, el potencial de tragar un patógeno —un microbio que podía afectarnos y quizá matarnos— era muy alto. Esto puso una inmensa presión en nuestra especie desde el principio para asegurar que pudiéramos montar una respuesta inmunológica ágil y formidable si llegara a darse tal enfrentamiento. Sin embargo, nuestro intestino está *repleto* de bichos del exterior... ¿Hay acaso una guerra en nuestro vientre de la que no estamos enterados?

No precisamente. Un sistema inmunológico sano debe funcionar como el personal de seguridad entrenado en un estadio, que observa a miles de asistentes sin siquiera sudar. Estos guardias no cuestionan a cada asistente que se ve raro; cuando están bien entrenados son capaces de reconocer mucho antes las señales de una persona que quizá es capaz de hacer algo indebido. Como los asistentes del estadio, nuestros residentes microbianos perfeccionan las habilidades de nuestros guardias y los ayudan a adaptarse al ambiente de constante cambio para que cuando llegue un visitante no amigable puedan reconocerlo con facilidad. Nuestro intestino —y sus habitantes— funge como una clase de "campo de entrenamiento" para el sistema inmunológico.

Cuando tu sistema inmunológico no está a la altura, no sólo se vuelve menos eficiente para detectar invasores, sino que a veces ataca por error las propias células del cuerpo. Ésta es la razón de que una población intestinal diversa no sólo les enseñe a los guardias del sistema inmunológico de qué cuidarse, sino la importancia de ser tolerantes. En un intestino sano hay cientos o miles de especies diferentes presentes en todo momento, y un sistema inmunológico sano se beneficia de esta pluralidad de voces. De hecho, es en parte como se cree que trabajan los probióticos: consisten en especies que no suelen residir en nuestro microbioma, pero que fluyen a través de nosotros para asegurarse de que los guardias no se están durmiendo en el trabajo.

Problemas como las alergias y la autoinmunidad se desarrollan cuando el sistema inmunológico se equivoca y ataca a su propio huésped; así, el microbioma se ha vuelto un punto focal para los científicos que intentan descubrir por qué ocurre esto. Han propuesto que nuestro sistema inmunológico se vuelve disfuncional por una serie de motivos, incluyendo el exceso de higiene de la vida moderna, el abuso de los antibióticos, el consumo inadecuado de fibra y las prácticas de alumbramiento que dejan el desarrollo del microbioma en segundo plano. Y se cree que cualquiera de estos factores puede crear guardias que no estén bien entrenados, lo que incrementa la incidencia de autoinmunidad.

¿NOS ESTAMOS LIMPIANDO HASTA ENFERMARNOS?

Hay otra cosa aparte de nuestro abastecimiento de comida que ha cambiado en las últimas dos décadas: nos hemos vuelto más ascépticos. Sin embargo, dada nuestra preocupación por eliminar cualquier virus perdido o bacteria patógena, en esencia terminamos desinfectando muchas de las interacciones más positivas que habríamos tenido con bacterias renegadas. Tales interacciones ayudan a *entrenar* al sistema inmunológico en su capacidad de adaptación; después de todo, la selección natural lo moldeó justo bajo estas circunstancias.

Las investigaciones muestran que, si bien la exposición a patógenos (y el índice de infecciones) ha disminuido, los índices de alergias y enfermedades autoinmunes han *aumentado*. La idea de que estas dos estadísticas se encuentran vinculadas por la causalidad es la base de la "hipótesis de la higiene". La teoría es ésta: algunos agentes infecciosos —en especial los que coevolucionaron con nosotros— nos protegen de las enfermedades relacionadas con la inmunidad. Hoy en día, la ausencia de dichos patógenos debilita el sistema inmune y lo deja vulnerable a la confusión, además de sentar las bases para la diabetes tipo 1, la esclerosis múltiple, la celiaquía, entre otras enfermedades.[14]

Ya que la diabetes, la obesidad y hasta la enfermedad de Alzheimer se caracterizan por una inflamación crónicamente alta —es decir, un sistema inmunológico fallido—, no es descabellado sugerir que nuestra vida demasiado estéril puede también ser culpable. De hecho, una investigación reciente exploró el vínculo entre la higiene nacional y la incidencia de Alzheimer. Con parámetros como el uso de sanitarios públicos y el acceso a agua limpia para beber, los investigadores revelaron una relación sorprendente: los países con mayores niveles de higiene han sufrido un aumento en la incidencia de Alzheimer en una correlación lineal perfecta.

El gluten es un ejemplo perfecto de cómo un sistema inmunológico confundido puede provocar una respuesta autoinmune, lo que ya sucede en una porción significativa de la población. Para nuestras células inmunológicas, la gliadina, una de las principales proteínas del gluten, se parece mucho a un microbio. Cuando está presente en el intestino, nuestro sistema inmunológico envía anticuerpos a cazar a los antígenos, que son los atributos físicos que nuestros guardias de seguridad están entrenados para percibir. El problema es que los antígenos de sustancias extrañas (como la gliadina) son demasiado similares a los marcadores de nuestras células. Esto se denomina *mimetismo molecular* y puede ser el intento de los patógenos por encajar mejor en el ambiente del huésped... ¡porque los patógenos tienen el impulso de sobrevivir! Esto implica que, cuando el sistema inmunológico del cuerpo produce anticuerpos para pelear contra los antígenos, nuestros propios tejidos pueden caer bajo el fuego amigo.

Le ocurre muchas veces a una familia de enzimas llamadas *transglutaminasas*. Éstas están presentes en todo el cuerpo, son importantes para la salud y su disfunción está implicada en la enfermedad de Alzheimer, la enfermedad de Parkinson y la esclerosis lateral amiotrófica.[15] También se encuentran en una concentración particularmente alta en la tiroides, la cual está bajo fuego en condiciones tiroideas autoinmunes como la enfermedad de Hashimoto y la enfermedad de Graves. Por desgracia, las enzimas de transglutaminasa tienen marcadores moleculares muy similares a los antígenos de la gliadina. En una persona susceptible, comer gluten puede hacer que el cuerpo ataque no sólo a la gliadina, sino también a las enzimas de transglutaminasa.

Aunque se puede decir que el gluten es el responsable del amotinamiento del sistema inmune en personas con celiaquía, un estudio reciente descubrió que la prevalencia de celiaquía en pacientes con enfermedad tiroidea autoinmune se elevaba dos a cinco veces, en comparación con los controles sanos.[16] De hecho, otros trastornos autoinmunes (incluyendo diabetes tipo 1 y esclerosis múltiple) aparecen junto con la celiaquía con más frecuencia que con cualquier otra afección autoinmune, lo que sugiere que un intestino enfermo es el mediador en gran variedad de enfermedades en apariencia desvinculadas. Cualquiera de estas condiciones puede ser señal de que el cerebro está bajo una amenaza de ataque: la gente con enfermedades autoinmunes es más propensa a desarrollar demencia, como demuestran las investigaciones recientes.[17] Ten en cuenta que dichas enfermedades se manifiestan después de muchos meses o años, y a veces sin síntomas evidentes. Y en el caso de muchos pacientes con problemas tiroideos y celiaquía coexistentes, no hay presencia de síntomas gastrointestinales; ésta es una de las pocas instancias en las que "hacerle caso a tu cuerpo" puede llevarte por mal camino.[18]

Es imposible prevenir o detener este trastorno inmunológico simplemente con una dieta libre de gluten. Es importante añadir algo más a la dieta, un elemento que casi siempre está ausente de nuestro plato moderno: la fibra. La fibra nos protege directamente contra la confusión inmunológica en parte porque los AGCC como el butirato aumentan la producción y el desarrollo de *células T reguladoras* en el colon. Estas células, también llamadas *T-regs*, son una clase de célula inmunológica que ayuda a garantizar una respuesta inflamatoria sana y adecuada al suprimir la reacción de otras células del sistema inmune, incluyendo las que promueven la inflamación.[19] Piensa en ellas como los líderes de la fuerza de seguridad que mantienen bajo control a los guardias jóvenes más agresivos. Son las piezas clave para ayudar a que el cuerpo distinga mejor entre sí mismo y todo lo demás. Si esa capacidad vital se pierde, el sistema inmune puede terminar atacando al propio cuerpo y, *voilà*, se desarrolla la autoinmunidad.

Proteger al cerebro de lo que hay en el intestino

Como mencioné antes, la mayoría de las bacterias en el tracto gastrointestinal residen en el colon, por lo que las células que lo limitan tienen dos funciones importantes: servir como barrera en contra de los patógenos y las bacterias que no deben llegar al torrente sanguíneo, al tiempo que permiten la absorción de fluidos y cualquier nutriente restante que no haya sido absorbido en el intestino delgado. Esta barrera física forma parte del sistema inmunológico *innato* del cuerpo.

Este sistema desempeña un papel crucial en la mediación entre la inflamación y la autoinmunidad. Ayuda a mantener separados a los microbios y a las células del sistema inmune (el sistema inmunológico *adaptativo*), con lo que regula las interacciones entre el huésped y los microbios, y mantiene una función inmunológica adecuada de forma constante. En nuestra metáfora del estadio, este sistema permite que el juego se desarrolle tal como se planeó y garantiza que todos tengan un buen día. Los guardias pueden realizar su trabajo con seguridad, los fanáticos pueden comer hot dogs y aplaudir a sus equipos respectivos, y los jugadores pueden competir y recibir millones de dólares de sus patrocinadores. Las barreras físicas ayudan a que todo esto sea posible.

Las células del epitelio —la pared intestinal— se encuentran unidas por juntas apretadas que se pueden abrir y cerrar como el puente levadizo de un castillo. Por fortuna, permanecen cerradas la mayor parte del tiempo. Sin embargo, la exposición a bacterias potencialmente dañinas, en especial en el intestino delgado, puede provocar que las juntas se aflojen y dejen entrar agua y células inmunológicas al lumen intestinal, lo que suele provocar diarreas para eliminar el problema, una respuesta defensiva vital durante una infección aguda.[20] Por desgracia, ciertos aspectos de la vida moderna también pueden provocar que nuestra barrera intestinal sea más porosa y permita un *transporte retrógrado*, o el transporte de contenido intestinal hacia la profundidad de la pared intestinal. Esto conlleva grandes consecuencias y es probable que detone la "mimetización molecular" que se considera el camino hacia la autoinmunidad.

El gluten —la proteína encontrada en el trigo, el centeno, la cebada y muchos productos industrializados— es un posible instigador de esa permeabilidad indebida en la pared intestinal. El gluten es único entre las proteínas que consumimos porque, a diferencia de la proteína que obtenemos al comer una pechuga de pollo, los humanos somos incapaces de digerir el gluten por completo. Las proteínas de la mayoría de los alimentos las separamos en sus aminoácidos constitutivos durante la digestión, pero el gluten sólo se descompone en fragmentos grandes llamados *péptidos*. Se ha descubierto que dichos fragmentos estimulan la permeabilidad del intestino en los humanos, lo que provoca que el sistema inmunológico innato les dé la bienvenida como si fueran bacterias invasoras y no proteína alimentaria común.

En el meollo de esta reacción hay otra proteína llamada *zonulina*, la cual se produce en el intestino cuando el gluten está presente.[21] La zonulina actúa de alguna manera como portero celular y regula la integridad de las juntas entre las células epiteliales. Donde hay zonulina, hay permeabilidad. (El descubrimiento de este importante mediador de la permeabilidad intestinal se lo debemos al doctor Alessio Fasano, fundador del Centro General de Investigación Celiaca, en Massachusetts y experto en celiaquía de talla internacional.) Dicha "hiperpermeabilidad" puede ocurrirle a cualquiera, pero es exagerada en los pacientes con enfermedad celiaca. Para dicha población, el gluten evoca una respuesta inmunológica intensa que, con el tiempo, daña la pared del intestino delgado.

Uno de los peligros de un intestino más permeable es que permite el paso de las *endotoxinas* bacterianas (también conocidas como *lipopolisacáridos*, o LPS) hacia el torrente sanguíneo. Como ya mencioné en capítulos anteriores, los LPS son moléculas constituyentes de las membranas de ciertas bacterias que por lo regular viven en el ambiente seguro de nuestro intestino grueso. Cuando se filtran hacia la circulación, la endotoxina desata una respuesta proinflamatoria aguda que envía señales de una invasión bacteriana sistémica. La exposición a LPS se relaciona directamente con la producción proinflamatoria de citocinas y con un incremento del estrés oxidativo, lo que desata un caos a lo largo de gran variedad de sistemas corporales, incluyendo el cerebro.

Cuando los animales se inflaman, por lo general por una infección, exhiben ciertos cambios de comportamiento, incluyendo síntomas de letargo, depresión, ansiedad y falta de higiene. Se alejan de la manada y se vuelven más sedentarios con el fin de conservar la energía corporal para sanar y aislarse de los animales sanos. Este fenómeno no es exclusivo de los animales; los humanos reaccionamos igual, nos volvemos irritables, perdemos el interés en la comida y en socializar, y tenemos problemas para concentrarnos y hasta para recordar eventos recientes.[22] Esto se conoce como *conductas de enfermedad*, y es un fenómeno que los granjeros, cuidadores de zoológicos y científicos conocen bien. Los psicólogos creen que es un estado motivacional, una estrategia de adaptación biológica que nos ayuda a sobrevivir.

La depresión profunda puede ser una forma extrema de conducta de enfermedad. Se sabe que es más común en quienes padecen condiciones inflamatorias, como cardiopatías, artritis, diabetes y cáncer. En el exterior, estos trastornos no tienen nada que ver con el cerebro, pero el volumen de marcadores inflamatorios en la sangre y el riesgo de depresión se correlacionan al unísono: entre más elevados sean los niveles de dichos marcadores, más severa será la depresión.[23] Concebir la depresión, un trastorno que afecta a más de 350 millones de personas en el mundo, desde este nuevo y revolucionario punto de vista se enfrenta al paradigma preexistente de tratamientos y ha dado pie a toda una nueva teoría sobre su origen: el modelo de depresión por citocinas inflamatorias.[24] ¿Y qué usan los científicos que estudian la depresión y otras consecuencias de la inflamación para inducir un estado así en animales de laboratorio? LPS bacterianos.

La zonulina, la proteína que más permeabilidad provoca, también es capaz de alterar las juntas en la barrera hematoencefálica, otra capa de células epiteliales especializadas. Es un punto importante porque la ruptura de la barrera hematoencefálica está implicada en el desarrollo inicial del Alzheimer. No es de extrañar que una dieta libre de gluten reduzca tanto los niveles de zonulina como la permeabilidad intestinal, además de cuidar la barrera protectora del cerebro.[25]

Así pues, si no tienes enfermedad celiaca o intolerancia al trigo, ¿eliminar este cereal de la dieta puede ayudar a que el cerebro funcione mejor? Hace poco, un grupo de investigadores de la Universidad de Columbia se hizo la misma pregunta y estudió pacientes sin enfermedad celiaca o una intolerancia al trigo confirmada, pero que sí experimentaban síntomas de fatiga y problemas cognitivos después de comer trigo. Los investigadores sometieron a los sujetos a una dieta sin trigo, cebada ni centeno, y después de seis meses desaparecieron las señales de activación inmunológica y daño en las células intestinales. Se asoció con una mejora significativa tanto de los síntomas gastrointestinales como de la función cognitiva, como informaron los pacientes a través de cuestionarios detallados.[26] Si bien la comunidad médica ha estado debatiendo y cuestionando la propia existencia de la sensibilidad al trigo, esta increíble investigación se encuentra entre las primeras que validan una reacción no celiaca al trigo con cálculos objetivos.

¿CÓMO FUNCIONAN LOS PROBIÓTICOS?

Aunque parezca que las bebidas probióticas, los suplementos y hasta los alimentos con probióticos están de moda, de ninguna manera son un nuevo fenómeno. Hemos estado fermentando alimentos y canalizando el poder de las bacterias vivas para conservar los alimentos perecederos durante milenios. El registro más temprano de fermentación data de más de 8000 años y casi cada civilización desde entonces incluye al menos un alimento fermentado en su herencia culinaria. En Japón es el *natto*, el Corea el *kimchi*, en Alemania aman el *chucrut* (igual que yo) y el yogurt, ahora omnipresente, ¡conserva su nombre original en turco!

Si bien muchos creen que los probióticos son útiles porque se asientan en el intestino, la realidad es que la mayoría de los probióticos que consumimos sólo son turistas que ofrecen una comunicación amigable con nuestros residentes más permanentes y nuestras células inmunológicas.[27] Nuestro sistema inmunológico funciona mejor en un estado de feliz armonía con nuestra microbiota, y los probióticos parecen alentar esta conexión básicamente "afinando" el sistema inmunológico mientras viajan hacia el sur. Los probióticos también pueden reforzar la preciada barrera intestinal y "tapar" cualquier fuga en las juntas entre nuestras células epiteliales intestinales para prevenir que ciertos compuestos, como las *endotoxinas*, se filtren hacia la circulación e instiguen una inflamación sistémica grave. Ambas funciones ayudan a explicar los efectos antiinflamatorios que se ha demostrado que tienen los probióticos. Los beneficios resultantes son incontables y sustentan el argumento de que la gente que consume más alimentos fermentados tiende hacia una mejor salud y una mejor calidad de vida.

Pero recuerda: tomar un suplemento de probióticos por sí solo nunca arreglará el daño causado por una mala alimentación, aunque las investigaciones disponibles sí demuestran que consumir alimentos ricos en probióticos —como kimchi, kombucha y kéfir— puede potenciar los efectos de una dieta alta en fibra y baja en carbohidratos, como la que se describe en este libro. Aunque tomar suplementos no suele ser necesario, tampoco hace daño y podría ser de ayuda. En el capítulo 12 te explicaré cómo elegir un suplemento probiótico de alta calidad, si es que decides tomar esa ruta.

Antes de cerrar esta sección sobre nuestra gloriosa barrera intestinal, es importante mencionar que el gluten no es el único instigador potencial de una permeabilidad mayor. Éstos son otros factores que pueden provocar porosidad intestinal:

- **Consumo de alcohol.** En las personas no alcohólicas sanas, un solo trago de vodka aumenta de forma sustancial las endotoxinas y las citocinas proinflamatorias en la sangre,[28] ya que se ha demostrado que el alcohol inflama y vuelve más permeable al intestino, lo cual explica en parte el daño que el consumo crónico de alcohol produce en el hígado y otros órganos.[29]
- **Fructosa.** Extraer la fructosa de la matriz de fibra y fitoquímicos que suele acompañarla en la fruta entera puede incrementar la permeabilidad intestinal. El jarabe de maíz alto en fructosa o el jarabe de agave, tan utilizados para endulzar las bebidas comerciales, son pésimas noticias para la salud.
- **Estrés crónico.** Se ha demostrado que hablar en público (un factor de estrés común para muchos) induce por un momento la per-

meabilidad intestinal en los humanos, lo que es indicativo de un nuevo mecanismo a través del cual el estrés puede dañar nuestra salud.

- **Ejercicio excesivo.** Los atletas de resistencia pueden experimentar permeabilidad intestinal por el estrés de un entrenamiento aeróbico sostenido.[30] En el capítulo 10 compartiré las nuevas investigaciones sobre el ejercicio que sugieren que esas largas y extenuantes sesiones de cardio son innecesarias.
- **Grasa combinada con azúcar.** Se ha descubierto en modelos animales que las dietas altas en grasa (que suelen incluir azúcar) inducen inflamación y un "intestino permeable".[31]
- **Aditivos de los alimentos procesados.** Ahondaré en esto más adelante.

Cualquiera de estos estímulos puede facilitar la filtración de las endotoxinas hacia la circulación, aunque lleves una dieta libre de gluten. Por el contrario, diversos compuestos vegetales, como la quercetina (un polifenol presente en las cebollas, las alcaparras, las moras azules y el té) y el aminoácido L-glutamina reducen la permeabilidad intestinal y promueven un mejor funcionamiento de la pared intestinal.[32] Y la fibra, ese milagroso y subestimado nutriente, puede ser la más relevante por su efecto en una estructura importante llamada *mucosa*.

Nuestra magnífica mucosa

Por fortuna, la capa de células epiteliales no tiene que defenderse sola contra la arremetida diaria de sustancias tóxicas y microbios.

Entre el epitelio y los miles de billones de células microbianas que conforman la flora intestinal hay una dinámica matriz de mucosa, la cual comprende una forma de carbohidrato llamado *mucina*. Las células del epitelio producen esta mucosidad, y es básicamente ahí donde empiezan los problemas para el microbioma: no sólo provee una hamaca suave para que las bacterias gocen, sino que la mucosidad misma actúa como "zona desmilitarizada", una capa de protección para las células epiteliales.

Tener una capa de mucosa sana y gruesa es un mecanismo importante para minimizar la inflamación en el cuerpo y quizá también en el cerebro. Aunque las investigaciones sobre esta mucosa son recientes y siguen evolucionando, una estrategia infalible es asegurar un flujo continuo de fibra prebiótica en la dieta, la cual alimenta los microbios que proveen el butirato que alimenta a las células que crean la mucosa, para reforzar así su capacidad protectora.[33] Por el contrario, una dieta baja en fibra mata de hambre nuestra flora bacteriana y la obliga a *consumir* la capa de mucosa en un acto de desesperación.

"¡PERO NO SOY UN RATÓN!"

Cada vez que discutimos las investigaciones incipientes que inevitablemente se realizan en animales antes que en humanos, o cuando los estudios en humanos son poco éticos o imprácticos, siempre surge la pregunta de qué tanto aplicarían a los humanos en el mundo real. Un ejemplo perfecto de esta paradoja es que la enfermedad de Alzheimer se ha curado en ratones muchas veces; sin embargo, estos mismos resultados nunca se logran en las pruebas con humanos. La verdad es que los ratones no desarrollan Alzheimer en su entorno, y los científicos en estos casos trabajan con un *modelo* de Alzheimer inducido de forma artificial, una simulación imperfecta.

Por otra parte, los mecanismos celulares básicos se conservan mucho en la evolución, lo que significa que difieren muy poco entre especies. Entre más básico sea el proceso, más nos podemos alejar de los humanos y seguir encontrando resultados precisos. Podemos estudiar la división celular observando la levadura, por ejemplo. Podemos estudiar la forma en que trabajan las neuronas humanas mirando las neuronas gigantes, y casi idénticas, de un calamar. Y podemos estudiar el desarrollo cerebral de un feto observando los mosquitos de la fruta. Estos procesos son tan importantes que difieren muy poco entre especies, lo que incrementa entonces nuestra confianza en la traducción de resultados.

Conforme profundizamos en el estudio de la pared intestinal, podemos inferir mucho de los estudios animales, pues las células que cubren y rodean los intestinos son muy similares en todos los mamíferos.[34] ¿Es cierto que los químicos industriales tienen el mismo efecto en los humanos que en los ratones? Pasarán años antes de que la ciencia lo determine, pero debemos tomar decisiones sobre los alimentos que ingerimos *hoy*.

El gluten es un buen ejemplo de una proteína que algunas personas pueden tolerar en dosis pequeñas e infrecuentes, pero que irrita la pared intestinal en el contexto de la dieta occidental, baja en fibra y alta en pan, pasta y productos industrializados. Estos últimos están llenos de agentes emulsionantes que se usan para crear mezclas deliciosas de alimentos insolubles y asegurar una textura agradable. Se suelen hallar en aderezos para ensalada, helados, leches de nueces, crema para el café y otros alimentos procesados. En estudios realizados en animales, añadir hasta una pequeña cantidad de emulsionantes a la dieta puede producir un cambio profundo en la microbiota intestinal, erosionar la mucosa y reducir casi a la mitad la distancia promedio entre las bacterias y las células intestinales.

Se requieren dos impactos seguidos para que se detone un proceso inflamatorio: primero la erosión de la capa protectora del intestino y luego una reacción dentro de la pared intestinal. Cuando la mucosa se ve comprometida, las bacterias intestinales —tanto las beneficiosas que producen butirato como las patógenas— son capaces de infiltrar nuestra barrera intestinal. Esto puede provocar inflamación en el intestino conforme los habitantes bacterianos normales atraviesan la mucosa y se acercan demasiado a nuestro sistema inmunológico. Fue justo eso lo que les sucedió a los animales en el estudio de emulsionantes que mencioné.[35]

La conclusión importante que extraemos ahora es que quizá no sean sólo ciertas proteínas (por ejemplo, el gluten o las lectinas, otra clase de proteína vegetal que ha provocado revuelo a últimas fechas) las que provocan inflamación y permeabilidad intestinal en tantas personas. De hecho, el propio acto de consumir alimentos procesados a nivel industrial —sin fibra y fabricados con agentes emulsionantes para crear un bocado suave— puede alterar el microbioma por sí solo, arrancar la mucosa y volvernos más vulnerables a los efectos de tales proteínas.

Creamos lo que alimentamos

El microbioma intestinal se parece mucho a una ciudad en tanto que tiene al menos 1 000 especies diferentes viviendo en un ambiente inmensamente complejo y altamente competitivo. Hay especies de bacterias beneficiosas —productoras de AGCC y butirato— y hay especies de bacterias problemáticas —incluyendo patógenos potenciales (bacterias que te pueden enfermar), controladas por la comunidad en general—.

EL GRAN PODER DE LOS PROBIÓTICOS

¿Estás listo para un cambio de paradigma? En fechas recientes han surgido algunos estudios muy interesantes que resaltan el valor que pueden tener los probióticos —alimentos o suplementos ricos en bacterias vivas— para quienes padecemos depresión, ansiedad o incluso demencia.

En un pequeño estudio del Instituto Leiden para el Cerebro y la Cognición, en Holanda, las mujeres que tomaron un suplemento probiótico diseñado para incrementar la diversidad de bacterias en el intestino experimentaron menos reactividad a los pensamientos tristes, en comparación con las que tomaron un placebo. La resistencia a los pensamientos tristes es señal de una salud mental fuerte. Por ejemplo, en las personas deprimidas, un estímulo triste puede convertir el cielo azul en un cielo gris, mientras que alguien con un estado de ánimo sano no hace más que observar el pensamiento triste y seguir adelante, sin que haya una formación de nubes significativa.

¿Consumir más alimentos fermentados, como kombucha, yogurt, chucrut y kimchi, puede ayudar a paliar la ansiedad? Tal vez, según otro estudio donde se descubrió que los estudiantes que consumían más alimentos de este tipo tenían menos ansiedad social. El efecto fue más notorio entre quienes tenían personalidades neuróticas. "Es probable que los probióticos en los alimentos fermentados estén cambiando de forma favorable el ambiente intestinal, y que los cambios en éste influyan en la ansiedad social", escribió uno de los autores del estudio de la Universidad de Maryland y el Colegio William y Mary.

Investigaciones revolucionarias realizadas en Irán sugieren que los probióticos incluso podrían incrementar la función cognitiva en un grupo especialmente desesperado: los pacientes con Alzheimer avanzado. Los investigadores dieron un coctel de dosis altas de lactobacilos y bifidobacterias (dos cepas comunes de probióticos) a pacientes con demencia severa durante 12 semanas y descubrieron que, en comparación con el grupo de control que sólo recibió un placebo, el grupo de probióticos exhibió una impresionante mejoría de 30% en una prueba de función cognitiva. Aunque sería necesario replicar el efecto en una muestra mucho mayor, estos resultados preliminares son suficientes para dar esperanzas.

En realidad los científicos sólo han comenzado a escarbar la superficie de lo que será una década fascinante para la investigación del microbioma conforme sale a la luz el amplio alcance de los probióticos. Ciertas cepas pueden ayudar a combatir algunos cánceres, mejorar la salud cardiaca, estimular la neurogénesis cerebral e incluso alterar los estados de ánimo, lo que sentaría las bases de los "psicobióticos" (más al respecto en el capítulo 8).[36]

Bacteroidetes y firmicutes son las dos familias bacterianas reinantes que se encuentran en el intestino grueso. Son el equivalente de los Montesco y los Capuleto si *Romeo y Julieta* se representara en el intestino grueso. Aunque en la actualidad no hay un consenso sobre la composición microbiana "perfecta", hay correspondencias que los científicos pueden plantear en su observación de la firma microbiana de diversas poblaciones con diferentes perfiles de salud. Por ejemplo, algunas investigaciones han sugerido que la gente con sobrepeso tiene más firmicutes que bacteroidetes (o Capuletos que Montescos, en nuestra analogía de Shakespeare). En este punto se desconoce si esta firma o cualquier otra tiene una relación causal —o de mera influencia— con la salud del huésped humano. Sin embargo, los estudios de trasplantes fecales microbianos hechos en animales están brindando mayor claridad. Con este método podemos responder a la pregunta: ¿es posible cambiar los aspectos de la salud y la apariencia animal si modificamos su microbioma?

En un ejemplo así, los científicos querían ver qué sucedería si trasplantaran el microbioma de ratones obesos con resistencia insulínica en el tracto digestivo de ratones delgados. Como por arte de magia, los ratones delgados con microbios de ratones obesos empezaron a subir de peso y a exhibir la misma disfunción metabólica que sus contrapartes obesas.[37] Si bien los humanos son más complejos que los ratones, este estudio sugiere que los microbios tienen la última palabra de muchas maneras, al menos en lo referente al peso. Pero ¿qué pasa con la salud mental y la cognición?

Por primera vez, las investigaciones revolucionarias han ilustrado el vínculo entre la estructura y la función cerebrales y las bacterias intestinales en humanos sanos. En un estudio realizado en la UCLA, se hicieron resonancias cerebrales, se estudió la secuencia del microbioma de mujeres sanas y se les dio una prueba para analizar su riesgo de depresión. Las mujeres con una proporción mayor de la bacteria *Prevotella* en el intestino tenían una mayor conectividad entre las regiones sensoriales y emocionales del cerebro, así como centros de memoria más pequeños y menos activos.[38] Cuando les mostraban imágenes negativas, estas mujeres parecían experimentar emociones más fuertes, como si estuvieran alteradas. Por otra parte, las mujeres con una proporción mayor de *bacteroides*, otro tipo común de bacterias intestinales, fueron mucho menos propensas a experimentar emociones negativas cuando les mostraron las imágenes. A nivel estructural, sus centros de memoria eran grandes y también tenían más volumen en la corteza prefrontal, el eje de la función ejecutiva. Parecía que las mujeres con menos *Prevotella* y más *bacteroides* eran emocionalmente más fuertes y más resilientes.

¿Las bacterias afectaban el cerebro de las mujeres, o su cerebro de alguna manera alteraba la mezcla de bacterias en el intestino? Nadie lo sabe. Sin embargo, como han hecho con el metabolismo y el peso, los científicos han podido alterar el comportamiento y lo que podría interpretarse como la salud mental en los ratones sólo con modificar su microbioma, lo que sugiere que los tipos de bacterias presentes en el intestino sí tienen un papel en la función cerebral.[39]

Como mencioné antes, la composición intestinal óptima es un rompecabezas que dista de ser resuelto y probablemente sea diferente para ti y para mí. Es interesante mencionar, sin embargo, que la gente que lleva dietas altas en carbohidratos y basadas en cereales tiende a presentar proporciones mayores de *Prevotella* en el intestino.[40]

Muchos científicos en el campo parecen estar de acuerdo en que la mejor forma de asegurar que las bacterias beneficiosas conserven una inclinación competitiva en el ambiente colónico rudo y constantemente cambiante es consumir una dieta rica en fibra y nutrientes vegetales, como los polifenoles, y evitar el azúcar y los carbohidratos refinados. Este patrón beneficiará directamente la microbiota útil y matará de hambre a los patógenos, con lo que dificultará que otras especies malévolas ganen terreno en el ecosistema intestinal violento. Mientras esperamos a tener más claridad sobre el tema, cambiar una dieta basada en cereales por una construida sobre verduras ricas en fibra prebiótica parece una apuesta segura para mejorar el estado del microbioma (y del estado de ánimo).

■ **Pregunta:** Pero los cereales enteros contienen fibra. ¿Debería comer más?

Respuesta: Los granos enteros contienen muy poca fibra prebiótica. El contenido de fibra de los granos es en su mayoría fibra *insoluble* y, en lo que respecta al microbioma, no toda la fibra es igual. La fibra insoluble no es prebiótica y las bacterias intestinales no pueden metabolizarla (básicamente es aserrín). Los cereales también proveen una gran cantidad de almidón, que en esencia es glucosa pura. Dada la poca cantidad de fibra prebiótica y la gran cantidad de glucosa, es probable que los cereales integrales no sean la mejor forma de alcanzar tu dosis diaria de fibra.

La diversidad es mejor

Como ya dije, nuestro sistema inmunológico se beneficia de una pluralidad de voces bacterianas y, sin embargo, la diversidad es otro aspecto que le falta a nuestro microbioma moderno. Muchos estudios compararon el microbioma intestinal de habitantes de ciudades occidentales con habitantes de poblaciones rurales y con cazadores-recolectores que comen más plantas (por ende, más fibra), y demostraron la increíble falta de diversidad que promueve la modernización. Al asegurar que tu dieta sea rica en una mezcla de distintos *tipos* de fibra, pues cada tipo alimenta a diferentes especies de bacterias, estimulas directamente la diversidad microbiana intestinal, una característica que los investigadores, incluso en este estado naciente del estudio microbiano, consideran clave para la salud del huésped. De hecho, las investigaciones han demostrado que la fibra por sí sola puede incrementar o disminuir de forma sustancial nuestra diversidad microbiana, una cualidad que hasta puedes heredarles a tus hijos.[41] Éstas son algunas formas de maximizar tu diversidad microbiana:

- **Evita los jabones y geles antibacterianos.** Úsalos sólo cuando sea necesario; por ejemplo, al visitar zonas donde exista un alto riesgo de exposición patógena, como los hospitales.
- **Abraza la naturaleza.** Pasa más tiempo en exteriores, en parques, en el campo y haciendo senderismo.
- **Consume agua filtrada.** Es maravilloso el uso de cloro para eliminar los brotes patógenos en el agua en naciones en vías de desarrollo, pero muchas reservas de agua en el Primer Mundo tienden a estar sobretratadas con cloro.
- **Báñate menos.** O usa jabón con moderación; quizá sólo en uno de cada dos baños. El aumento resultante de las moléculas del aroma, llamadas *feromonas*, inclusive puede ayudar en tu vida amorosa. Lávate el cabello con champú una o dos veces a la semana cuando mucho; ¡no hay razón para usar champú a diario!
- **Compra productos orgánicos cuando sea posible.** Serán más ricos en polifenoles antioxidantes, los cuales apoyan a las bacterias productoras de butiratos y a la salud de la mucosa.[42]
- **Evita tomar antibióticos de amplio espectro a menos que sea absolutamente necesario.** Los antibióticos pueden salvar vidas cuando son adecuados; es una verdad irrefutable. Sin embargo, de

acuerdo con una investigación reciente, 30% de los antibióticos prescritos en Estados Unidos, por ejemplo, son del todo innecesarios y son capaces de devastar el ecosistema microbiano,[43] lo que puede dejar espacio para que se instalen patógenos oportunistas como *C. difficile*.

- **Adopta una mascota.** Hay millones de animales sin hogar, en albergues, que estarían felices de ayudarte a incrementar tu diversidad microbiana. Las mujeres que tienen un perro en su hogar estando embarazadas son menos propensas a tener hijos con alergias, y los niños que crecen con perros son 15% menos propensos de desarrollar asma.[44] Vivir con un perro es una de las mejores formas de incrementar la diversidad microbiana del hogar y del intestino.
- **Relájate.** La digestión ocurre cuando estás relajado, de ahí el término "descansa y digiere". Comer apurado puede desatar una cascada de mecanismos de respuesta al estrés que comprometan la digestión y no sólo impidan la absorción de nutrientes, sino que afecten también el acceso que tengan las bacterias benéficas a dichos nutrientes.

Un futuro brillante

Entre más aprendemos sobre el intestino, más comprendemos el papel potencial que puede tener en el desarrollo de diversas enfermedades. Al mismo tiempo, empezamos a ver cómo atenderlo puede ayudar también a tratar esos trastornos.

Muchas afecciones neurológicas y hasta psiquiátricas se asocian con la inflamación intestinal, y las preceden síntomas intestinales. El trastorno del espectro autista (TEA) está íntimamente vinculado con la inflamación intestinal, la cual coincide con una inflamación en el cerebro.[45] Muchos niños autistas tienen problemas intestinales, como enfermedad inflamatoria intestinal y una pared intestinal demasiado permeable. En una prueba de permeabilidad intestinal (llamada la *prueba de lactulosa y manitol*), 37% de los niños con TEA resultaron positivos, en comparación con menos de 5% de los niños del grupo de control; esto representa una incidencia siete veces mayor. El tamaño de este efecto sin duda sugiere un posible vínculo causal, ya sea que la permeabilidad intestinal provoque comportamiento autista, o que el autismo cause una permeabilidad intestinal mayor, o que haya un tercer factor, como exposición ambiental, que induzca ambos.

En el otro extremo del espectro de edad, la enfermedad de Parkinson, un trastorno neurodegenerativo, también se vincula estrechamente con la salud intestinal. Una de las primeras señales de la enfermedad que se suele ignorar muchas veces es el estreñimiento. Aunque los científicos todavía están trabajando en comprender este vínculo, se reveló una pista significativa en un estudio reciente que involucró a 15 000 pacientes con el nervio vago lesionado. El nervio vago envía mensajes del tracto gastrointestinal directamente al cerebro, y se observó que la mitad de los pacientes con nervios lesionados desarrolló enfermedad de Parkinson a lo largo de 20 años, en comparación con los índices que se ven en la población general. Es evidencia considerable de que la enfermedad de Parkinson puede, de hecho, comenzar en el tracto gastrointestinal y escalar a través del nervio vago hacia el cerebro.[46]

El trasplante de microbiota fecal —el trasplante de heces sanas con hasta 60% de bacterias por peso— es un procedimiento emocionante porque provee una oportunidad de apretar el botón de "reinicio" en el microbioma intestinal. Hoy en día, este procedimiento involucra trasplantar heces intactas, las cuales pueden contener miles de tipos de bacterias. Los científicos todavía no saben con exactitud cuáles tienen poderes curativos, pero en un futuro sin duda surgirán intervenciones bacterianas selectivas para una gran cantidad de trastornos.

Es importante recordar que la microbiota intestinal sólo es un elemento de nuestra simbiosis humano-microbiana. Los rubros emergentes de investigación incluyen los microbiomas orales y de los senos nasales. Desde hace mucho se vinculó la mala salud bucal con una serie de enfermedades sistémicas, incluyendo infartos, diabetes, enfermedad cardiovascular y demencia.[47] En un artículo publicado en *PLOS ONE*, los autores descubrieron que los pacientes con inicios de demencia o demencia moderada que también padecían periodontitis —inflamación de las encías—, seis meses después tenían seis veces más probabilidades de haber experimentado un notorio declive cognitivo.[48] ¿Deberíamos estar lavándonos con enjuague bucal antibacteriano y bombardear las poblaciones de bacterias amigables en nuestro microbioma oral junto con las más dañinas? ¿Las mismas especies oportunistas que se encuentran en el intestino pueden vivir bajo nuestras encías, esperando el momento correcto para dar un golpe de Estado? Son preguntas que las futuras investigaciones sin duda necesitan responder.

El microbioma de los senos paranasales (o rinosinusal) puede ser de especial relevancia para el cerebro. La cavidad nasal provee un acceso directo al cerebro a través de su abundante cama vascular de capilares altamente permeables. ¿Qué significa esto para la fábrica química microbiana que habita esta zona? Investigaciones recientes realizadas en Harvard sugieren que la placa amiloide (aquella que se acumula en el cerebro de personas con Alzheimer) puede ser, para algunos, una reacción a una infección microbiana en el cerebro, lo que posiciona el microbioma nasal como un candidato interesante para la exploración en años venideros. ¿Qué mezcla de microbios provee la ventaja menos competitiva para los buscapleitos oportunistas? ¿Los atomizadores probióticos nasales son el tratamiento del futuro para estimular la cognición? ¿Es una coincidencia que el sentido del olfato sea el primero que se ve afectado por el deterioro cognitivo? Por mi parte, me emociona observar los avances que se avecinan en estos campos del conocimiento.

NOTAS DE CAMPO

- Un intestino sano se convierte en una fábrica de butirato, lo que implica que la fibra dietética es una de las armas más importantes contra la inflamación.
- Se ha demostrado que el butirato incrementa el FNDC, el mejor fertilizante para el cerebro.
- El gluten puede instigar la autoinmunidad (cuando el sistema inmunológico del huésped ataca sus propias células) en muchas personas. La típica dieta baja en fibra (rica en emulsionantes) puede exacerbar la amenaza del gluten.
- La diversidad bacteriana en el intestino es importante para "entrenar" a un sistema inmunológico sano, una característica que la vida moderna ha mermado en gran medida.

Alimento genial #7

Verduras de hoja verde

Las verduras son los mejores amigos de tu cerebro. No hay "si acasos" ni "peros" al respecto, sobre todo cuando hablamos de las variedades no amiláceas que incluyen las espinacas, la lechuga romana y las verduras crucíferas como la col, la col rizada, las hojas de mostaza, la arúgula y la col china. Estas verduras de hoja verde son bajas en azúcar y están repletas de vitaminas, minerales y otros fitonutrientes que el cerebro necesita con desesperación para funcionar bien.

Uno de los nutrientes más concentrados en las verduras de hoja verde es el folato. De hecho, la palabra *folato* deriva de la palabra latina para "follaje", lo que facilita que recordamos de dónde obtenerlo: ¡come hojas! El folato, conocido sobre todo por su capacidad para prevenir defectos de nacimiento en el tubo neural, es un ingrediente esencial en el ciclo de metilación del cuerpo. Este ciclo ocurre de forma constante a lo largo del cuerpo y es esencial para la desintoxicación y para que los genes hagan bien su trabajo.

Otro nutriente importante que encontramos en las hojas verdes es el magnesio. Se conoce como un "macromineral" porque necesitamos obtener una cantidad relativamente grande de los alimentos para tener una salud y un desempeño óptimos (otros macrominerales son el sodio, el potasio y el calcio). Casi 300 enzimas necesitan magnesio, lo que significa que es muy popular en el cuerpo. Dichas enzimas tienen la tarea de ayudarte a generar energía y reparar el ADN dañado, la causa subyacente del cáncer y el envejecimiento, e incluso tienen un papel en la enfermedad de Alzheimer. Por desgracia, el consumo de magnesio es inadecuado en 50% de la población; sin embargo, para nuestra buena suerte, cualquier cosa verde suele ser una buena fuente de magnesio, pues el mineral se encuentra presente en la molécula de clorofila (que da a las plantas su pigmentación verde). Quizá por ello es que un estudio reciente demostró que el cerebro de personas que consumen apenas dos porciones de verduras de hoja verde al día se ve ¡11 años más joven en las tomografías!

Las verduras de hoja verde también nos ofrecen un beneficio irrefutable gracias a la fibra que contienen. En el capítulo 7 aprendiste todo sobre el microbioma intestinal y su capacidad colectiva de producir *ácidos grasos de cadena corta*, como el butirato, un poderoso inhibidor de la inflamación. La forma número uno de alimentar a estos microbios (y a cambio extraer butirato para nosotros) es incrementar el consumo de verduras, lo que asegura una fuente diversa y abundante de fibras prebióticas fermentables para nuestros amigos microbios. Las hojas verdes incluso contienen una molécula recién descubierta de azúcar adherida a un sulfuro, llamada *sulfoquinovosa* (intenta decirlo tres veces seguidas), la cual alimenta directamente a las bacterias intestinales.

El consumo de verduras en general —y de verduras de hoja verde en particular— beneficia al cerebro y al cuerpo, y hasta se relaciona inversamente con el riesgo de demencia y varios biomarcadores del envejecimiento.

Cómo usarlas: Come una "ensalada grasosa" enorme todos los días; es decir, una ensalada llena de hojas verdes orgánicas, como col rizada, arúgula, lechuga romana o espinacas, y rociada con aceite de oliva extra virgen. Evita las variedades con pocos nutrientes, como la lechuga iceberg, que es sólo agua y fibra. Hay más opciones de "ensalada grasosa" en la sección de recetas (páginas 290 a 291).

Capítulo 8

Los controles de la química cerebral

Recuerdo con claridad mi primer intento por decodificar la palabra *neurotransmisor* (y los múltiples medicamentos que afectan la neurotransmisión); fue inmediatamente después del diagnóstico de mi mamá, estando sentados todavía en el auto rentado, en el estacionamiento de la Clínica Cleveland. Intentaba pronunciar los nombres de los medicamentos en los diversos frascos que nos dieron en la farmacia.

Los nombres de las marcas eran cúmulos extrañísimos de fenómenos vagamente verbales: consonante-vocal-consonante, seguido de vocal-consonante-vocal, mezclado en secuencias melifluas y agradables. Parecía que *podían* ser palabras, *deberían* ser palabras, como si estuvieras leyendo las páginas de un libro escrito en español, pero en una dimensión paralela. *Na-men-da. Sin-e-met. Ari-cept.* Podrían entrar con gran naturalidad en cualquier conversación cotidiana.

—Hermano, ¿qué vas a hacer esta noche?

—Namenda.

—Yo tampoco. Vamos al Sinemet.

—No sé si Aricept.

Los nombres científicos de la sustancia activa estaban menos personalizados para una audiencia televisiva, y daban pie a una ambigüedad ansiosa al pasar por mi lengua: *memantina, levodopai, carbidopa, donepezilo.* ¿Era *don-E-pezilo*? ¿*DON-epezilo*? ¿Dónde recaía el acento?, me pregunté. Me conformé con una pronunciación, un poco confiado de que era la correcta, hasta que un médico usó una pronunciación para nada lógica. ¡Vaya, las cosas que uno aprende en la escuela de medicina! Entonces me dirigí al consultorio de otro médico, listo para impresionarlo con mi pronunciación correcta, sólo para que *ese* médico sonriera, aseverando confiado que una tercera variante era la versión aceptada.

Más allá de su pronunciación, ¿qué hacen estos medicamentos en realidad? Estos compuestos con nombres raros alteran los niveles de neurotransmisores. Los medicamentos para la demencia no son los únicos compuestos que lo hacen: muchos medicamentos que requieren receta médica, desde antidepresivos hasta ansiolíticos y tratamientos para el TDAH, manipulan los niveles de esos mensajeros químicos tan importantes. Si bien esta clase de medicamento está en los primeros lugares de ventas farmacéuticas del mundo, otros compuestos que varias culturas humanas han utilizado también trabajan de manera similar: el café, el alcohol, la cocaína, el MDMA y hasta la luz del sol nos hacen sentir de cierta manera por su impacto en los neurotransmisores.

La noción de que nuestro cerebro no funciona como queremos que lo haga por los niveles desequilibrados de neurotransmisores se conoce como teoría del "desequilibrio químico". Se asocia en especial con la depresión, en donde se afirma que la sensación de tristeza es provocada por bajos niveles de serotonina en el cerebro. Pero investigaciones recientes sugieren que muchos de los problemas comunes en el cerebro no son ocasionados por déficit de neurotransmisores, sino por neurotransmisores incapaces de funcionar de la forma debida por culpa a una disfunción inducida o subyacente. De igual manera, la demencia no es *causada* por niveles bajos de acetilcolina, un neurotransmisor involucrado en la memoria; la acetilcolina disminuye porque las neuronas que la producen están muriendo lentamente en muchos casos.

Por eso, tales medicamentos no tienen la capacidad de "modificar la enfermedad"; es decir, no hacen nada para resolver los problemas subyacentes que producen el paquete de síntomas que interpretamos como "demencia". No hacen más que actuar como una venda. El déficit de atención, la pérdida de memoria y la depresión anímica pueden ser manifestaciones de problemas subyacentes, y los medicamentos siguen quedándose cortos en su tratamiento.

¿CÓMO FUNCIONAN LOS NEUROTRANSMISORES?

Para un sistema microscópico, la función neurotransmisora es un diseño increíblemente elegante. Una neurona libera parte del neurotransmisor. La neurona se llama célula *presináptica* porque inicia el mensaje que precede la sinapsis. El neurotransmisor entonces pasa a la *hendidura* sináptica, el espacio entre las neuronas. Ahí, las moléculas del neurotransmisor cruzan el espacio para encontrarse con un receptor en la neurona *postsináptica*. El neurotransmisor restante regresa a la célula presináptica (*recaptura*) o las enzimas lo degradan. Bajo condiciones normales, esta "limpieza" postsináptica sirve para prevenir la estimulación excesiva de la célula postsináptica, pero en ciertos casos puede ser manipulada por medicamentos, con diversos efectos. Por ejemplo, inhibir la recaptura es el mecanismo de ciertos antidepresivos para incrementar la disponibilidad del neurotransmisor serotonina. Por otra parte, los medicamentos que buscan incrementar la acetilcolina en el cerebro, otro neurotransmisor importante, funcionan previniendo la degradación enzimática.

Este capítulo explorará cómo conservar el funcionamiento óptimo de los neurotransmisores, y te ayudará a recrear las condiciones de trabajo para las que fueron creados. Ya sea que sufras de malestar anímico o mala memoria, de estrés o falta de concentración, esta sección te ayudará a comprender mejor cómo maximizar la calidad de vida, la función cognitiva y la salud de neurológica a través de los principales medios de comunicación cerebral. Dado que la buena salud neurológica mejora nuestra experiencia del mundo, nos permite ser la versión más real y mejor expresada de nosotros mismos, de ser capaces de sentir, aprender, amar y conectarnos de forma que la vida valga la pena.

Glutamato/GABA:
el yin y el yang de los neurotransmisores

La antigua filosofía china describe la vida en términos de la inhibición (yin) y la excitación (yang) que coexisten en perfecta armonía. Sin saberlo, estos filósofos de la antigüedad se toparon con una descripción rudimentaria de dos de nuestros neurotransmisores más elementales, ¡miles de años antes de la invención del método científico!

GABA es el neurotransmisor inhibidor principal en el cerebro, el cual interviene en 30 o 40% de las sinapsis. Se asocia con un efecto relajante al que se ha apodado "el Valium de la naturaleza", y equilibra el glutamato —el neurotransmisor excitador principal—, que es el *yang* para el *yin* del GABA. Ambos son los neurotransmisores más abundantes en el cerebro y participan en la regulación de la capacidad de alerta, la ansiedad, la tensión muscular y las funciones mnemónicas.[1]

Glutamato

El glutamato, sustancia usada por más de la mitad de todas las neuronas, es el precursor del GABA e incrementa el nivel general de excitación en el cerebro. El glutamato participa por lo regular en el aprendizaje, la memoria y la sinaptogénesis (la creación de nuevas conexiones entre las neuronas).[2] Ya hablamos de algunas armas de dos filos muy famosas en la bilogía —el oxígeno, la insulina y la glucosa—, y el glutamato es una de ellas. El exceso puede provocar *excitotoxicidad* y dañar las neuronas. Se ha observado disfunción de los mecanismos complejos que regulan la liberación de glutamato en la enfermedad de Alzheimer, y es un factor destructivo en la esclerosis lateral amiotrófica, una enfermedad neurológica de progresión rápida que ataca las neuronas responsables de controlar el movimiento involuntario. (Una de las dos clases principales de medicamentos utilizados para tratar la demencia reduce la excitotoxicidad relacionada con el glutamato en el cerebro, y el único medicamento aprobado por la FDA para extender la vida en personas con esclerosis lateral es también un agente modulador del glutamato.)[3]

GABA

El neurotransmisor GABA inhibe el nivel general de excitación del cerebro. Es posible que ya estés familiarizado con la sensación de modulación del mismo. Los ansiolíticos aumentan el efecto del GABA, al igual que el alcohol, y ambos inhiben de forma simultánea el glutamato. El problema es que estos medicamentos son altamente adictivos y traen una horda de consecuencias. Los efectos estimulantes de la cafeína, por otro lado, se deben a su capacidad de incrementar la actividad del glutamato e inhibir la liberación del GABA. Se considera que la ansiedad, los ataques de pánico, las palpitaciones y el insomnio se manifiestan por una disfunción del sistema del GABA.

EL AUGE DE LOS "PSICOBIÓTICOS"

Los científicos que estudian la depresión en ratones tienen que ser muy astutos en su forma de determinar lo que constituye la depresión, y una manera muy interesante de calibrar la satisfacción general de la vida de un ratón es la *prueba de natación forzada*. Así funciona: se deja caer a los ratones a un tanque lleno de agua, donde de inmediato empiezan a patalear hasta que encuentran algo a qué asirse. Los ratones que están deprimidos tienden a perder la esperanza y se dejan sumergir antes que los ratones felices, quienes patalean durante mucho más tiempo; esto se interpreta como un incremento en la motivación de vivir. Por extraño que suene, es la forma en que se estudian y prueban inicialmente algunos antidepresivos.

En un giro único dentro de este experimento, poblaron el microbioma de los ratones con cierto tipo de probiótico llamado *Lactobacillus rhamnosus* y luego los echaron al tanque. En comparación con los ratones que no recibieron el probiótico, quienes sí lo recibieron parecían más dispuestos a permanecer a flote. Incluso exhibieron un aumento considerable de los receptores GABA contra la ansiedad en ciertas partes del cerebro. Este efecto tampoco se presentó en ratones que *recibieron* el probiótico, pero tenían fisurado el nervio vago. El nervio vago inerva el intestino y está conectado directamente con el cerebro. Esto sugiere que el mecanismo de acción fue la comunicación microbiana directa con el cerebro.[4]

Si los probióticos ayudaron a los ratones deprimidos, ¿cuál es la probabilidad de que ayuden con otros síntomas psiquiátricos? Los ratones nacidos de madres que comían el equivalente roedor de comida rápida (una combinación mortal de grasa y azúcar) varias veces al día mostraron síntomas de comportamiento social similares al autismo. Al inspeccionar sus poblaciones de bacterias intestinales, estos ratones autistas tenían nueve veces menos *Lactobacillus reuteri*, otra especie probiótica. Al restaurar la *L. reuteri* con un suplemento probiótico, los científicos pudieron "corregir" este déficit de comportamiento social, y los ratones inclusive mostraron un incremento en la producción de la hormona social *oxitocina*, la cual actúa también actúa como neurotransmisor.

Curiosamente, la cantidad de *L. reuteri* presente en nuestro sistema ha ido disminuyendo de la mano con el aumento observable en los índices de autismo y consumo de comida rápida. En los años sesenta, cuando se descubrieron las bacterias, la *L. reuteri* estaba presente en 30 o 40% de la población. Hoy se encuentra en 10 o 20%, seguramente resultado de la disminución de nuestro consumo de alimentos fermentados y fibra, nuestra dependencia de alimentos ultraprocesados y el uso incremental de antibióticos.[5] Considerando que la *L. reuteri* por lo regular se transmite a través de la leche materna, es como el amigo que no sabíamos que teníamos hasta que lo perdimos.

Optimizar el glutamato y el GABA

Una forma de mantener el funcionamiento normal de este sistema es provocar el equilibrio entre el glutamato y el GABA en tu propia vida, incluyendo periodos de excitación e inhibición deliberados. Se ha demostrado que el ejercicio intenso promueve este balance al incrementar la producción de ambos en el cerebro humano.[6] Este efecto se extiende más allá del entrenamiento, pues se correlaciona con mayores niveles de glutamato en reposo una semana después. La depresión severa se categoriza como una reducción en los niveles de ambos, y se ha observado que el ejercicio mejora los síntomas depresivos, además de que ayuda a que el cerebro metabolice de forma más efectiva el glutamato y disminuya su acumulación.[7]

La meditación, el yoga y los ejercicios de respiración profunda son formas magníficas de incrementar el GABA.[8] El condicionamiento hipotérmico, ya sea tomando un baño de tina con hielo o en la regadera con agua fría, o haciendo crioterapia (donde entras a un tanque lleno con gas nitrógeno congelado, por lo regular alrededor de tres minutos) es un medio excelente para normalizar el equilibrio GABA / glutamato.[9] Aunque es estresante y excitante, y estimula así la respuesta nerviosa simpática de "lucha o huida", la gente que participa en condicionamiento hipotérmico experimenta una baja significativa de la actividad simpática y un incremento de GABA después de la aclimatación. (La exposición al frío también tiene el beneficio de estimular otro neurotransmisor —llamado *norepinefrina*— involucrado en el aprendizaje y la atención, el cual discutiré más adelante.)

Evitar el consumo de glutamato añadido en alimentos procesados es otra buena estrategia para mantener este equilibrio vital entre los neurotransmisores. El glutamato monosódico (GMS), un potencializador de sabores que se utiliza por lo general en la gastronomía china, es una fuente común de esta sustancia, y el aspartame, un endulzante "dietético" no calórico, se convierte en excitatorio; ambos se transforman en precursores del glutamato una vez que entran al cuerpo.[10]

Acetilcolina:
el neurotransmisor del aprendizaje y la memoria

La acetilcolina es un neurotransmisor que forma parte del *sistema colinérgico*, el cual se relaciona con muchas actividades corporales, pero se le conoce mejor por su papel en el sueño REM, el aprendizaje y la memoria.

Los niveles bajos de acetilcolina se asocian con enfermedad de Alzheimer, donde las neuronas productoras de acetilcolina están dañadas. De hecho, la segunda de dos clases importantes de medicamentos que se usan en la actualidad para tratar el Alzheimer y otras formas de demencia incrementa la disponibilidad de acetilcolina en el cerebro y previene su descomposición enzimática durante la sinapsis* (ya mencioné la primera, la cual modula el glutamato).

Optimizar la acetilcolina

Una manera de garantizar el funcionamiento óptimo de la acetilcolina es evitar una amplia clase de medicamentos "anticolinérgicos" comunes. Muchos de estos medicamentos se usan indiscriminadamente y se pueden conseguir sin receta médica, pues se usan para tratar todo, desde alergias hasta insomnio.

Como la palabra sugiere, estos medicamentos bloquean el neurotransmisor acetilcolina, y su uso continuado puede provocar problemas cognitivos en apenas seis días.[11] Y hasta el uso ocasional de un anticolinérgico fuerte puede provocar toxicidad aguda. Muchas veces, los estudiantes de medicina recuerdan los síntomas con el mnemónico "ciego como un topo (pupilas dilatadas), rojo como tomate (sonrojado), caliente como el carbón (fiebre), seco como hueso (piel seca), loco de remate (confusión y pérdida de memoria a corto plazo), inflado como sapo (retención urinaria) y el corazón corre solo (latidos rápidos)".

Los neurotransmisores son más que sólo el mensaje que contienen; a veces son esenciales para mantener sanas las neuronas. Una investigación alarmante publicada en *JAMA Neurology* demostró que el metabolismo cerebral de la glucosa en los usuarios de medicamentos anticolinérgicos era menor, y sus habilidades cognitivas eran deficientes (incluyendo el debilitamiento de la memoria a corto plazo y función ejecutiva). En tomografías, los sujetos incluso exhibieron alteraciones de las estructuras cerebrales, volumen cerebral menor y ventrículos más

---

* Estos medicamentos, llamados *inhibidores de colinesterasa*, no tienen fama de ser especialmente eficaces, en parte porque la acetilcolina baja es resultado de una disfunción subyacente, no la causa. Estos medicamentos no tratan la disfunción y, por ende, no frenan la progresión de la enfermedad.

grandes (las cavidades interiores del cerebro). Los medicamentos anticolinérgicos que tomaron estos sujetos incluían medicinas para el resfriado que se toman por la noche, una pastilla comercial para dormir y
relajantes musculares, todos bloqueadores de la acetilcolina.

Tal vez te estés preguntando si el uso crónico de estos medicamentos
puede incrementar el riesgo de demencia, y la respuesta es sí. En un
estudio realizado con 3 500 adultos mayores, los investigadores de la
Universidad de Washington descubrieron que las personas que tomaban
estos medicamentos eran más propensas a desarrollar demencia que las
personas que no los tomaban.[12] De hecho, entre más regular fuera su
uso, mayor el riesgo de demencia. Tomar un anticolinérgico durante tres
años o más se asocia con 54% más riesgo de demencia que si se toma la
misma dosis durante tres meses o menos. Si tomas cualquiera de estos
medicamentos con frecuencia, es vital que hables con tu médico sobre
la posibilidad de que estén mermando tu función cognitiva y te provo-
quen un riesgo mayor de demencia. Si tienes el alelo *ApoE4* (descrito en
el capítulo 6; los portadores suman representan 25% de la población) o
una considerable historia familiar de demencia, tu médico y tú definitivamente deberían buscar alternativas más seguras.

Medicamentos anticolinérgicos comunes que debes evitar

Medicamento	Uso	Impacto
Dimenhidrinato	Mareo	Anticolinérgico fuerte
Difenhidramina	Antihistamínico / para dormir	Anticolinérgico fuerte
Doxilamina	Para dormir	Anticolinérgico fuerte
Paroxetina	Antidepresivo	Anticolinérgico fuerte
Quetiapina	Antidepresivo	Anticolinérgico fuerte
Oxibutinina	Vejiga sobreactiva	Anticolinérgico fuerte
Ciclobenzaprina	Relajante muscular	Anticolinérgico moderado
Alprazolam	Ansiolítico	Anticolinérgico potencial
Aripiprazol	Antidepresivo	Anticolinérgico potencial
Cetirizina	Antihistamínico	Anticolinérgico potencial

Medicamento	Uso	Impacto
Loratadina	Antihistamínico	Anticolinérgico potencial
Ranitidina	Para la acidez	Anticolinérgico potencial

La dieta también influye en la optimización del sistema colinérgico. La colina es el precursor alimentario de la acetilcolina más importante, y los cambios en los niveles de colina en plasma pueden conllevar cambios en los niveles neurológicos de los precursores de este neurotransmisor.[13] La colina también es un componente clave de la membrana celular, que es donde el cuerpo lo acumula para usarlo después. Se encuentra en cantidades abundantes en productos del mar y aves, pero los huevos son la mejor fuente, ya que un huevo grande contiene alrededor de 125 miligramos de colina en la yema. Por desgracia, el consumo promedio de colina en Estados Unidos es menor que el nivel adecuado que establece la Academia Nacional de Medicina: 550 miligramos al día para hombres y 425 miligramos al día para mujeres (más elevado para mujeres embarazadas o lactantes).[14] Diez por ciento o menos consume colina en esas cantidades o en mayores proporciones.[15]

Principales alimentos con colina

- Huevos (¡come las yemas!)
- Hígado de ternera
- Camarones
- Callos de hacha
- Carne de ternera
- Pollo
- Pescado
- Coles de Bruselas
- Brócoli
- Espinacas

(Veganos y vegetarianos: necesitarán comer dos tazas completas de brócoli o de coles de Bruselas para obtener la misma cantidad de colina que se encuentra en una sola yema de huevo.)

Serotonina: el neurotransmisor del estado de ánimo

Cuando era niño y vivía en Nueva York, siempre sentía que mi estado de ánimo se apagaba cuando llegaba el otoño. Los meses inminentes de un invierno caracterizado por días oscuros y largos, con poca exposición al sol, se convertían en una clase de depresión conocida como *trastorno afectivo estacional*, o TAE. También se le conoce como *depresión invernal*. El TAE afecta un estimado de 10 millones de personas en Estados Unidos, y aunque la mayoría de los afectados son mujeres, todos estamos en riesgo.

Cuando cumplí 17 aprendí que la piel produce vitamina D por la exposición al sol y me di cuenta de que mi falta de luz solar durante esos meses oscuros probablemente comprometía la producción de vitamina D de mi cuerpo. Intuía que mi estado de ánimo, el poco sol que recibía y la reducción de vitamina D que sintetizaba podían estar vinculados, así que me autoprescribí un suplemento de vitamina D para ver si mejoraba mi estado de ánimo. Oh, sorpresa: me sentí mejor.

¿Fue un efecto placebo? Uno nunca puede estar seguro; no fue un estudio doble ciego. Sin embargo, casi dos décadas después de mi experimento, los científicos han descubierto un mecanismo que bien podría explicar la mejoría que yo experimenté entonces. Resulta que los niveles sanos de serotonina en realidad dependen de la vitamina D, pues ésta ayuda a crear serotonina a partir de su precursor, el aminoácido *triptófano*. Es un concepto relevante, sobre todo en función de las investigaciones que estiman una deficiencia de vitamina D en tres cuartas partes de la población.

La serotonina es famosa por su capacidad para estimular el sueño y el estado de ánimo, y conforma la base de lo que se llama el *sistema serotoninérgico*. Tal vez estés familiarizado con cierta clase de antidepresivos comerciales llamados *inhibidores selectivos de la recaptura de serotonina* o ISRS. Estos medicamentos prometen incrementar la disponibilidad de serotonina en la sinapsis al prevenir que la célula presináptica la recapture.

De nuevo, los medicamentos que requieren prescripción médica no son los únicos compuestos que manipulan este neurotransmisor. La droga MDMA es famosa por su influencia para alterar el estado de ánimo, lo que se le atribuye a su efecto en el sistema serotoninérgico. En un inicio se le estudió por su potencial para tratar el estrés postraumático y otros trastornos mentales resistentes a tratamiento, pero el MDMA es como dinamita en la presa que gobierna la liberación normal de serotonina. No obstante, la liberación de cantidades inmensas de serotonina abruma la maquinaria de reciclaje y provoca la oxidación de las neuronas cercanas; literalmente las quema. Quizá por ello el uso crónico de MDMA a largo plazo se vincula con problemas de memoria y daño cerebral. (Un tema recurrente en este libro es que cada acto biológico tiene una reacción igual y opuesta. ¡No hay nada gratis en la biología!)

Otro compuesto, la psilocibina —el psicoactivo de los hongos "mágicos"— previene la recaptura de la serotonina y también la imita, activando sus receptores, a diferencia del MDMA, que inunda la sinapsis con tu propia serotonina. Por este motivo, la psilocibina puede tener menos efectos negativos a largo plazo. En una investigación revolucionaria realizada por la Universidad de Nueva York y la Universidad Johns Hopkins, se demostró que la psilocibina alivia la ansiedad y aumenta la sensación de satisfacción cotidiana en pacientes con cáncer terminal durante seis meses, después de una sola dosis.[16] Actualmente se está estudiando el potencial estimulante cognitivo de dosis pequeñas de psilocibina, llamadas *microdosis*.

La serotonina no es sólo para la buena vibra; también está muy involucrada en la función ejecutiva. Lo sabemos porque los científicos han diseñado una forma muy inteligente de reducir temporalmente los niveles de serotonina en la gente, y los resultados no son nada agradables. Como mencioné antes, el aminoácido esencial *triptófano* sintetiza la serotonina en el cerebro. El triptófano que consumimos en la proteína llega al cerebro, donde requiere que lo transporten a través de la barrera hematoencefálica. Otros aminoácidos compiten por los mismos transportes, incluyendo los aminoácidos de cadena ramificada que son importantes para la función cerebral y el crecimiento muscular, entre otras cosas. Cuando se administran en un suplemento aislado, estos aminoácidos pueden vencer al triptófano y bloquear su entrada al cerebro.[17] (Una forma en la que el ejercicio estimula el estado de ánimo es provocando que los músculos "absorban" los aminoácidos de cadena ramificada circulantes y con eso *faciliten* la entrada del triptófano al cerebro. Ahondaré al respecto más adelante.)

Entonces, ¿qué sucedió cuando los científicos les dieron estos aminoácidos a los sujetos? Los niveles de serotonina se desplomaron temporalmente. Este efecto estuvo acompañado de una amplia gama de cambios conductuales, incluyendo mayor agresividad, déficit de aprendizaje y memoria, menor control de impulsos, reducción en la capacidad de resistir la gratificación a corto plazo, incapacidad de planear a largo plazo y menor intención altruista.[18] Es fácil entender cómo estas características refuerzan la sensación de depresión y hasta contribuyen a tendencias violentas. Como acotación fascinante, la exposición a la luz brillante durante el tratamiento parece atenuar algunos de estos efectos, lo que sugiere otro método de asegurar la expresión sana de serotonina es la exposición diaria a la luz del sol.[19]

Optimizar la serotonina

A estas alturas ya comienzas a comprender cómo mantener al mínimo la inflamación corporal: evita los azúcares, los cereales y los aceites oxidados, mientras consumes muchos nutrientes vegetales y fibra (hablaremos más al respecto en los siguientes capítulos, antes de unirlo todo en el plan genial). Si ya empezaste a integrar estas ideas a tu estilo de vida, vas en camino a optimizar tu expresión de serotonina, ya que la inflamación puede impedir que las neuronas liberen serotonina, como lo demostró una investigación del Instituto de Investigación del Hospital Infantil de Oakland.[20] Quizá esto explique por qué la depresión provocada por inflamación crónica es resistente a los métodos tradicionales de terapia, pero puede tratarse reduciendo la inflamación corporal. Los investigadores del instituto descubrieron que el EPA —ácido graso omega-3 antiinflamatorio— facilita la liberación normal de serotonina, mientras que el DHA, el cual apoya la fluidez de la membrana (como lo comenté en el capítulo 2), promueve la recaptura sana hacia la célula postsináptica.

Conforme aumentan las ventas de ISRS, esta clase de investigación se vuelve cada vez más importante, pues ofrece evidencia sólida de que la "serotonina baja" en muchas personas puede ser resultado de un problema subyacente y no la causa de la depresión misma. Esa clase de visión es muy necesaria, sobre todo si tomamos en cuenta que, tan sólo en Estados Unidos, una de cada 10 personas toma antidepresivos, así como una de cada cuatro mujeres entre 40 y cincuenta y tantos años.[21] ¿Son efectivos? Un metaanálisis reciente de *JAMA* concluyó que:

> El margen de beneficio de un antidepresivo, en comparación con un placebo, aumenta en función de la severidad de los síntomas de depresión y puede ser, en promedio, mínimo o inexistente en pacientes con síntomas leves o moderados. Para pacientes con una depresión severa, el beneficio de los medicamentos por encima del placebo es sustancial.[22]

En otras palabras, para muchas personas, los antidepresivos no son mejores que un placebo, con la excepción de la mayoría de los casos más severos de depresión (incluso en esas circunstancias, los tratamientos sin fármacos han tenido un éxito impresionante, como la prueba SMILES publicada recientemente —más información en el siguiente recuadro—, así como experimentos que involucran compuestos antiinflamatorios como la curcumina, un componente de la especia cúrcuma).[23]

¿LA DIETA *DE VERDAD* PUEDE TRATAR LA DEPRESIÓN? EL ESTUDIO SMILES

Ya está muy bien establecido el vínculo entre la depresión y una alimentación deficiente, y claramente estar deprimido puede llevarnos a comer mal. Sin embargo, ¿las dietas deficientes nos deprimen, y mejorarlas también mejorará nuestra salud mental? Ahora tenemos una respuesta, gracias al estudio SMILES publicado en 2017 y dirigido por la doctora Felice Jacka, directora del Centro de Alimentación y Estado de Ánimo de la Universidad Deakin, en Australia.

A partir de una dieta mediterránea modificada, enfocada en verduras frescas, frutas, nueces crudas sin sal, huevos, aceite de oliva, pescado y carne de ternera de libre pastoreo, Jacka y su equipo observaron que pacientes con depresión severa mejoraban sus niveles en un promedio de 11 puntos sobre una escala de depresión de 60 puntos. Al final del estudio, ¡32% de los pacientes tenían niveles tan bajos que ya no cumplían el criterio para la depresión! Mientras tanto, la gente en el grupo sin modificación alimentaria mejoró sólo cuatro puntos, y sólo 8% logró la remisión.

Esta información sustenta el argumento de que podemos comer mejor para mejorar nuestro estado de ánimo, y el plan genial está calibrado para incorporar estos hallazgos. Puedes mirar nuestra entrevista de una hora con la doctora Jacka en http://maxl.ug/felicejackainterview [en inglés].

Además de la luz del sol, la vitamina D y los ácidos grasos de omega-3 DHA y EPA, ¿qué otro mágico suplemento podrías tomar para aumentar tus niveles de serotonina? Dada la impresionante capacidad del cuerpo de sintetizar neurotransmisores a partir de los componentes más básicos, el medio más potente que conocemos para estimular la serotonina en el cerebro es simplemente *moverte*. Como mencioné antes, el ejercicio incrementa el triptófano en plasma (recuerda, es un precursor de la serotonina) y aumenta los niveles de aminoácidos de cadena ramificada, los cuales, si bien son importantes, compiten con el triptófano para entrar al cerebro. Este incremento sustancial en la disponibilidad de triptófano en el cerebro persiste incluso después de que termina el entrenamiento.[24] En otro poderoso y esclarecedor estudio comparativo, ningún ISRS fue tan efectivo como hacer ejercicio tres veces por semana para combatir la depresión. ¡Juego, set y partido!

Hay otro modo de incrementar la serotonina en el cerebro y quizá ya estás familiarizado con él: carbohidratos y azúcar. El estímulo temporal del estado de ánimo es una de las cualidades más adictivas de los carbohidratos. Pero luego, cuando reducimos los niveles de carbohidratos entre comidas, la serotonina baja y provoca que busquemos algo almidonado o azucarado, lo cual demuestra por qué el consumo de carbohidratos no es una buena estrategia para incrementar la serotonina.

En estudios psicológicos fundamentales, darles azúcar a los sujetos mejora temporalmente la fuerza de voluntad y la función ejecutiva, pero es difícil averiguar si el azúcar en verdad estimula la función o simplemente relaja el síndrome de abstinencia. No obstante, provocar un cortocircuito en los sistemas de recompensa del cerebro con estímulos externos, ya sea con azúcar, drogas, sexo o episodios constantes de cardio extendido y de alta intensidad, rara vez es positivo a largo plazo. Ahora bien, el azúcar en particular te mantiene en una montaña rusa de insulina a lo largo del día, puede hacerte subir de peso y provocar disfunción metabólica al reforzar muchos de los mecanismos inflamatorios que te deprimen de entrada.

LA SEROTONINA Y EL INTESTINO

Según una estadística muy citada, 90% del abastecimiento corporal de serotonina se encuentra en el intestino, no en el cerebro. Es cierto, pues las células epiteliales crean serotonina para facilitar la digestión. ¿La clave de la felicidad, entonces, está en el intestino? Puedes estar seguro de que sí, pero la razón tal vez te sorprenda. La serotonina derivada del intestino no cruza la barrera hematoencefálica; sin embargo, al mismo tiempo, lo que sucede en el intestino puede influir en la actividad de la serotonina cerebral por medio de su capacidad de modular la inflamación.

En el capítulo 7 discutimos la salud intestinal y la necesidad de conservar la integridad de la pared intestinal al consumir verduras con fibra soluble para ayudar a "cerrar" los poros intestinales. Los lipopolisacáridos (LPS), un elemento constitutivo normal de un intestino sano, se vuelven un potente instigador de inflamación cuando atraviesan un intestino "permeable". Aparte de empujar al sistema inmunológico hacia un estado inflamatorio de defensa, los LPS son tóxicos para los sistemas de serotonina y dopamina. De hecho, los laboratorios muchas veces les

inyectan LPS a ratones para inducir un comportamiento depresivo y neurodegeneración. Revisa el capítulo 7 para recordar las formas de proteger y estimular la integridad de la pared intestinal.

Dopamina: el neurotransmisor de la recompensa y el refuerzo

Al igual que la serotonina, la dopamina se considera un neurotransmisor para "sentirse bien". Se le suele asociar con la motivación y la recompensa, y se libera cuando hacemos cosas como tener sexo, escuchar
nuestra música favorita, comer o ver que gane nuestro equipo favorito.
También hay picos de dopamina cuando recibimos una nueva oferta de
trabajo o un ascenso, cuando vemos a alguien del otro lado del bar que
nos parece atractivo o cuando nos llega una notificación de "me gusta"
por algo que publicamos en redes sociales. Cuando las metas se establecen y se cumplen, nuestro sistema de dopamina se ilumina y nos ayuda
a motivarnos a hacer cosas que la evolución determinó que son buenas
para nosotros y nuestra especie. Sin embargo, en el mundo moderno,
este sistema, como muchos otros, puede volverse disfuncional.

Dado el papel de la dopamina en la motivación, está muy involucrado en aspectos de la función ejecutiva donde media el control motor, la
excitación y el reforzamiento. Tiene poca presencia en los adictos, quienes intentan normalizar sus niveles con sustancias o acciones. Éste es
un motivo de que los "estimulantes" sean tan adictivos, pues aumentan
por lo general los niveles de dopamina en el cerebro por medio de una
variedad de mecanismos. La cocaína, por ejemplo, inhibe la recaptura
de la dopamina, lo que deriva en un incremento de concentraciones de
dopamina en el espacio entre neuronas. La metanfetamina, por otra parte, provoca un flujo de dopamina de la neurona presináptica mientras
previene su recaptura. El "cristal", una forma de metanfetamina, es altamente neurotóxico y mata las células que producen dopamina de forma natural, lo cual explica su naturaleza muy adictiva (y mantiene a
Walter White trabajando).

En la enfermedad de Parkinson se dañan las células productoras
de dopamina de una parte específica del cerebro llamada *sustancia negra*, así que los pacientes deben tomar medicamentos para estimular
la dopamina y aliviar los síntomas durante un tiempo. Con el paso del

tiempo, los medicamentos pierden efectividad, en parte porque el flujo artificial de neurotransmisores provoca una regulación negativa (o una disminución) de los receptores de dopamina en todo el cerebro.[25] En realidad es un mecanismo autorregulador que todas las neuronas tienen para reducir o aumentar la sensibilidad de la célula a los neurotransmisores, pero es particularmente riesgoso con la dopamina. Un efecto secundario peculiar de las terapias para aumentar la dopamina en la enfermedad de Parkinson es un incremento potencial del "comportamiento riesgoso", incluyendo una adicción patológica a las apuestas, un comportamiento sexual compulsivo y compras excesivas.

La actividad dopaminérgica también se reduce en casos de TDAH, donde hay menos receptores de dopamina en la célula postsináptica. Esto significa que se necesita más dopamina para mantener la atención y la concentración. Pero ¿el TDAH es un trastorno o es sólo que el cerebro está codificado para buscar la novedad?

¿ERES GUERRERO O APRENSIVO?

Ciertos genes modulan la función neurotransmisora y, por ende, influyen en los aspectos clave de la personalidad. El gen *COMT* es uno de los genes más estudiados. Es responsable de producir catecol-O-metiltransferasa (COMT), una enzima que descompone la dopamina en la corteza prefrontal, la parte del cerebro responsable de mejorar la cognición y la función ejecutiva.

Cada uno de nosotros heredamos dos A, dos G o una A y una G. Estas letras representan variaciones llamadas *alelos*. Tener dos copias de A implica tres a cuatro veces menos actividad de la enzima COMT, en comparación con quienes tienen dos alelos G, y tener una combinación de ambos divide la diferencia. En función de la variación que tengas, la dopamina se descompone más rápida o más lentamente en la sinapsis. Por ende, si tienes dos A, entonces tendrás más dopamina rondando por la corteza prefrontal bajo circunstancias normales (porque la dopamina se descompone más despacio), mientras que tener dos G implica cantidades más bajas de dopamina (porque ésta se descompone más rápido). Quienes tienen AG se quedan en un punto medio.

El alelo A se considera el de la "aprensión", y la gente que tiene dos copias tiende a ser más neurótica y menos extrovertida. Cuando los aprensivos experimentan un pico de dopamina, lo sienten con todo; por eso quienes tienen AA experimentan mayor euforia y la sensación de que obtienen más de la vida. Aunque una dopamina alta puede parecer algo bueno, demasiada estimulación postsináptica puede hacer que el desempeño cognitivo lo resienta. Por este motivo, los aprensivos se desempeñan mal en condiciones estresantes, pero exhiben mejor funcionamiento cognitivo bajo circunstancias normales. Quienes tienen AA también tienden a experimentar decaídas más profundas y menos resistencia emocional, siendo más propensos a la ansiedad y la depresión. Por otra parte, se considera que son más creativos.

El alelo G es el del "guerrero", y la gente que tiene dos copias tiende a ser menos neurótica y más extrovertida. Los guerreros manejan situaciones estresantes mucho mejor que los aprensivos, ya que son capaces de conservar el máximo de destreza cognitiva en circunstancias de estrés e incertidumbre. También proyectan mucha más resistencia emocional y tienen mejor memoria funcional. Pueden ser más cooperativos, serviciales y empáticos. Por otra parte, estos nobles guerreros tienden a sentirse como si obtuvieran menos de la vida.

Como puedes ver, ambos patrones de alelos encarnan características de personalidades necesarias para el éxito de una tribu, y quienes tienen un alelo A y uno G (llamada *heterocigosidad*) tienen rasgos tanto del guerrero como del aprensivo, por lo que encarnan lo mejor —y lo peor— de ambos mundos. Para conocer tu estatus, solicita un examen genético que provea acceso a información directa y busca PNU rs4680. Sólo recuerda: aunque seas guerrero o aprensivo, los términos son meras generalizaciones. Cada quien es único. Por ejemplo: ¡yo soy un guerrero con una veta creativa!

Un artículo de opinión publicado hace poco en el *New York Times* sugirió que la preferencia que tiene el cerebro con TDAH de buscar la novedad puede ser una característica que hasta hace poco servía como ventaja evolutiva distintiva para nuestra especie tras gener que evolucionar a lo largo de millones de años como cazadores-recolectores nómadas.[26] Tiene sentido: un cazador-recolector exitoso necesitaba estar motivado para buscar nuevas oportunidades de abastecimiento y para que su cerebro lo recompensara una vez que las hubiera encontrado. En el mundo de hoy, donde la educación parece una línea de ensamblaje y las alternativas de carrera son altamente especializadas, quienes tienen TDAH pueden estar sufriendo en silencio a causa de la "tranquilidad de la repetición", por citar una frase de una de mis películas favoritas,* lo que muchas veces deriva en el consumo de medicamentos como Adderall (dextroanfetamina) y Ritalin (metilfenidato). Estos medicamentos, al igual que la cocaína, son inhibidores de la recaptura de dopamina.

* Se trata de *V de venganza*, una película perfecta en mi opinión. *Recuerda, recuerda…*

Richard Friedman, profesor de psiquiatría clínica en Weill Cornell Medicine y autor de artículos de opinión, escribió acerca de uno de sus pacientes exitosos: " 'trató' su TDAH simplemente cambiando de trabajo, pasando de uno que era muy rutinario a otro variado e impredecible", lo que podría explicar por qué un número desproporcionado de personas con TDAH y dificultades de aprendizaje gravitan hacia carreras más emprendedoras.[27]

PELEAR CONTRA LA "ADAPTACIÓN HEDÓNICA" (ES DECIR, LA CONDICIÓN HUMANA)

Un problema común con la dopamina es que podemos volvernos tolerantes a sus efectos cuando se estimula su producción. Se observa con claridad en el fenómeno de la adaptación hedónica. Piensa en una meta en la vida que ya hayas alcanzado. Quizá era comprar el auto que siempre quisiste, conseguir aquel ascenso o mudarte a una casa nueva. Por supuesto, son acontecimientos increíbles y emocionantes pero, como eres humano, tu nivel de felicidad volvió a su punto de partida una vez que terminó la agitación inicial. Esta "tolerancia" a la dopamina, en particular cuando es consecuencia de un cortocircuito en las secuencias de estímulo y recompensa del cerebro, puede provocar "anhedonia" o la *incapacidad* patológica de sentir o experimentar placer hacia las cosas que antes disfrutábamos. Pero hay una solución: *la ausencia hace que crezca el amor por el receptor de dopamina.*

Los monjes budistas han sabido durante siglos que la abstinencia provee un medio para salirse del camino hedónico. Cualquier reducción prolongada de la liberación de dopamina provocará una regulación positiva de los receptores e incrementará la sensibilidad a la dopamina.

Aunque el ascetismo quizá no funcione para todos, tomar un "tiempo libre" y deliberado de ciertos hábitos que refuerzan la dopamina —el uso de tecnología, por ejemplo— puede ser una forma sumamente efectiva de incrementar la motivación, reestablecer relaciones sanas y aumentar la felicidad en general.

¿Todavía no estás listo para desconectarte? Prueba durante una semana este sencillo truco para la felicidad: establece la regla de no tener nada que ver con computadoras, correos electrónicos ni mensajes de texto durante una hora después de despertar, y lo mismo durante una hora antes de dormir. Conforme se reinicia tu sistema, te sentirás inclinado a prolongar este ejercicio.

Optimizar la dopamina

La dopamina se forma en el cerebro a partir del aminoácido *tirosina*, y, como otros neurotransmisores, los elementos constitutivos suelen estar disponibles a menos que la persona padezca una deficiencia de proteína. En este sentido, un sistema dopaminérgico sano puede ser más una función de nuestras decisiones y acciones que una deficiencia de nutrientes. Consumir alimentos procesados que sepan mejor, involucrarnos en actividades riesgosas y tomar sustancias que secuestran el sistema de recompensa del cerebro y provocan un corto circuito puede derivar en adicciones autodestructivas que no son saludables. El azúcar y los carbohidratos que se digieren rápido, como el trigo, son estimulantes masivos de dopamina que evolucionaron para incrementar las reservas de grasa en temporadas de disponibilidad de azúcar. Las cualidades adictivas del azúcar son tan fuertes que muchas veces se comparan con algunas de las drogas ilegales que he mencionado.[28] Incluso los ciclos de retroalimentación creados por las redes sociales —que, desde luego, es una fuerza positiva en muchos aspectos— pueden provocar que el sistema de la dopamina se desregule y promueva la adicción.

Por el contrario, establecer metas propias tanto a corto como a largo plazo es un buen "truco" que permite la anticipación (un aspecto importante de la felicidad sostenida) y la recompensa. Intenta elegir una nueva rutina de ejercicio, aprender a tocar un nuevo instrumento, salir de tu zona de confort, enamorarte o empezar un proyecto personal como emprendedor. Todas son formas de incrementar la dopamina de forma saludable.

Norepinefrina:
el neurotransmisor de la atención

Aunque la dopamina y la serotonina sean sin duda los neurotransmisores más conocidos, la norepinefrina es igualmente digna de mención. Desempeña un papel muy importante en la atención y la concentración, y se expresa en el cerebro cuando necesitamos enfocarnos, en particular en momentos de estrés, cuando incrementa la formación de memoria a largo plazo. ¿Puedes recordar dónde estabas cuando escuchaste de los ataques del 9/11 al World Trade Center? Apuesto que ese día está clavado en tu memoria con lujo de detalle. Y es consecuencia de la norepinefrina.

El centro principal de la norepinefrina es una región pequeña del cerebro conocida como *locus cerúleo*. Cualquier estímulo estresante provoca un incremento de la norepinefrina, desde un ataque terrorista, hasta una pelea con tu pareja o no comer durante más de 20 horas. Es una función adaptativa importante a nivel evolutivo. Durante gran parte de nuestro tiempo en el planeta, los estímulos estresantes requirieron nuestra atención inmediata y que formáramos recuerdos detallados y duraderos para evitar episodios similares en el futuro (considerando que sobreviviéramos a ese encuentro inicial). Se llama *potenciación a largo plazo* y desempeña un papel central en el condicionamiento del miedo. Dado que la norepinefrina tiene un efecto tan poderoso, eliminar el miedo aprendido puede ser un proceso intensivo; pregunta a cualquiera que padezca trastorno por estrés postraumático, o TEPT.

Formas más leves de estrés también pueden activar muchas de las mismas secuencias. Se ha demostrado que el "estrés" de aprender a tocar un nuevo instrumento, resolver un crucigrama o experimentar la *novedad* —explorar una ciudad nueva o caminar en un escenario distinto, por ejemplo— incrementa los niveles de norepinefrina en el cerebro. Puede ser muy beneficiosa, pues la norepinefrina ayuda a establecer conexiones fuertes entre las neuronas.

Nota del médico: camina y habla para tener mejor memoria

Cuando nos conocemos mis pacientes y yo, por lo regular les doy consulta mientras caminamos por Central Park, en Nueva York. El movimiento y el escenario que cambia con frecuencia ayuda a que el paciente recuerde mis recomendaciones, ¡y me ayuda a recordar el encuentro!

Optimizar la norepinefrina

La norepinefrina a veces puede trabajar en nuestra contra. A diferencia de nuestro pasado remoto, los estímulos estresantes de la actualidad no siempre requieren nuestra concentración y atención inmediatas. Sin embargo, los mecanismos fisiológicos permanecen para guiar nuestra atención cuando percibimos una amenaza, sea real o no. Los medios de comunicación muchas veces explotan este hecho; es algo que conozco bien, ya que trabajé en la televisión. "La sangre vende" es el hilo rector de las noticias televisivas, donde la mayoría de las historias que producen estrés aparecen al inicio del programa. Este enfoque activa las secuencias de nuestro cerebro que aseguran nuestra atención, como si nuestra supervivencia dependiera de ello. Claramente no siempre es el caso. De hecho, evitar las noticias es una estrategia para incrementar la concentración y la cognición que te dará buenos resultados, ya que la liberación crónica de norepinefrina puede dañar la función cognitiva tanto como su liberación aguda puede estimularla.

¿Cómo puedes sacar provecho de la norepinefrina para aumentar tu productividad? El ejercicio es una de las formas más efectivas de incrementar la norepinefrina, y su "efecto secundario" puede implicar mayor aprendizaje y mejor memoria. Esto se demostró hace poco cuando adultos en edad universitaria que hacían ejercicio en una bicicleta fija mientras aprendían un nuevo idioma pudieron retener y comprender mejor lo que aprendían, en comparación con los controles que tenían lecciones sedentarias.[29] Para los millones diagnosticados con TDAH, esta estrategia puede servir como estímulo cognitivo natural, ya que con frecuencia se prescriben inhibidores de la recaptura de norepinefrina (y dopamina) para tratar el TDAH.

Si bien la mayoría de los temarios en las facultades de medicina no les enseñan a los futuros médicos la importancia del ejercicio físico, las investigaciones han determinado que puede ser la mejor medicina para el cerebro con TDAH:[30] en gran cantidad de estudios, los niños que formaron parte de un programa de actividad física regular exhibieron un desempeño cognitivo y una función ejecutiva superiores, mejoraron sus calificaciones de matemáticas y lectura, y experimentaron una reducción general de los síntomas de TDAH. Quizá deberíamos tenerlo en mente cuando vayamos a la siguiente junta escolar para discutir el presupuesto si la clase educación física aparece en la lista de candidatos a ser eliminados.

ALERTA NERD

Mientras el doctor Paul y yo trabajamos en este capítulo, tomamos turnos para escribir y hacer levantamientos de pesa rusa. Ambos usábamos este "truco" en la escuela cuando teníamos que estudiar para un examen agotador. Hacer lagartijas, sentadillas o fondos entre dos sillas en la biblioteca no sólo nos ayudaba romper con el maratón de la monotonía, sino que servía para estimular el flujo sanguíneo, incrementar la agudeza mental e intimidar a nuestros compañeros.

Curiosamente, las temperaturas extremas son otra clase de estresor físico que puede inducir efectos parecidos al ejercicio. Un estudio descubrió que, cuando los hombres se quedaban en un sauna a 80 °C hasta sentir un agotamiento subjetivo, sus niveles de norepinefrina se triplicaban.[31] (Un estudio en mujeres observó un incremento similar, pero más pequeño.)[32] La inmersión en agua fría es otro modulador neurológico masivo, y varias culturas lo han utilizado durante siglos como herramienta para mejorar la salud. Cualquiera que sienta fatiga mental sólo necesita bañarse en una regadera fría o meterse a una tina con agua helada para obtener los beneficios mentales; el aumento de norepinefrina por el *shock* frío, el cual puede quintuplicarse en los humanos, puede hacer que el cerebro se sienta "conectado" de nuevo.[33] Quizá no es coincidencia que una festividad importante en Rusia que involucra sumergirse en lagos helados a través de cortes en el hielo… ¡se llame Epifanía!

Aparte de su papel tan bien documentado en la concentración, la atención y la formación de recuerdos, han surgido otros aspectos muy interesantes de la norepinefrina en la literatura. El incremento de norepinefrina en animales aumentó su resistencia al estrés y estimuló su capacidad de recuperarse de episodios traumáticos.[34] También tiene un efecto antiinflamatorio en el cerebro, por lo que estimular el neurotransmisor puede fortalecer una región del cerebro que tiende a participar en el desarrollo temprano de la enfermedad de Alzheimer.[35] Un equipo de investigadores de la Universidad del Sur de California llamaron al locus cerúleo —el centro principal de liberación de norepinefrina— el "epicentro" de la enfermedad de Alzheimer. En esta enfermedad se pierde hasta 70% de las células productoras de norepinefrina, y el declive de este neurotransmisor se correlaciona de cerca con la progresión y extensión de los problemas cognitivos.[36] Los investigadores demostraron en roedores que provocar la liberación de norepinefrina ayudaba a proteger las neuronas de inflamación y estimulación excesiva (ambos, piezas clave de la enfermedad de Alzheimer).[37]

Optimizar el sistema

Ahora que sabes cómo optimizar cada neurotransmisor, repasemos algunas medidas prácticas que puedes tomar para asegurar que todo tu cerebro funcione al máximo en cualquier momento.

Protege tus sinapsis

El punto donde las neuronas se encuentran se llama *sinapsis*. Cada neurona puede tener conexiones con hasta 10 000 neuronas más, y transmitir señales de unas a otras a través de 1 000 billones de conexiones sinápticas.[38] (Esto es modesto en comparación con un cerebro infantil: ¡un niño de tres años puede tener un trillón de sinapsis!) Mantener estos puntos de conexión sanos al minimizar la oxidación excesiva es clave para optimizar los múltiples procesos cognitivos. De hecho, la disfunción sináptica es un marcador temprano de la enfermedad de Alzheimer, y el deterioro común de ciertos aspectos del desempeño cognitivo con la edad también pueden ser resultado de una disfunción sináptica.[39] Para proteger tus sinapsis del estrés oxidativo puedes hacer lo siguiente:

- Consume grasa DHA de pescados grasosos o considera tomar un suplemento de aceite de pescado de alta calidad.
- Evita el consumo de aceites poliinsaturados (relee el capítulo 2) y aumenta el consumo de aceite de oliva extra virgen.
- Consume muchos antioxidantes liposolubles, como vitamina E (que puedes encontrar en aguacates, almendras y carne de ternera de libre pastoreo); carotenoides como luteína y zeaxantina (que puedes encontrar en aguacates, col rizada y pistaches), y astaxantina (que encuentras en el aceite de krill).

Permite que se exprese el "adicto a las maravillas" que llevas dentro

Me encanta el término "adicto a las maravillas", el cual descubrí leyendo la novela *Contacto*, de Carl Sagan. Es un término que utiliza para describir al personaje principal, Ellie Arroway, quien dedica su vida a explorar lo desconocido. Nuevas experiencias estimulan la *sinaptogénesis* o la creación de nuevas sinapsis, mientras que la pérdida de las conexiones sinápticas coincide con la pérdida de la memoria.[40] Sal de tu zona de confort y explora nuevos territorios desconocidos. El sedentarismo es la muerte, sobre todo en lo referente a las neuronas.

Evita las sustancias químicas tóxicas

Uno de los factores potenciales que afectan la función neurotransmisora es el consumo de residuos tóxicos de pesticidas, los cuales son casi omnipresentes en el suministro moderno de comida. Los pesticidas funcionan provocando un daño rápido e irreparable al sistema nervioso de los insectos, y afectan en particular el sistema colinérgico (importante para el aprendizaje y la memoria). Aunque se necesitaría una exposición masiva y concentrada para tener este efecto en los humanos, es probable que la exposición prolongada a niveles bajos a través de alimentos contaminados pueda alterar el funcionamiento de nuestros transmisores, algo desconocido en el mundo científico hasta ahora.

También hay una vasta evidencia que vincula los pesticidas y herbicidas con la enfermedad de Parkinson, el caso más común de neurodegeneración después del Alzheimer, donde mueren las células productoras de dopamina de la *sustancia negra*. En estudios humanos, la gente expuesta a grandes cantidades de estas sustancias tiene mucho mayor riesgo de desarrollar Parkinson, ¡y la exposición a algunos fungicidas se asocia con un riesgo dos veces mayor![41] La etiología de la enfermedad de Parkinson —lo que provoca que se desarrolle— todavía se desconoce, pero la exposición a sustancias tóxicas es una de las principales sospechosas.[42]

Los pesticidas también pueden provocar daño en fetos en desarrollo por una vía similar. Los estudios en animales de laboratorio que usan compuestos modelo sugieren que muchos pesticidas utilizados en la actualidad pueden provocar efectos adversos en el cerebro en desarrollo. Curiosamente, para determinar los niveles seguros de los pesticidas actuales no es necesario probar su potencial neurotóxico.

Para ser claros, el veredicto sobre cómo afectan a los humanos no está decidido y podría tomar años antes de que la ciencia llegue a conclusiones concretas. Dada la inmensa cantidad de dinero ligado a estos problemas, quizá es fantasioso esperar una respuesta firme pronto, ya que las investigaciones seguramente estarán envueltas en el conflicto eterno entre el interés corporativo y la investigación científica. Sin embargo, al optar por alimentos frescos orgánicos, tal vez podamos al menos inclinar la balanza a nuestro favor mientras esperamos mayor información.

Realiza pequeños periodos de ayuno

Nuevas investigaciones del Instituto Buck para la Investigación de Envejecimiento sugieren que ayunar puede "afinar" la actividad sináptica y darles un respiro a estos puntos conectivos tan activos como una medida para conservar energía. Cuando los investigadores observaron las neuronas de las larvas de moscas de la fruta en un estado de ayuno, la cantidad de neurotransmisores liberados disminuyó de forma sustancial, lo que en esencia limpiaba los espacios sinápticos. Es un efecto positivo porque el exceso de neurotransmisores que rondan por los espacios sinápticos puede producir radicales libres dañinos. El ayuno, entonces, ayuda a limitar la cantidad de daño oxidativo indeseable en el cerebro (junto con su capacidad de reducir la dependencia del cerebro a la glucosa).[43] El capítulo 10 ahonda en los protocolos seguros y prácticos para ayunar.

Evita la estimulación excesiva

Hay múltiples sistemas involucrados en la mediación de la información sensorial que recibimos. Cuando nuestros sentidos se sobrecargan, puede disminuir sustancialmente nuestra función ejecutiva. Las imágenes y los sonidos nos envuelven por completo y nos hacen sentirnos inmersos en el universo de la película. Esto ocurre porque el procesamiento sensomotor intenso inhibe partes de nuestro cerebro responsables de la autosconciencia.[44] Durante una película, es justo lo que queremos; el cine, a fin de cuentas, pretende ser un sueño compartido por el director y el público. Sin embargo, en la vida cotidiana, puede ocurrir una sobrecarga involuntaria a expensas de nuestra función ejecutiva. El mundo moderno puede ser demasiado excitante: música, espectaculares electrónicos, la luz de la pantalla de nuestro teléfono, el titileo de la pantalla de televisión o el simple sonido de un tren que llega a la estación. Todos estos factores combinados pueden sobrecargar la corteza prefrontal y mermar nuestra reserva de neurotransmisores.

Éstas son algunas formas de reducir la estimulación excesiva:

- **Cuando necesites concentrarte, ya sea para trabajar o para estudiar, asegúrate de que la música que elijas escuchar sólo sea instrumental.** Las letras de canciones se conectan con el centro de lenguaje del cerebro, lo que puede comprometer tu capacidad de utilizar el lenguaje en otras tareas simultáneamente.

- **Baja el volumen de los aparatos (televisión, *smartphone*, etc.).** Mantén el volumen lo más bajo posible mientras todavía lo alcances a escuchar.
- **Reduce el brillo de las pantallas.** Muchas personas mantienen el brillo de sus *smartphones* al máximo. Establece el tuyo para que se ajuste de forma automática a la luz ambiental y baja el brillo al mínimo durante la noche.
- **Utiliza focos ámbar en tu hogar.** Los focos que emiten una luz más "naranja" contienen menos ondas azules de luz, las cuales sobreestimulan el cerebro en la noche.
- **Elimina la iluminación del techo, en especial en las noches.** La luz ambiental le comunica al cerebro que hay sol. La luz a nivel de los ojos durante la noche (de lámparas de mesa, por ejemplo) es mucho más relajante para el cerebro que intenta apagarse. El fuego iluminó nuestras noches durante 400 000 años (algunos estiman que todavía más), mientras que las lámparas de techo existen apenas desde hace 200.[45]
- **Medita.** Te recomiendo entrenarte de forma adecuada para meditar. Sin importar qué estilo elijas, las investigaciones demuestran que es una excelente inversión. Toma el tiempo para hacerlo bien, ¡y meditarás el resto de tu vida! Escribí una guía completa de meditación para principiantes (junto con recomendaciones para cursos en línea) en mi página web, http://maxl.ug/meditation [en inglés].

A continuación, en nuestro viaje hacia el descubrimiento de un estilo de vida óptimo para el cerebro, observaremos las hormonas que guían nuestras decisiones a cada momento en colaboración con los neurotransmisores. Las hormonas están involucradas en todo, desde el estado de ánimo hasta el metabolismo, y conocerlas será la pieza final para entender el papel de la nutrición para reclamar tu herencia cognitiva inalienable.

NOTAS DE CAMPO

YIN Y YANG (GLUTAMATO Y GABA)

- Reconoce las modalidades biológicas de excitación e inhibición, y recuerda que ambas son necesarias con regularidad: ejercicio y recuperación, aventura y relajación.

ACETILCOLINA

* Evita los medicamentos anticolinérgicos tóxicos.
* Asegúrate de consumir suficientes alimentos con colina.

SEROTONINA

* Mantén un consumo adecuado de omega-3 (revisa el capítulo 2).
* Hazte una prueba de sangre para asegurarte de tener niveles óptimos de vitamina D. Lo más seguro es que tengas que pedirle a tu médico que te lo realice, y toma en cuenta que es costoso. Aunque no hay un consenso absoluto, las últimas investigaciones sugieren que lo óptimo es que los niveles de vitamina D oscilen entre 40 y 60 ng/ml (consulta la explicación en el capítulo 12).
* Hacer ejercicio con frecuencia envía el triptófano directo al cerebro, un efecto que perdura incluso después del entrenamiento.
* Sin mirar directamente al sol, asegúrate de exponer tu piel a la luz brillante del sol todos los días. Incluso en días nublados, la luz del exterior es más brillante que en el interior, y basta para mejorar el estado de ánimo.
* Sigue el plan de salud intestinal descrito en el capítulo 7.

DOPAMINA

* Comienza una nueva rutina de ejercicio.
* Aprende a tocar un instrumento nuevo.
* Sal de tu zona de confort social.
* Empieza un nuevo proyecto personal.
* Comienza un blog, una revista digital o crea un grupo de discusión.
* Rompe con la "tranquilidad de la repetición". Toma rutas alternas para ir al trabajo y viaja con más frecuencia.

NOREPINEFRINA

* Frena el consumo crónico de noticias, el cual suele provocar picos innecesarios de norepinefrina.
* Cuando necesites largos periodos de concentración, combínalos con episodios pequeños y frecuentes de actividad física.

Alimento genial #8

Brócoli

Nuestras mamás tenían razón. El brócoli y otras verduras crucíferas (incluyendo las coles de Bruselas, la col, los rábanos, la arúgula, la col china y la col rizada) son increíblemente beneficiosas para la salud, en parte porque son una fuente alimentaria de un compuesto llamado *sulforafano*. Esta poderosa sustancia se produce cuando otros dos compuestos que se encuentran en lugares aislados de las células vegetales se unen como resultado de la masticación.

En la actualidad se está estudiando el impacto del sulforafano en una gran variedad de afecciones, y se ha demostrado que tiene un potencial tremendo para el tratamiento o la prevención del cáncer, el autismo, la autoinmunidad, la inflamación cerebral, la inflamación intestinal y la obesidad. Un estudio fascinante demostró que los ratones que comían sulforafano junto con una dieta obesogénica subieron 15% menos de peso y acumularon 20% menos de grasa visceral, en comparación con ratones que llevaron la misma dieta, pero sin el compuesto.

No es una vitamina ni un nutriente esencial. Más bien, el sulforafano es un modulador genético poderoso, conocido porque activa una secuencia antioxidante llamada *Nrf2*. Esta secuencia es el interruptor maestro del cuerpo para crear sustancias químicas potentes, capaces de limpiar el estrés oxidativo. Aunque otros compuestos beneficiosos como los polifenoles vegetales también la estimulan, el sulforafano es el más potente de los activadores conocidos de *Nrf2*. Esto hace que nos preguntemos: ¿cuál es la principal fuente conocida de sulforafano?

La juventud tiene sus virtudes, sobre todo si eres brócoli. El germen de brócoli tiene entre 20 y 100 veces más compuestos productores de sulforafano que el brócoli adulto (si hablamos estrictamente en términos de contenido de micronutrientes, el brócoli adulto sigue siendo más nutritivo que el germen de brócoli). Medio kilogramo de germen equivale a 50 kilogramos de brócoli adulto en términos de su capacidad productora de sulforafano.

Cómo usarlo: Añade verduras crucíferas a tu dieta y consúmelas crudas y cocidas. Sólo considera que uno de los dos compuestos que crean sulforafano (una enzima llamada *mirosinasa*) se destruye al cocinarlo a altas temperaturas. Así, el brócoli cocido y otras crucíferas pierden su capacidad de crear sulforafano en la masticación. Sin embargo, puedes añadir mirosinasa después. La mostaza en polvo es especialmente rica en este compuesto, y si la usas para aderezar tus verduras después de cocinarlas, *voilà*, ¡recuperas la capacidad de crear sulforafano![1]

Consejo profesional: Cultivar tu propio germen de brócoli es increíblemente sencillo y económico, incluso para quienes no tenemos mano para las plantas. En mi página http://maxl.ug/broccolisprouts [en inglés] puedes consultar una guía paso a paso sobre cómo cultivar germen de brócoli en sólo tres días usando el método más sencillo que he encontrado. Consúmelo en licuados, encima de carne de libre pastoreo o en hamburguesas de pavo, y agrégalo en cantidades generosas a las ensaladas.

TERCERA PARTE

Maneja tu propia salud

Capítulo 9

El sueño sagrado (y los ayudantes hormonales)

Sólo piensa en lo excelente que es el sueño [...] esa cadena dorada que une la salud y nuestro cuerpo. ¿Quién puede quejarse de la necesidad, de las heridas, de las preocupaciones, de las grandes opresiones del hombre o del cautiverio mientras pueda dormir? Los pordioseros en sus camas sienten un placer de reyes: ¿podremos hartarnos de esta delicada ambrosía?

THOMAS DEKKER, dramaturgo

¿Quieres un consejo biológico? Helo aquí: vete a dormir. Lo sé, lo sé. *Se dice fácil, Max. ¡Tengo un negocio que atender! ¡Estoy estudiando un posgrado! ¡Tengo dos hijos y medio! ¡No soy adicto a Juego de tronos!* Lo entiendo. Todos tenemos carreras, una obligación con nuestros amigos y familiares, responsabilidades creativas, programas que queremos ver y, por supuesto, preciadas cuentas de Instagram, Facebook, Twitter, Snapchat y Tinder. Sin embargo, como estás a punto de ver, el sueño controla la marea de los barcos que llegan a tu muelle, y una buena noche de sueño los eleva a todos. Solidifica los recuerdos, incrementa la creatividad, alimenta la fuerza de voluntad y regula el apetito. Reinicia las hormonas, les da un buen baño a las neuronas y asegura que "todos los sistemas funcionen" en las distintas regiones de la infinita complejidad del cerebro. No es sorprendente que sepamos a nivel intuitivo que debemos "consultar con la almohada" antes de tomar una decisión importante.

Un cerebro privado de sueño, por otra parte, abandona a los barcos en la playa con la marea baja. Investigaciones recientes incluso consideran que la pérdida de sueño es una toxina para nuestras mitocondrias creadoras de energía, lo que la pone en la misma categoría que los aceites procesados y el azúcar.[1] En un estudio publicado en la revista *Sleep*, una sola noche sin sueño en voluntarios humanos sanos provocó un incremento de 20% de dos marcadores de lesión neuronal, lo que sugiere que incluso una sola noche de privación de sueño aguda del sueño puede dañar tus preciadas neuronas.[2]

Es una noticia alarmante, sobre todo si pensamos que la mitad de los adultos entre 25 y 55 años dice que duerme menos de siete horas por noche entre semana.[3] Y, como descubrió hace poco la Asociación Estadounidense de Psicología, más de 50% de todos los *millennials* han dejado de dormir al menos una noche en el último mes a causa del estrés.[4]

UN CEREBRO QUE NO HA DORMIDO ALCANZA UN ESTADO PRIMIGENIO... PERO NO EN UN BUEN SENTIDO

¿Alguna vez has tenido la sensación de "perderte" en una gran película, un buen libro o un videojuego? ¿Qué tal en un entrenamiento, teniendo sexo o tocando tu instrumento favorito? Le debemos esta increíble sensación reafirmante de completa inmersión a una desconexión relativa de la corteza prefrontal. Ubicada en la parte frontal del cerebro, justo detrás de la frente, la corteza prefrontal es responsable de la planeación, la toma de decisiones, la expresión de la personalidad y la autoconsciencia. Salvo por los momentos en que lo mandamos de vacaciones con las actividades que acabo de mencionar, la corteza prefrontal funcional es esencial para la vida diaria.

Por desgracia, según investigaciones de la Universidad de California en Berkeley, esta región del cerebro —y todas las tareas asociadas a ella— sufre cuando dormimos poco, lo que puede tener como consecuencia una reducción de la capacidad para regular las emociones. ¿Por qué? La corteza prefrontal suele ayudarnos a poner en contexto las experiencias emocionales para que seamos capaces de responder de forma adecuada, pero se vuelve disfuncional con la pérdida de sueño, lo que deja al mando a la amígdala primitiva y temerosa (el "centro de miedo" del cerebro).

Matthew Walker, director del Laboratorio de Sueño y Neuroimagenología de Berkeley, declaró en un comunicado: "Es como si el cerebro privado de sueño experimentara una regresión a un patrón de actividad más primitivo, en cuanto a que es incapaz de colocar las experiencias emocionales en contexto y generar respuestas controladas y adecuadas". La amígdala libre del ojo razonable de la corteza prefrontal puede ser buena si está inmersa en una película de terror —observando la experiencia—, pero es mala para la vida diaria, sobre todo cuando se trata de nutrición. Nuestro cerebro está programado para buscar el azúcar o morirá cuando llegue el invierno. Si la corteza prefontal ha sido privada de sueño, diles adiós a la fuerza de voluntad y el autocontrol. Si eres propenso a comer de más o a consumir comida chatarra, una sola noche de sueño que pierdas basta para desviar tus esfuerzos por mejorar tu dieta.

Sistema glinfático: el personal de limpieza nocturna del cerebro

Los libros de anatomía no se actualizan muy seguido en estos tiempos. Después de la invención del microscopio, los fisiólogos no tardaron en rebanar, picar, teñir, señalar y dibujar cada milímetro cuadrado del cuerpo humano, así que, después de unas cuantas décadas, no quedaba casi nada que explorar. Por tanto, fue un gran momento para los amantes de la biología cuando Jeffrey Iliff y su equipo de la Universidad de Rochester descubrieron lo que bien podría llamarse un órgano desconocido: el *sistema glinfático*. Éste propulsa el líquido cefalorraquídeo a lo largo del cerebro mientras dormimos para hacer una limpieza a presión gratuita todas las noches.

En el resto del cuerpo, el sistema *linfático* es una estructura física que recolecta glóbulos blancos y desechos, y los transfiere lentamente de los tejidos al torrente sanguíneo y los nodos linfáticos (esos bultos inflamados bajo la barbilla cuando estás resfriado son nodos linfáticos activados). Sin embargo, a diferencia del sistema linfático, el sistema glinfático no tiene un sistema completo de canales y nodos. Dado que el cerebro vive apretado dentro de una cavidad dura, no hay espacio para una gran red física. Por lo tanto, los canales del sistema glinfático se montan en el sistema de drenaje de las arterias que abastecen al cerebro. Al apropiarse de forma económica y elegante del sistema arterial para su propio uso, el sistema glinfático se encarga del cerebro durante el sueño y provoca que estos ductos se hinchen hasta 60%, mientras las neuronas mismas se encogen para dejar espacio al fluido que limpiará las vías. Y, por si fuera poco, el sistema dirige las pulsaciones arteriales para acarrear el fluido por toda la cavidad.

Ya mencioné antes la amiloide, la proteína traviesa que se acumula y forma placas en la enfermedad de Alzheimer. Todos generamos esta proteína, y el sistema glinfático ayuda a disponer de los desechos y previene la acumulación de amiloide. El sistema está particularmente activo durante la fase de sueño profundo de onda lenta, pero, por desgracia, los patrones de sueño actuales (además de nuestra dieta) tienen efectos negativos en su actividad. Por lo tanto, la falta de sueño se asocia con mayor acumulación de placa amiloide en el cerebro.[5] Tenemos la teoría de que optimizar el sueño puede ayudar a eliminar estas proteínas antes de que causen problemas.

¿Cómo podemos optimizar la limpieza glinfática? Sigue siendo un sistema de reciente descubrimiento, y es evidente que no tenemos todas las respuestas todavía. Sin embargo, como discutimos en el capítulo 6, ayunar antes de dormir (para reducir la insulina circulante) puede ser una forma de estimular las tareas de resguardo del cuerpo y el cerebro. Los ácidos grasos omega-3 (abundantes en la grasa de pescados silvestres y carne de ternera de libre pastoreo) también se ha demostrado que promueven un funcionamiento óptimo del sistema glinfático.[6] Al seguir el plan genial, obtendrás cantidades óptimas de ácidos grasos omega-3. Al final del día, sin embargo, la mejor forma de tener un cerebro que rechine de limpio es dormir bien de forma regular.

Hay una miríada de factores que afectan la calidad del sueño: el estrés laboral, las obligaciones familiares y la adicción a la televisión nos mantienen despiertos hasta altas horas de la noche. (¿Quién no es culpable del ocasional maratón de Netflix? Yo sí.) Pero la dieta puede tener un papel significativo también: dos estudios, uno publicado en *The Lancet* y el otro en *Nutritional Neuroscience*, mostraron que apenas después de dos días de consumir una dieta alta en carbohidratos y baja en grasa, hombres sanos y con peso normal pasaban menos tiempo en estado de sueño profundo, en comparación con los que consumían una dieta alta en grasas y baja en carbohidratos.[7] Los estudios observacionales tanto en hombres como en mujeres han confirmado que un mayor consumo de azúcar y carbohidratos se asocia con menos tiempo de sueño de onda lenta; un mayor consumo de fibra parece promover un sueño más profundo y estimular la limpieza.[8]

Si mantener el cerebro libre de placa no es una razón lo suficientemente convincente como para que reconsideres tus hábitos de sueño, permíteme compartirte más información al respecto: el sueño de calidad es una condición esecial para tener la fuerza de voluntad suficiente para cambiar otros hábitos, pues provoca cambios hormonales que influyen en tus resultados. El sueño es la clave para implementar todos los demás cambios que hagas con el plan genial.

RESUMEN DE LA OPTIMIZACIÓN DEL SUEÑO

- **Mantén fresca tu recámara.** El cuerpo prefiere una temperatura más baja para dormir.
- **Toma un baño de tina o en la regadera caliente antes de irte a la cama.** La disminución de temperatura al salir de la regadera le indica al cuerpo que ya es tiempo de dormir.
- **Usa la cama sólo para dormir (y para tener sexo, claro).** Tan pronto como despiertes, sal de la cama y no vuelvas a ella hasta que te vayas a dormir en la noche.
- **Evita el alcohol.** Aunque el alcohol te ayude a conciliar el sueño más rápido, disminuye la cantidad de tiempo que pasas en sueño REM, la fase más profunda de sueño.
- **Evita la exposición nocturna a la luz azul.** Prueba usar lentes para bloquear la luz azul (consulta algunas recomendaciones en la página 326). Evita el uso de pantallas y asegúrate de que los focos de tu casa sean ámbar.
- **Mantén el smartphone lejos de la cama.** Ponlo en cualquier lugar, menos al alcance de tu mano.
- **Mantén la recámara oscura.** Hasta la luz más tenue es capaz de interrumpir el sueño. La gente que duerme con luz muy tenue (10 lux) apenas una noche tiene menos memoria funcional y función cerebral.[9]
- **Establece un horario límite para la cafeína.** Limita el consumo de cafeína hasta las 4:00 p.m. cuando mucho, o incluso más temprano si tu metabolismo es lento por naturaleza (un estudio genético puede ayudarte a descubrirlo).
- **Come más fibra y grasas omega-3, y menos carbohidratos.** La inflamación afecta la calidad del sueño, pero los subproductos del consumo de fibra (como el butirato) promueven un sueño más profundo y más rejuvenecedor.
- **Deja de comer al menos una hora antes de acostarte.** La alimentación nocturna puede sabotear el sueño.[10]
- **Exponte directamente a la luz del sol 20 minutos después de despertar, sobre todo durante el horario de verano y cuando sal gas de viaje.** La luz brillante ayuda a determinar el ritmo circadiano del cuerpo, el cual regula el flujo de los ciclos de sueño y vigilia.

- **Usa una aplicación como alarma.** Las aplicaciones como Sleep Cycle te despiertan sólo cuando el sueño ya está en una de sus fases más ligeras, con lo que evitan esa horrible sensación de despertar en medio del sueño profundo REM (la fase más profunda del sueño).

Ayudantes hormonales

El cerebro muchas veces motiva nuestro comportamiento, pero a veces se origina en el cuerpo. De cierta manera, la fuerza de voluntad es una marioneta, con mensajeros químicos llamados *hormonas* en los hilos. A diferencia de los neurotransmisores, los cuales permiten que las neuronas individuales se comuniquen con sus vecinos, las hormonas son mensajeras de largo alcance: se liberan en una parte del cuerpo y tienen un impacto en otra. Por ejemplo, una hormona llamada *leptina* puede surgir de las células adiposas alrededor del abdomen y dirigirse hacia una región del cerebro que controla el gasto energético. O el cortisol, secretado por las glándulas suprarrenales que están justo arriba de los riñones, puede influir en partes del cerebro involucradas con la memoria.

Al comprender la relación que tienen la falta de sueño y el estrés con estos controladores hormonales maestros, podemos tener un dominio más firme sobre nuestra fuerza de voluntad, lo que quiere decir que rara vez tendremos que usarla.

Insulina: la hormona de la reserva

En el capítulo 4 describí cómo es que el exceso de insulina puede convertir el cerebro en un tiradero de placa amiloide, pero el consumo excesivo de carbohidratos no es el único villano en la lucha contra la placa. El sueño también es un factor crítico para regular las hormonas, incluyendo la insulina. Las investigaciones sugieren que apenas una sola noche de falta de sueño parcial puede incrementar temporalmente la resistencia a la insulina en una persona sana.[11]

Se ha demostrado que la restricción de breves periodos de sueño incrementa el riesgo de diabetes tipo 2, pero hay una buena noticia: algunos de los efectos negativos de la falta de sueño parecen revertirse con un fin de semana en el que duermas en promedio 9.7 horas cada noche.[12] Por otra parte, jugar al gato y al ratón con el sueño no sólo es un mal hábito, sino una estrategia muy mala para la salud a largo plazo.

Nota del médico: ¡la falta de sueño puede volverte –o mantenerte– gordo!

Es imposible destacar lo suficiente la importancia del sueño. En mi práctica clínica, si un paciente me visita porque quiere perder peso o modificar su composición corporal, y está durmiendo menos de siete horas completas cada noche, le diré en pocas palaras que estará malgastando su dinero si no se compromete a mejorar la duración y la calidad de su sueño. Estudios recientes —ya replicados— han confirmado que la falta de sueño (es decir, menos de seis horas de sueño) durante *una sola noche* deriva en la ingesta accidental de 400 o 500 calorías más al día siguiente, y esas calorías adicionales suelen provenir de carbohidratos. Multiplícalo por unas cuantas noches y tendrás una llantita de más en cuestión de semanas. ¿Ya tienes sobrepeso? Aplica la misma regla: cuando no duermes afectas muchísimo la probabilidad de perder ese peso extra.

Ghrelina: la hormona del hambre

Otra hormona que afecta el sueño es la ghrelina. La secreta el estómago y le dice al cerebro cuándo es tiempo de tener hambre. El nivel de ghrelina sube justo antes de las comidas o cuando el estómago está vacío, y baja después de las comidas o cuando el estómago está distendido. Esta hormona también puede influir en el estado de ánimo: cuando se inyecta ghrelina a ratones y humanos, aumenta la cantidad de comidas que consumen.

La ghrelina aumenta con sólo una noche en que duermas menos.[13] Ésta es quizá la razón por la cual la falta de sueño durante una sola noche provoca, en promedio, el consumo de un exceso de 400 o 500 calorías al día, en su mayoría de carbohidratos, lo cual coincide con más inflamación, hipertensión y problemas cognitivos.

Además de dormir más, ¿cómo podemos hacer que la ghrelina trabaje a nuestro favor? Consumir menos comidas (pero más grandes) a lo largo del día entrena al cuerpo a producir menores cantidades de esta hormona. La ciencia ya reveló que el consejo de consumir pequeñas comidas frecuentes para "avivar la flama metabólica" es falso: estudios realizados en cámaras metabólicas —en donde los voluntarios viven en habitaciones equipadas con instrumentos que miden cómo su cuerpo usa el aire, los alimentos y el agua bajo distintas condiciones— demuestran que, si comes dos veces al día o seis, tu índice metabólico es exactamente el mismo. Es muy liberador porque la idea de hacer menos comidas más abundantes provee flexibilidad al estilo de vida, nos permite sentirnos satisfechos, reduce la fatiga para tomar decisiones y ayuda a mantener al mínimo el tiempo de circulación de la insulina. Pero ten cuidado: conforme te ajustas a consumir menos comidas, pueden pasar varios días antes de que el estómago deje de enviar señales diciendo "¡Es hora de comer!"

Leptina: la hormona aceleradora del metabolismo

El sueño también puede afectar negativamente a la hormona *leptina*, la cual también está involucrada con el hambre. La leptina es la hormona de la "saciedad", la cual nos ayuda a regular el equilibrio de energía al inhibir el hambre; sin embargo, se desploma con la falta de sueño. El trabajo de la leptina es controlar el gasto energético por medio de su labor en el hipotálamo, el principal regulador metabólico del cerebro. Dado que las células adiposas secretan la leptina, entre más células adiposas tengamos, habrá más leptina circulante. El cerebro interpreta los altos niveles de leptina como un permiso para acelerar un poco el índice en el que nuestro cuerpo quema calorías; después de todo, ¡parece que la comida es vasta! Pero, al igual que sucede con la insulina, la leptina crónicamente elevada provoca resistencia, con lo que se pierden la señal de "saciedad" y sus efectos positivos en el metabolismo.

Es la desafortunada paradoja que enfrentan las personas que pierden peso e intentan permanecer así: están combatiendo el ataque de los niveles bajos de leptina y la resistencia a ella. La disminución de leptina aumenta el hambre, al mismo tiempo que minimiza la actividad tiroidea, el tono simpático y el gasto energético de los músculos esqueléticos, todo lo cual implica una desaceleración metabólica. Cualquiera que haya sufrido una pérdida de peso considerable sabe cuando este sistema falla: una persona de 115 kilogramos que baja a 90 kilogramos con ayuda de una dieta suele quemar alrededor de 300 o 400 calorías menos al día que alguien que pesaba 90 kilogramos desde un principio.

Por otra parte, estudios recientes que realizó el investigador de obesidad David Ludwig, en Harvard, sugieren que las dietas muy bajas en carbohidratos pueden contrarrestar algunas de estas desventajas metabólicas hasta alcanzar entre 100 y 300 calorías al día, ¡el equivalente de correr cinco kilómetros diarios! La gran noticia es que seguir el protocolo delineado en este libro permitirá que logres este "punto extra" metabólico.

Cuando hacemos breves periodos de ayuno o adoptamos dietas muy bajas en carbohidratos, nuestros niveles de leptina se reducen, lo que además tiene el beneficio de incrementar la cantidad de receptores de leptina en el hipotálamo. Así, al ayunar podemos recuperar la sensibilidad a la leptina, y al incorporar unas cuantas comidas más altas en carbohidratos y bajas en grasa podemos mantener revolucionado el metabolismo, como un auto deportivo de los años sesenta (para saber más al respecto, consulta el recuadro sobre manipulación de la leptina).

MANIPULAR LA LEPTINA PARA VERNOS MEJOR DESNUDOS

Una vez que te adaptas a la grasa, las comidas periódicas altas en carbohidratos pueden ser una gran forma de promover la salud dinámica de la leptina, ya que el consumo de carbohidratos y la insulina secretada en consecuencia son potentes estimulantes de leptina.[14] El pico correspondiente de leptina masajea el hipotálamo para activar los motores metabólicos del cuerpo. Este sistema se desequilibra si hay un consumo *crónico* de muchos carbohidratos, lo que puede promover la resistencia a la leptina; sin embargo, cuando lo mezclamos con el ejercicio, hacer una comida alta en carbohidratos a la semana puede incrementar el gasto de energía, recalibrar el estado de ánimo y acelerar la pérdida de grasa, sobre todo en personas cuyos intentos de perder peso se han estancado.

Una comida de 100 a 150 gramos de carbohidratos debe bastar. Sigue siendo mucho menos que lo que se consume en una dieta común, ya que se estima que los occidentales promedio consumen hasta 300 gramos de carbohidratos al día. Tampoco es una excusa para comer comida chatarra. Estas comidas altas en carbohidratos deben ser bajas en grasa; si recuerdas del capítulo 2, la combinación puede potencializar el pico de insulina y sentar las bases para una resistencia insulínica temporal. (La grasa también puede prevenir que la leptina cruce la barrera hematoencefálica.)[15] Para ello, los mejores carbohidratos son el arroz (sushi es una gran opción), verduras amiláceas como papas, o tu fruta favorita alta en azúcar.

La leptina también desempeña un papel importante en la función cognitiva, por lo que es vital que la mantengamos en rangos normales (es decir, no disminuyéndola con dietas bajas en calorías prolongadas o poco sueño, ni aumentándola con comidas periódicas). Si bien el papel más famoso de la leptina involucra la comunicación con el hipotálamo, también se han identificado receptores de leptina en otras áreas del cerebro responsables de las emociones, y hay una fuerte relación entre los niveles bajos de leptina, la depresión y la ansiedad. Desde el punto de vista evolutivo, tiene mucho sentido. La leptina colabora con la insulina para pintarle al cerebro un panorama sobre la disponibilidad de comida, de modo que, cuando hay carestía de alimentos, le dice al cerebro que altere el comportamiento de forma que conserve energía. Esto puede manifestarse en un distanciamiento de la sociedad, la incapacidad de sentir placer o la falta de motivación. No debería sorprendernos que la resistencia a la leptina contribuya a la depresión. En un estudio reciente se observó a mujeres obesas y con sobrepeso que tenían significativamente más síntomas de depresión y ansiedad, a pesar de tener niveles más elevados de leptina que el grupo de control.[16] En las mujeres resistentes a la leptina la hormona está presente, pero el cuerpo es incapaz de percibirla.

En términos de la salud general del cerebro, la leptina está involucrada en la plasticidad sináptica del hipocampo, donde facilita su potenciación a largo plazo para la creación de recuerdos sólidos y duraderos. Se ha demostrado que mejora la memoria en modelos de envejecimiento y Alzheimer en roedores, y es capaz de mejorar la limpieza del amiloide beta, la proteína que se acumula hasta alcanzar niveles tóxicos conforme envejecemos. Entre más logres conservar tu sensibilidad a la leptina, más sano (y feliz) serás.

Hormona del crecimiento: la hormona de la reparación y la conservación

En personas adultas, la hormona de crecimiento, o HC, es famosa por su capacidad reparadora. Los atletas usan la HC porque estimula el desempeño, en especial la capacidad de acelerar la reparación del tejido conectivo. Pero la HC, que la glándula hipófisis del cerebro secreta, también es un modulador cognitivo poderoso que se ha demostrado que mejora muchos aspectos de la función cerebral, incluyendo la velocidad de procesamiento y el estado de ánimo. En adultos mayores se ha observado que la terapia de reemplazo con HC incrementa la función cognitiva en pacientes con disfunciones cognitivas leves (predemencia que muchas veces deriva en Alzheimer) y en controles sanos después de sólo cinco meses.[17] Sin embargo, si bien inyectar más hormona de crecimiento es ilegal y potencialmente peligroso, hay algunos trucos a nuestro alcance para incrementar las cantidades de esta poderosa sustancia química de forma natural.

Mientras que la deficiencia de la hormona de crecimiento se manifiesta como un estancamiento en el aumento de estatura de los niños (razón por la cual se le identificó y nombró), su papel principal en los adultos es distinto: conservar la masa magra durante los periodos de hambruna o de ayuno. Por tanto, una de las mejores formas de incrementar la hormona de crecimiento es a través del ayuno intermitente.[18] Cuando ayunamos al menos 14 o 16 horas si eres mujer, y 16 o 18 horas si eres hombre, la hormona de crecimiento empieza a aumentar. Se ha visto que después de 24 horas de ayuno la hormona de crecimiento se dispara ¡hasta 2000 por ciento![19]

Aparte del ayuno, el condicionamiento de hipotérmico (uso del sauna, por ejemplo) es una gran forma de incrementar la hormona de crecimiento. En un estudio, dos sesiones de 20 minutos en un sauna a 80 °C, con un periodo de enfriamiento de 30 minutos en medio, provocaron que los niveles de hormona de crecimiento se duplicaran, mientras que dos sesiones de 15 minutos de sauna a 100 °C, con un periodo de enfriamiento de 30 minutos en medio, hicieron que se quintuplicara la hormona de crecimiento.[20] Si bien la hormona de crecimiento inducida por el sauna puede permanecer elevada durante un par de horas después, un estudio descubrió que dos sesiones de una hora a 80 °C durante siete días aumentaba 16 veces la hormona de crecimiento al tercer día, lo que evidencia el beneficio de la exposición repetitiva.

Como ves, así como es fácil incrementar la hormona de crecimiento, lo es todavía más agotarla, sobre todo en la actualidad. El estrés crónico es uno de los principales enemigos modernos de la hormona de crecimiento, y ataca directamente la capacidad de conservar los preciados tejidos musculares magros. El consumo de carbohidratos apaga de inmediato la producción de hormona de crecimiento, lo que explica por qué las dietas bajas en calorías sin restricción de carbohidratos pueden provocar una pérdida muscular simultánea a la pérdida de grasa.

Por último, se ha demostrado que dormir menos de siete horas tiene un efecto negativo en la producción de hormona de crecimiento. De hecho, la mayor parte de la hormona de crecimiento en nuestro cuerpo se produce durante el sueño de onda lenta, así que tener dos o tres ciclos completos es vital. Busca dormir ocho horas cada noche.

Cortisol: la hormona del carpe diem

El cortisol, el regulador circadiano maestro, se incrementa al despertar y crea un estado catabólico temporal en el cuerpo. Aunque muchas veces sólo se le considera una hormona de estrés, el cortisol también es fundamental para "despertar", ya que libera energía en la forma de carbohidratos, grasa y aminoácidos que usamos en las primeras horas del día. Cuando el cortisol y la insulina están presentes al mismo tiempo (por ejemplo, después de un desayuno alto en carbohidratos), el efecto quemagrasa del cortisol se apaga y sólo tendrá su efecto catabólico en los músculos; por supuesto, no es un escenario deseable.

Aunque no desayunar puede ayudar a que el cortisol haga su trabajo, si decides comer en la mañana, debería ser solamente grasa, proteína y verduras fibrosas, *no* carbohidratos. Esto va en contra del dogma popular de empezar el día con un gran tazón de avena o cereal, y no hablemos de los bagels, panquecitos, hot cakes, bizcochos y otros derivados de harina de trigo que solemos consumir en la mañana.

El lado oscuro del cortisol

El periodista de *National Geographic* Dan Buettner descubrió y estudió los cinco lugares en el mundo —denominados Zonas Azules— donde la gente es más longeva. Los estilos de vida de las personas que viven en estas zonas proveen ejemplos que podemos utilizar para formular una hipótesis sobre lo que promueve un envejecimiento sano. Por ejemplo, muchas de estas comunidades incluyen en la cotidianidad interrupciones al trabajo no negociables, y no estoy hablando sólo de pausas para comer. "La gente más longeva del mundo tiene rutinas para liberar el estrés", escribió Buettner en *Las zonas azules*. Continúa:

> Los okinawenses lo llaman *ikigai* y los nicoyanos [de Costa Rica] *plan de vida*; para ambos se traduce en "por qué me levanto en la mañana". En todas las Zonas Azules, la gente tiene razones para vivir además de su trabajo. Las investigaciones han demostrado que saber cuál es tu propósito se traduce en hasta siete años más de esperanza de vida.

A menos que desarrollemos formas efectivas de aliviar el estrés (que, aceptémoslo, es un aspecto inevitable de la vida en el siglo XXI), el cortisol puede permanecer elevado durante largos periodos de tiempo y tener serias consecuencias fisiológicas.

Sin embargo, antes de ahondar en ese punto, definamos qué es estrés crónico y qué no. El estrés crónico *no* es lo que sientes cuando tienes que dar una presentación ocasional, sufres al mudarte o estás atorado en el tránsito y ya vas tarde. El estrés crónico suele adoptar las siguientes formas (y toma nota mental si alguna te parece familiar):

- Presentarte todos los días a un trabajo que odias
- Padecer dificultades económicas prolongadas
- Tener que trabajar para un jefe que no te agrada
- Estar atascado en una relación a largo plazo que ya no funciona
- Tener que aguantar a un bravucón en la escuela
- Realizar el servicio militar
- Exponerte de forma crónica al ruido
- Experimentar traslados estresantes de ida y vuelta al trabajo, todos los días
- Estudiar medicina (según el doctor Paul)

Esta clase de estrés crónico desagradable, prolongado y de aparición reciente en términos evolutivos activa la amígdala, la región primitiva de supervivencia asociada con el miedo. Su labor es desatar una cascada de procesos bioquímicos que en un inicio servían para ayudarnos a huir de un daño potencial cuando enfrentábamos una amenaza física: digamos, un león que corre hacia a ti en la sabana. Imagina este escenario:

eres un cazador-recolector pasando un día cualquiera, recolectando apaciblemente moras bajo el sol abrasador del este de África. De pronto, aparece un león en tu periferia; pretendamos, en aras de la historia, que el león se llama Mufasa. Mufasa no ha comido en días y tiene un cachorro hambriento en su hogar (llamémosle Simba). Mufasa te ve como la comida perfecta para romper su ayuno y alimentar a su cachorro —pues eres rico en proteína, calorías y omega-3— y se lanza sobre ti a toda velocidad.

En este momento, tu amígdala, que es algo así como el puesto de vigilancia del cerebro, activa la respuesta nerviosa simpática y prepara al cuerpo para la acción. La amígdala activa algo llamado el *eje hipotalámico-hipofisiario-suprarrenal* (HHS), el cual causa que las glándulas suprarrenales secreten cortisol y epinefrina (también conocida como adrenalina), y de pronto, el lindo paseo entre las flores se convierte en una carrera para salvar la vida.

EL EJE HHS: EL TABLERO DE CONTROLES DE LA RESPUESTA AL ESTRÉS

Una vez activado, el eje HHS comienza en la estructura cerebral conocida como hipotálamo. Una de sus funciones más importantes (además de su papel como controlador metabólico principal) es vincular al cerebro con el sistema hormonal del cuerpo a través de la glándula hipófisis. El hipotálamo envía un poco de hormona liberadora de corticotropina (HLC) a la glándula hipófisis, la carne en el sándwich de HHS. Después de que el hipotálamo comunica la noticia de que hay prolemas, la hipófisis secreta en el torrente sanguíneo algo llamado *hormona adrenocorticotrópica* (HACT). (Recuerda que las hormonas son mensajeros de larga distancia distintos de los neurotransmisores, que actúan entre neuronas.) Ahora en la circulación, la HACT actúa sobre las glándulas suprarrenales, arriba de los riñones, provocando que se eleven el cortisol y la epinefrina.

Eje HHS: **H**ipotálamo → glándula **H**ipófisis → glándulas **S**uprarrenales → amígdala → hipotálamo (hormona liberadora de corticotropina [HLC]) → glándula hipófisis (hormona adrenocorticotrópica [HACT]) → glándulas suprarrenales (cortisol) → circulación

---

El cortisol y la adrenalina que ahora fluyen por tu cuerpo tienen varios efectos en la fisiología. En primer lugar, el ritmo cardiaco y la tensión arterial se elevan. Las pupilas se dilatan. La secreción de saliva se detiene y la digestión se desacelera (la digestión es un proceso relativamente intenso, y escapar de Mufasa no es el momento adecuado para usar recursos preciados en la absorción de nutrientes). De hecho, los niveles de sangre en el área digestiva se redirigen hacia lugares más importantes, como los músculos. El hígado libera glucosa, y las partes de tu cuerpo que son esenciales para alejarte del peligro se vuelven resistentes a la insulina, lo que hace que los músculos puedan recibir toda la glucosa que necesitan. El sistema inmunológico se suprime, y la sangre misma se vuelve más viscosa porque se empiezan a acumular plaquetas (un tipo de célula sanguínea involucrada en la coagulación) por si acaso hay pérdida de sangre.

Las probabilidades de que te persiga un león hoy en día son muy pocas. Si tienes suerte, las verdaderas amenazas de naturaleza física no son comunes. Sin embargo, mientras que las fuentes de estrés han cambiado, nuestra respuesta a ellas no. Así que, cuando discutes con un compañero de trabajo, corres para alcanzar el metro sólo para quedarte en el andén mientras se va o te asusta el claxon de un tráiler que pasa a tu lado en la calle, en el cuerpo se produce el mismo efecto dominó. Cuando tienes múltiples estímulos estresantes uno tras otro, la respuesta del cuerpo puede provocar serios problemas. Por eso el estrés es un asesino vicioso e indiscriminado: la activación crónica de este sistema anticuado, que alguna vez salvó vidas, ahora promueve la inflamación, la glucosa elevada, la resistencia a la insulina, las deficiencias de nutrientes, la permeabilidad intestinal y más. Ahora bien, ¿estrés crónico *más* carbohidratos? Es una receta para el desastre.

En este momento tal vez ya no te sorprenda saber que, conforme se expande nuestra cintura, nuestro cerebro se encoge.[21] Ya cubrimos muchos factores que pueden explicar esta impactante observación, excepto uno: el cortisol elevado crónicamente por estrés.

¿Alguna vez has visto a una persona con una sección media abultada, pero brazos y piernas sorprendentemente delgados? Es el retrato del estrés crónico. Es algo muy diferente de la obesidad común y corriente, donde todo —piernas, brazos, trasero— está hinchado de forma proporcionada. Sucede porque la grasa abdominal profunda, la clase de grasa que envuelve el corazón, el hígado y otros órganos principales, no sólo recibe más sangre, sino tiene más receptores de cortisol que la grasa subcutánea (la grasa que "pellizcas" debajo de la piel).[22] Cuando se eleva el cortisol, cualquier consumo de carbohidratos promoverá de inmediato la acumulación de grasa, y lo más probable es que sea en la forma de grasa abdominal profunda, llamada *grasa visceral*, la más peligrosa e inflamatoria. Esto hace que el consumo de carbohidratos concentrados sea más dañino para las personas estresadas. (Otra razón de que sea mala idea comer carbohidratos en la mañana, cuando el cortisol está elevado de forma natural.)

Si estás pasando por un periodo de estrés, la reacción debería ser doble: primero, lidia con ese estrés, y después, evita las fuentes concentradas de glucosa y fructosa más que nunca. Éstos son algunos consejos importantes para abatir el estrés:

- **Medita, no te mediques.** Meditar puede ser intimidante para los principiantes, pero vale la pena llegar a sentirte cómodo con ella. Un pequeño estudio tailandés de estudiantes de medicina estresados descubrió que cuatro días de meditación reducían 20% el cortisol.[23]
- **Pasa más tiempo en exteriores.** Hemos perdido el contacto con la naturaleza, pero meramente ver algo verde mitiga la respuesta psicológica al estrés y mejora la función cognitiva.[24] Estar rodeado por la naturaleza también puede ayudar a reducir los pensamientos depresivos e incluso estimular el FNDC.[25]
- **Haz ejercicio bien.** Alterna entre sesiones aeróbicas "tranquilas" (andar en bicicleta o hacer senderismo) y ejercicios más intensos. Las sesiones crónicas de cardio medio a intenso (correr en una caminadora durante 45 minutos, por ejemplo) en realidad puede *incrementar* el cortisol. Ahondaremos más en esto en el capítulo 10.
- **Pide que alguien te dé un masaje (o paga por uno; ¡nunca es una mala inversión!).** Un estudio de 2010 del Centro Médico Cedars-Sinai, en Los Ángeles, descubrió que cinco semanas de masajes suecos reducían de forma significativa el cortisol en suero, en comparación con los controles que recibían sólo "contacto físico ligero".
- **Practica la respiración profunda.** Es una estrategia simple, pero efectiva. Exhalar activa el sistema nervioso parasimpático, responsable de los procesos de "descanso y digestión" del cuerpo.

Desde hace tiempo se sabe que la elevación crónica del cortisol compromete el abastecimiento cerebral de FNDC y puede atrofiar estructuras vulnerables, como el hipocampo, e incluso provocar que las dendritas (el correlato físico del recuerdo) retrocedan,[26] lo que refuerza los aspectos negativos del estrés, ya que el hipocampo por lo regular "veta" las respuestas inapropiadas por estrés. El estrés repetitivo, entonces, daña la capacidad de controlarlo, algo que las investigaciones corroboran. En ratones sometidos a una "derrota social" crónica —el equivalente de que un bravucón esté en una jaula con ellos—, se observa un efecto significativo en la memoria. Si pensamos que las secuencias neuronales creadas por el conocimiento se parecen a una vía de tren en eterna construcción, era como si esos ratones bajo estrés tuvieran problemas para colocar los rieles.

Una investigación reciente también subrayó nuevos mecanismos a través de los cuales el estrés crónico puede limitar la salud neurológica a largo plazo. Se ha demostrado que el estrés crónico activa el sistema inmunológico en el cerebro y produce una inflamación similar a que si el cerebro estuviera respondiendo al estrés como una infección. La inflamación es la piedra angular de muchas enfermedades neurodegenerativas, como he mencionado a lo largo de este libro. Pero hace poco se vinculó la exposición crónica a las hormonas de estrés con la placa característica de la enfermedad de Alzheimer. La administración a largo plazo de cortisol reduce los niveles de la enzima degradante de insulina (EDI) en el cerebro de los primates.[27] La EDI es responsable de descomponer la insulina en el cerebro y la beta amiloide, la proteína que forma las placas características del Alzheimer. (Si ya lo olvidaste, en la página 102 encontrarás una introducción a la EDI.)

Como puedes ver, el estrés crónico es una amenaza constante para la salud cognitiva. ¡Pero no todo el estrés es igual! En el siguiente capítulo veremos cómo una forma particular de estrés puede ser la mejor amiga del cerebro.

NOTAS DE CAMPO

- El sueño es sagrado: mantiene sanos los niveles de hormonas, ayuda al cerebro a regular mejor las emociones y también puede ayudarte a perder peso.
- El sueño es el momento en el que el cerebro se limpia a sí mismo, ya que ofrece una lavada a presión gratuita cada noche gracias al recién descubierto sistema glinfático.
- Podemos optimizar el sueño y el sistema glinfático con una dieta alta en fibra y baja en carbohidratos.

- Ayunar puede incrementar de forma sustancial la hormona de crecimiento, la cual protege la masa magra.
- Para una persona que lleva una dieta alta en grasas y baja en carbohidratos, una comida ocasional alta en carbohidratos y baja en grasas puede incrementar los niveles de leptina, los cuales estimulan la quema de grasa y mejoran el estado de ánimo.
- El manejo del estrés es primordial para la salud: el estrés crónico expande la cintura, encoge el cerebro y promueve la inflamación que limita el desempeño.

Alimento genial #9

Salmón silvestre

Desde hace mucho tiempo se asoció el consumo de pescado silvestre con un menor riesgo de enfermedad cardiovascular, cáncer e incluso muerte por cualquier causa; sin embargo, ¿qué hay de su impacto en el cerebro? Me da mucho gusto que preguntes, pues los consumidores de pescado silvestre exhiben mejor envejecimiento cognitivo y función mnemónica, ¡y hasta tienen cerebros más grandes![1] En un estudio reciente, personas de la tercera edad cognitivamente normales que comían productos del mar (incluyendo pescado, camarones, cangrejo y langosta) más de una vez a la semana exhibieron menos deterioro de memoria oral e índices más lentos de deterioro en una prueba de velocidad perceptual a lo largo de cinco años, en comparación con la gente que comió menos de una porción de estos alimentos a la semana. La capacidad protectora de los productos del mar incluso fue más sólida en personas con el gen común de riesgo de Alzheimer, *ApoE4*.

El rey de estos pescados es el salmón silvestre, bajo en mercurio y una fuente rica de ácidos grasos omega-3 EPA y DHA, así como de un poderoso carotenoide llamado *astaxantina*. Derivado del krill (el alimento principal del salmón silvestre), este carotenoide se añade a la dieta de salmón de granja para darle su distintivo color "rosa", pero es más abundante en el salmón silvestre (por ende, tiene un color más fuerte). La astaxantina es benéfica para todo el cuerpo y puede ayudarte a lo siguiente:

- Aumentar la función cognitiva y promover la neurogénesis.
- Proteger la piel del daño solar y mejorar la apariencia de la piel.
- Proteger los ojos al reducir la inflamación.
- Volver más cardioprotector el perfil de lípidos en la sangre.
- Proveer efectos antioxidantes potentes y recolectar radicales libres.

Parece que la estructura molecular única de la astaxantina facilita algunos de estos beneficios, lo que permite proteger la membrana celular del estrés oxidativo. Por si fuera poco, también se ha observado que "activa" los genes que protegen contra el daño al ADN y el estrés del envejecimiento, como la secuencia FOX03 para la longevidad, descrita en la página 102. Los camarones, el cangrejo y la langosta también son altos en astaxantina, y son buenas opciones cuando quieres darle variedad a tu consumo de pescado silvestre.

Cómo usarlo: Hervido, asado, pochado o crudo (si es para sashimi).

Consejo profesional: Todos los tipos de pescados grasosos, incluyendo las sardinas, el arenque, el jurel y las anchoas, son buenas alternativas. Muchas veces salgo de casa con una lata de sardinas como refrigerio o para añadirlas a una comida, y también las incluí en el tazón para un mejor cerebro (página 311). Asegúrate de que cualquier pescado enlatado sólo contenga aceite de oliva (de preferencia extra virgen) o agua.

Capítulo 10

Las virtudes del estrés (o cómo volverte un organismo más resistente)

La madre naturaleza no es simplemente "segura". Es agresiva cuando destruye y reemplaza, cuando selecciona y reorganiza. Está claro que ante un suceso aleatorio no basta con ser "resistente". A largo plazo, todo lo que tenga la más mínima vulnerabilidad se descompondrá con el paso implacable del tiempo, pero nuestro planeta lleva aquí unos cuatro mil millones de años y sin duda no se debe sólo a su resistencia: haría falta una resistencia perfecta que impidiera que una grieta acabara con el sistema. Puesto que la resistencia perfecta es inalcanzable, es preciso un mecanismo por el cual el sistema se regenere sin cesar sacando provecho de los sucesos aleatorios, las crisis imprevisibles, los estresores y la volatilidad, en lugar de padecerlos.

NASSIM NICHOLAS TALEB,
Antifrágil: las cosas que se benefician del desorden

En pocas palabras:

Lo que no te mata, te hace más fuerte.

FRIEDRICH NIETZSCHE

Encontrar falta de movimiento en el universo es una tarea difícil. Es algo que no existe. Los cuerpos celestes se crean poco a poco o se destruyen despacio. Aquí en la Tierra, el sedentarismo se asocia con la podredumbre y el deterioro, como un lago que perdió su influjo. Para nuestro cerebro, es una sentencia de muerte.

Como toda la materia en el universo, estamos sujetos a la segunda ley de la termodinámica: la entropía. Esta ley fundamental de la física dicta que todos los sistemas con el tiempo se deteriorarán y pasarán de un estado mayor de complejidad a una complejidad menor. Esta transición lenta del orden al desorden es lo que ocurre en las estrellas, los planetas y las galaxias enteras, y también es lo que sucede dentro de nosotros durante el proceso de envejecimiento.

En el principio, sin embargo, la vida humana parece desafiar esta ley por las profundas capacidades regenerativas que muestra un niño. Los niños no suelen desarrollar enfermedad cardiovascular (detengan las máquinas: están aumentando las señales de ella en niños desde los ocho años por los estragos de la dieta común). No desarrollan demencia y casi 90% de los casos pediátricos de cáncer son curables. Estas capacidades "sobrehumanas" parecen estarse perdiendo en años recientes.

¿Y si pudiéramos regresar el tiempo y recuperar el nivel de resiliencia que teníamos en la juventud? "Rabiamos ante la agonía de la luz", como diría Dylan Thomas. Estoy aquí para decirte que puede ser posible por medio de un mecanismo que la literatura popular y médica ha satanizado durante mucho tiempo: el estrés, el antídoto del sedentarismo.

Ahora bien, antes de que alces la mano, confundido, déjame aclarar algo: hay dos clases de estrés. Está el estrés crónico, el que acompaña un mal trabajo, una relación fallida, problemas económicos prolongados o incluso lo que mi amigo Mark Sisson, autor de salud y megaatleta, llama "cardio crónico" (cosa que discutiremos en un momento). Esta clase de estrés acelera la entropía y el deterioro. Provoca una elevación prolongada de la hormona cortisol, la cual puede robarles fuerza a los músculos y redistribuir la grasa del cuerpo hacia el abdomen, provocar que partes importantes del cerebro se atrofien e incluso que se acelere el proceso de envejecimiento.

El estrés agudo (o temporal) es una bestia del todo distinta y puede ser una de nuestras armas más poderosas en la lucha contra la entropía. Esta clase de estrés puede tomar muchas formas. Puede ser el estrés mental que uno padece cuando aprende a tocar un nuevo instrumento, cuando nos involucramos en un videojuego particularmente retador y realista, o nos sentamos a escuchar una cátedra pesada. También puede ser estrés físico, en la forma de ejercicio, breves periodos de ayuno, temperaturas extremas y hasta ciertos tipos de alimentos "estresantes".

La hormesis, uno de mis principios biológicos favoritos, es el mecanismo por el cual pequeñas dosis de estrés por, digamos, un entrenamiento pesado, una buena sesión de sauna o incluso restricción calórica temporal (a la que llamamos ayuno intermitente) pueden promover la eficiencia celular y una mejor salud a largo plazo. Mientras que grandes dosis de un estresor en particular pueden dañarte, pequeñas dosis en realidad provocan que las células se adapten y se fortalezcan. En las siguientes páginas exploraremos cómo puedes sacar ventaja del poder de la hormesis para sobrecargar la cognición y ayudarte a vivir más fuerte durante más tiempo.

Movimiento

> Aquí, verás, es preciso correr mucho para permanecer en el mismo lugar.
> Si quieres llegar a otro, ¡debes correr dos veces más rápido!
>
> La Reina Roja,
> *Alicia a través del espejo*, de LEWIS CARROLL

Siempre he sido malo para los deportes. Los pocos veranos que mis padres tuvieron el valor suficiente para enviarme a un campamento, me abstenía de jugar cosas como futbol americano, soccer y quemados, y me inclinaba más bien hacia la arquería, la cohetería y la cerámica. (Cuando llegaba el momento de nadar, siempre me daba vergüenza quitarme la playera, una inseguridad que por fortuna ya se me quitó.) En la preparatoria, en lugar de unirme al equipo de basquetbol como muchos de mis compañeros, me llamó la atención la informática.

Me interesó el gimnasio hasta que aprendí que el ejercicio podía traducirse en un cuerpo más fuerte y más delgado. Empecé a concebir la comida y el ejercicio como el "código" para hablarle a mi programación biológica. En retrospectiva, me di cuenta de que muchos de los mismos ciclos de retroalimentación que me llevaron a la informática también estaban presentes en el ejercicio, incluyendo la capacidad de simplificar mis rutinas y depurar mis problemas. Estos ciclos de retroalimentación me proveyeron suficientes picos de dopamina para cautivar a este programador introvertido de 16 años (y la creciente atención de mis compañeras de clase tampoco estuvo mal).

No debería sorprenderte el hecho de que el ejercicio es uno de los mecanismos más comunes para mejorar la función cognitiva, el estado de ánimo y la neuroplasticidad. Todo se resume a que somos una especie hecha para moverse. Sin embargo, junto con la dieta, el estilo de vida humano ha dado un giro dramático. Solíamos caminar miles de kilómetros a pie como cazadores-recolectores, y cuando no estábamos caminando o escalando, estábamos corriendo, no sentados detrás de un escritorio, en un tren o en un auto atorados en el tránsito.

¿Qué tan adaptados estamos al movimiento? Recientemente se analizaron fósiles de pisadas aborígenes que muestran una zancada particular, indicando que nuestros ancestros eran, *en promedio*, al menos tan veloces como Usain Bolt, el campeón olímpico de esprint. Otras señales son evidentes en nuestro cuerpo: somos muy buenos para disipar el calor por medio de la sudoración. Tenemos piernas largas, rodillas grandes y el resorte del tendón de Aquiles, que a pesar de su nombre es una de las estructuras blandas más fuertes en el reino animal. Y, con traseros relativamente voluminosos y fibras musculares de contracción lenta y resistentes a la fatiga, también podemos ser grandes atletas de resistencia.

Hoy en día, sin embargo, llevamos al trabajo el almuerzo para poder sentarnos y comer en aislamiento en nuestro escritorio. Somos sedentarios durante casi todo el día laboral y durante el trayecto de ida y vuelta. Y luego nos sentamos en el sofá a ver la televisión durante horas. Las investigaciones más recientes han confirmado la noción de que el sendentarismo crónico es malo para la salud. De hecho, es tan malo que algunos expertos incluso han llegado hasta a decir que estar sentados es como fumar. Aunque puede sonar hiperbólico, estar sentado durante un tiempo excesivo se *ha vinculado* con muerte prematura, lo cual representa casi 4% de las muertes anuales en el mundo.[1] Esta asociación se reduce de forma sustancial con tan sólo añadir un poco de movimiento extra al día:[2] un estudio de la Universidad de Utah descubrió que sólo caminar dos minutos por cada hora que pasamos sentados reduce de forma sustancial (hasta en 33%) el riesgo de muerte temprana, mientras que un estudio de la Universidad de Cambridge descubrió que una hora de ejercicio de intensidad moderada al día elimina este riesgo por completo.[3]

Para el cerebro, el ejercicio se puede considerar la panacea, y esto lo confirman una y otra vez estudios realizados con personas sanas y con déficits cognitivos. El ejercicio actúa como medicina y tónico, y cubre nuestro órgano más vulnerable con un coctel de químicos de moléculas "inteligentes" que varían entre antioxidantes poderosos y factores de crecimiento nervioso. Después de leer esta sección sabrás exactamente cómo implementar el ejercicio para recibir el máximo de beneficios cognitivos.

Para que el cerebro crezca

Está bien, ya te convencimos de hacer ejercicio. ¿Por dónde empezar? Hay dos sistemas de energía principales que puedes entrenar: el aeróbico y el anaeróbico. Por cuestiones de simplificación, el ejercicio aeróbico equivale a largos paseos en bicicleta o al senderismo, mientras que el ejercicio anaeróbico tiende a incluir levantamiento de pesas y esprints. Piensa en el primero como una quema de oxígeno y en el último como una quema de azúcar.

El entrenamiento aeróbico acelera el corazón y puede durar largos periodos de tiempo. La mayor parte del día funcionas en un estado de respiración aeróbica. El *ejercicio* aeróbico simplemente aumenta la intensidad y la demanda al metabolismo, pero bajo condiciones metabólicas similares.

EJERCICIO AERÓBICO

¡Moderado y lento!

* Senderismo
* Andar en bicicleta
* Caminar rápido
* Yoga ligero

Todas las formas de ejercicio ayudan a incrementar el flujo sanguíneo hacia el cerebro, llevando el oxígeno y los nutrientes que nuestro centro de control biológico requiere con desesperación; sin embargo, se ha descubierto que el ejercicio aeróbico en especial es una de las mejores formas de estimular el factor neurotrópico derivado del cerebro, o FNDC. Usé frases como "abono para el cerebro" y "el mejor fertilizante para el cerebro" a lo largo de este libro para calificar el potente efecto que tiene el FNDC para promover la neuroplasticidad y proteger las neuronas, pero debo admitir que pueden parecer conceptos abstractos. (Por desgracia, no podemos tensar el hipocampo frente al espejo.) Si tuvieras acceso a un escáner, sin embargo, podrías ver el crecimiento profundo que promueve el FNDC.

Un influyente estudio publicado en 2011 les dio a los científicos la oportunidad de hacer justo eso.[4] Incluyó a 120 sujetos adultos cognitivamente sanos, de los cuales la mitad realizó una rutina de ejercicio aeróbico tres veces a la semana durante un año. En una tomografía, los científicos vieron que el ejercicio aeróbico aumentó el tamaño del hipocampo de los participantes 2% más que al principio del estudio. Ahora, antes de que reniegues de lo que parece ser un aumento muy modesto, deberías saber que el hipocampo por lo general *pierde* volumen en un índice de 1 o 2% cada año después de la quinta década de vida. Y de hecho, eso sucedió en el grupo de control: sus tomografías mostraron la pérdida de volumen cerebral en esa misma proporción. Como explicaron los investigadores, el ejercicio aeróbico básicamente retrasó el reloj del hipocampo, el centro de formación mnemónica del cerebro, uno o dos años. En el momento en que escribo esto, no existe un medicamento en el universo conocido que tenga ese poder. Si esto no te parece muy emocionante, el incremento en el tamaño de los cerebros del grupo que hacía ejercicio coincidió con un incremento en el desempeño del tipo de memoria utilizado para transitar lugares conocidos.

CUBRE EL CEREBRO CON *KLOTHO*

Klotho es una proteína de la longevidad llamada así por Cloto, la Moira de la mitología griega conocida por tejer el hilo de la vida. Si Cloto fuera real, estaría feliz de conocer su afiliación con este "supresor del envejecimiento", encargado, entre otras cosas, de crear conexiones mejores y más tensas en la sinapsis, las juntas microscópicas donde ocurren todos los procesos neurológicos.

Independientemente de su efecto en el envejecimiento sano del cerebro, klotho tiene un efecto distintivo en la cognición.[5] Alrededor de una de cada cinco personas con suerte tiene variedades genéticas que la hacen producir mayores niveles de esta proteína, y un estudio reciente descubrió que las personas con ese gen obtenían un promedio de seis puntos más en una prueba de dominio cognitivo general que incluye lenguaje, función ejecutiva, inteligencia visual y espacial, aprendizaje y memoria. Aunque estés tentado a exclamar: "¿Ves?, ¡todo está en los genes!", la buena noticia es que el ejercicio aeróbico puede estimular la proteína klotho. Además, la expresión de klotho, como la del FNDC, se considera dependiente del nivel de condición física, así que, entre más ejercicio hagas (y mejor condición tengas), más elevarás los niveles de klotho con un solo entrenamiento.[6]

No obstante, fortalecer el hipocampo no sólo te protege del envejecimiento. Si bien el hipocampo es una de las primeras partes del cerebro que ataca la enfermedad de Alzheimer, también es muy vulnerable a la agresión del estrés crónico. El cortisol elevado de forma crónica, consecuencia de la sobreestimulación del sistema de "lucha o huida" del cuerpo, puede dañar el hipocampo y crear un ciclo de retroalimentación negativo, pues el hipocampo dicta en gran parte qué tan calmado (o frenético) responderá el cerebro a un evento dado, ya que las regiones del cerebro involucradas con el miedo y las emociones "consultan" con el hipocampo para determinar cuál es la mejor respuesta. Como han demostrado las investigaciones, al reforzar esta estructura de la memoria con el ejercicio, aumentamos la capacidad del cerebro para resistir al estrés psicológico.

EJERCICIO: ¿EL ASESINO DE LA DEMENCIA?

Un gen en particular, el alelo *ApoE4*, continúa apareciendo en este libro. Aunque dista mucho de ser una sentencia para desarrollar demencia, es el único gen bien definido de riesgo de Alzheimer, y tener una o dos copias sí aumenta la probabilidad de que una persona desarrolle algún deterioro cognitivo. Las investigaciones sugieren que el ejercicio puede frenar parte de la influencia que ejerce el gen en el cerebro. En parte lo hace "normalizando" el metabolismo de glucosa en el cerebro, el cual está reducido en los portadores de *ApoE4* (cosa que comentamos en el capítulo 6), y disminuyendo la acumulación de placa, la cual aparece acelerada en los portadores. Curiosamente, el alelo *ApoE4* se considera la variante "ancestral" (es decir, la más vieja) del gen *ApoE*, la cual surgió en un momento en que debíamos perseguir nuestra comida. Su asociación negativa con la enfermedad moderna puede ser meramente una consecuencia de nuestra reciente transición a la inactividad relativa, amplificada por nuestra dieta industrializada y carente de nutrientes. Si el deterioro neurológico es consecuencia de la inactividad, ¿volverse más activo podría en realidad *revertir* la discapacidad cognitiva? Los investigadores buscaron responder esta pregunta en un estudio de 2013, y hallaron que mejoraba la memoria de personas sedentarias con un impedimento cognitivo menor (ICM), así como la eficiencia de sus neuronas después de sólo tres meses de ejercicio regular.[7] El estudio también incluyó a un grupo de personas cognitivamente normales que obtuvieron beneficios similares. Por si fuera poco, la condición cardiorrespiratoria de los sujetos mejoró sólo 10%, lo que sugiere grandes ganancias cognitivas por una mejora relativamente pequeña en la condición física.

Un estudio de seguimiento publicado en 2015 descubrió que el ejercicio aumentó el tamaño de la corteza prefrontal —la capa exterior del cerebro que se encoje de forma sustancial en la última etapa de la enfermedad de Alzheimer— tanto en gente mayor sana como en pacientes con ICM. En una metáfora muy simplista, la corteza prefrontal puede considerarse el disco duro del cerebro, donde se guardan los recuerdos después de que los genera el hipocampo, el teclado del cerebro. Los participantes que mejoraron más su condición física exhibieron más crecimiento de la capa cortical. Estudios como éste son clave porque el ICM se considera una etapa crítica del deterioro cognitivo que puede derivar en Alzheimer y otras formas de demencia.

El estimulante metabólico

> Ningún hombre tiene derecho a ser
> un amateur en el entrenamiento físico.
> Es una lástima que un hombre envejezca sin ver
> la belleza y la fuerza de la que su cuerpo es capaz.
>
> SÓCRATES, cerca de 400 a.C.

Si bien la actividad aeróbica es la forma principal de fortalecer el cerebro con nuevas neuronas, el ejercicio anaeróbico es la mejor forma de mantener esas células sanas y metabólicamente eficientes.

A diferencia del ejercicio aeróbico que puede realizarse potencialmente durante horas (sobre todo en variedades de intensidad baja a moderada), la modalidad anaeróbica del metabolismo se experimenta en episodios y se logra por medio de una actividad física realizada con mucha más intensidad (y, por ende, imposible de mantener). Puede incluir un esprint casi al máximo esfuerzo durante 10 o 20 (incluso 30) segundos, tomar un descanso y repetir el proceso. El entrenamiento de resistencia —levantamiento de pesas, por ejemplo— también es anaeróbico. Aunque el umbral anaeróbico de todos es distinto, el principio es el mismo: al sobrecargar por momentos el cuerpo, provees un estímulo potente para que tus células se adapten, se fortalezcan y se vuelvan más eficientes.

EJERCICIO ANAERÓBICO

¡Duro y rápido!

* Todos los tipos de ejercicios "explosivos" (como esprints, andar en bicicleta vigorosamente, remar, el uso de cuerdas)
* Levantar pesas
* Subir colinas empinadas
* Entrenamiento por intervalos
* Isométricos
* Yoga intenso

Un beneficio visible de este ejercicio anaeróbico es que, con el tiempo, la musculatura crece. Sobre todo es benéfico para mantener el peso. Aunque el ejercicio anaeróbico quema muchas menos calorías que el ejercicio aeróbico (correr grandes distancias en una caminadora, por ejemplo), crear incluso un poco de músculo es benéfico para la pérdida de peso a largo plazo porque, entre más músculo tengas en el cuerpo, tendrás mayor capacidad de trabajo, podrás sostener más actividades de alta intensidad y podrás absorber más calorías sin guardarlas como grasa corporal. Cada vez que llegas al *umbral de la lactasa* en tu entrenamiento, que es cuando los músculos comienzan a arder y tiemblan conforme te acercas al fracaso, estás agotando los carbohidratos de los músculos y convirtiendo el cuerpo en una esponja de energía. Esto significa que, cuando consumes un almidón como arroz o camote, es más probable que los carbohidratos se transporten a las células musculares, donde se quedarán esperando para darte energía en el siguiente entrenamiento. Y aumentar la masa muscular significa que quemarás más calorías para alimentar esos músculos, incluso si sólo estás en la fila del supermercado, esperando pagar.

Impulsarte hasta tus límites fisiológicos, sin embargo, confiere beneficios que se extienden mucho más allá de la temporada de trajes de baño. A nivel microscópico, las mitocondrias —los organelos que crean la energía celular— sienten la carga del aumento de demanda. En parte se debe al incremento en la producción de especies reactivas de oxígeno (ERO), un subproducto normal del metabolismo. Es posible que los reconozcas por su otro nombre: radicales libres. Bajo circunstancias normales, queremos que estos radicales libres se mantengan al mínimo, pero, en el caso del ejercicio, su incremento actúa como un poderoso mecanismo de señalización que desencadena una cascada de eventos a nivel genético y celular destinada a protegernos y a incrementar nuestra resistencia al estrés futuro.

Nota del médico: obedece tus imperativos biológicos

Sentir el brote ocasional de melancolía es un aspecto perfectamente normal, y quizá incluso sano, de la condición humana. Pero, si la melancolía se convierte en un diálogo interno negativo, recuerda: no juzgues tus pensamientos o tu estado de ánimo a menos que hayas estado haciendo ejercicio con regularidad. Si no sacas a pasear a tu perro o lo dejas salir a jugar o a correr cada día, se consideraría abuso animal; sin embargo, al parecer creemos que está bien si nosotros no lo hacemos. El ejercicio debería ser lo último que abandomes cuando estés ocupado o abrumado, no lo primero. Cuando se comparó su efecto con el de múltiples antidepresivos, tres días a la semana de ejercicio moderado resultaron ser *igualmente efectivos* que los fármacos, ¡y tienen el agradable efecto secundario de no tener efectos secundarios! Trátate a ti mismo por lo menos tan bien como tratas a tu cachorro; lo mereces.

Una enzima que se activa durante la actividad anaeróbica se llama *proteína quinasa activada por adenosina monofosfato*, o AMPK por sus siglas en inglés. Conocida como el "interruptor principal" metabólico, la AMPK actúa como un diapasón para las mitocondrias, incrementa la quema de grasa y el consumo de glucosa, y activa la maquinaria de desechos para limpiar la basura celular (esto incluye reciclar mitocondrias viejas y dañadas). Activar la AMPK es un mecanismo tan poderoso para incrementar el vigor celular que la metformina, un medicamento para la diabetes, la cual estimula la AMPK, ahora se está estudiando por su potencial como agente geroprotector o antienvejecimiento. (Investigaciones preliminares sugieren que puede mejorar síntomas en la enfermedad de Alzheimer temprana y ayudar a reducir el factor de riesgo de desarrollarla.) Pero no necesitas medicamentos ni sus efectos secundarios potenciales para activar la AMPK, ya que los periodos cortos de ejercicio intenso lo hacen con la misma efectividad.

Una de las formas más importantes en las que la AMPK incrementa el metabolismo es estimulando la creación de más mitocondrias, un proceso llamado *biogénesis mitocondrial*. Tener más mitocondrias se suele considerar algo bueno, y lo sabemos porque la falta crónica de uso muscular, el comportamiento sedentario y el envejecimiento conllevan por separado deterioros del contenido y la función mitocondrial.

Al crear nuevas mitocondrias en los músculos, mejoramos la salud metabólica y la condición física, incluyendo la sensibilidad a la insulina. Es por eso que estimular la AMPK con ejercicio anaeróbico (como levantar pesas y hacer esprints) es una de las mejores formas de revertir la resistencia a la insulina, junto con los cambios en la dieta.* Pero la AMPK no sólo estimula este sustancial aumento de mitocondrias en el tejido muscular, también lo hace en las células adiposas por medio de un proceso llamado *oscurecimiento*. Durante un tiempo se creía que estaba presente sólo en los recién nacidos, pero la grasa amarilla es tejido graso rico en mitocondrias cuyo propósito principal es quemar calorías para calentarnos cuando baja la temperatura (un proceso llamado *termogénesis*).

La biogénesis mitocondrial, provocada por el ejercicio, también se ha observado en neuronas en investigaciones con animales.[8] Esto tiene obvias implicaciones, no sólo relacionadas con combatir la fatiga mental y el envejecimiento cognitivo, sino respecto a las enfermedades neurodegenerativas que involucran la disfunción mitocondrial, incluyendo la enfermedad de Alzheimer, la enfermedad de Parkinson y la esclerosis lateral amiotrófica. Puede ser la razón de que un estudio extenso realizado con gemelos en el King's College de Londres demostrara un vínculo fuerte entre la fuerza de las piernas (que involucra los músculos más grandes del cuerpo) y el volumen cerebral, con una disminución del envejecimiento cognitivo a lo largo de 10 años.[9]

Todo en conjunto es la razón de que el ejercicio anaeróbico sea una parte vital de la ecuación para la salud cerebral y la optimización cognitiva. Arthur Weltman, quien dirige el laboratorio de ejercicio fisiológico de la Universidad de Virginia, en Charlottesville, lo dijo en mejores palabras durante una entrevista con la página web ScienceNews: "Para que los sistemas fisiológicos se adapten, necesitan estar sobrecargados". Ya sea que esto implique levantar pesas, llevarte al límite en una bicicleta estacionaria durante algunos minutos (descansar y repetir) o añadir esprints a tu rutina de cardio, incluir ejercicio anaeróbico en tu rutina es una gran oportunidad para optimizar la función cognitiva.

---

* A muchos pacientes obesos y resistentes a la insulina se les dice que enfoquen su energía en "hacer más cardio" para perder peso, lo que ignora el enfoque más adecuado: crear más músculo para reestablecer la sensibilidad a la insulina.

ALTAS DOSIS DE ANTIOXIDANTES: ¿UN BASTÓN CELULAR?

El llamado para que se fortalezca tu maquinaria celular surge de un incremento temporal en el estrés mediado por radicales libres y provocado por el ejercicio. Si eliminas esta presión, el ejercicio se vuelve menos efectivo. Esto se hizo evidente en un estudio de la Universidad de Valencia, en el que se suministró altas dosis de vitamina C antioxidante a un grupo de atletas justo antes de que entrenaran. Esto no sólo tuvo un efecto negativo en su desempeño, sino que bloqueó muchos de los beneficios antes mencionados del ejercicio, como aumentar la cobertura antioxidante y la biogénesis mitocondrial.[10]

Estudios como éste subrayan un efecto negativo potencial de la suplementación vitamínica con dosis altas, lo que puede bloquear de forma indiscriminada el estímulo que necesita el cuerpo para fortalecerse. Por este motivo no recomiendo la suplementación excesiva de vitaminas; en cambio, un mejor acercamiento sería estimular de forma natural los compuestos antioxidantes más potentes del cuerpo con ejercicio y alimentos como aguacate, moras, col rizada, brócoli y chocolate amargo (convenientemente, todos alimentos geniales aceptados).

Cómo sacarle más provecho al ejercicio

Como puedes ver, tanto el ejercicio aeróbico como el anaeróbico proveen beneficios únicos al cerebro y al cuerpo que se extienden mucho más allá de la quema de calorías. Sin embargo, ¿qué tanto esfuerzo necesitas para obtener el máximo beneficio? Sorprendentemente, mucho menos de lo que esperarías. Las investigaciones más recientes sugieren que nuestros entrenamientos aeróbicos deberían ser más largos y más lentos, mientras que nuestros ejercicios anaeróbicos deberían ser más cortos y más intensos. Lo que definitivamente queremos evitar es el "cardio crónico" o un entrenamiento sostenido, como correr a gran velocidad durante 45 minutos, varias veces a la semana. Hay un punto climático en que el estrés del cuerpo es suficiente para estimular la adaptación, pero más no necesariamente significa que es mejor. Por ejemplo, los maratonistas profesionales pierden masa magra, disminuyen sus niveles de testosterona, desarrollan mayor permeabilidad intestinal y hasta pueden padecer laceraciones en el tejido cardiaco y el sistema de conducción eléctrica, lo que provoca arritmias peligrosas y mortales, sin mencionar el desgaste en las articulaciones por los miles de pasos.

¿Cuál es el punto medio entonces? En esencia, en lugar de correr 45 minutos con una mueca en el rostro todo el tiempo, sería mejor que hicieras senderismo durante 90 o 120 minutos, mientras sonríes y conversas a lo largo del camino. El movimiento leve y lento, como el senderismo, también ayuda a mover la linfa por el cuerpo, desarrollar las camas capilares y mantener sanas las articulaciones. Por otra parte, los esprints cortos con un esfuerzo máximo a 90 o 95% provocan la misma mejoría en la condición física cardiorrespiratoria y resistencia en 20% del tiempo, ¡en comparación con un estado estable de cardio!

Una rutina adecuada de ejercicio debería ser parte de nuestro estilo de vida general, incluyendo trabajo aeróbico (como largas caminatas, senderismo y andar en bicicleta de ida y vuelta al trabajo) y extenuación anaeróbica concentrada. De esta manera, maximizas la neuroplasticidad por medio del FNDC con el ejercicio aeróbico, mientras logras los efectos fortificantes del metabolismo con el ejercicio anaeróbico.

■ **Pregunta:** Soy mujer. ¿Levantar pesas no me hará ver tosca? Aumento mi masa muscular muy rápido.

Respuesta: Crear músculo es difícil y la ganancia sólo se ve después de años, no semanas. Y si tienes miedo de verte "musculosa", confía en nosotros, no sucede por accidente. El doctor Paul y yo hemos estado intentando ser musculosos *durante los últimos 20 años.* Encima de todo, las mujeres en su mayoría simplemente no tienen el perfil hormonal para "volverse inmensas" sin sustancias ilegales.

Mientras estés ganando musculatura y no comas de más ni subas significativamente de peso, tu composición corporal mejorará. Tu cintura se encogerá y tus brazos, sí, se encogerán mientras se fortalecen. El levantamiento regular de pesas también te da un colchón para consumir cualquier carbohidrato que se escabulla por ahí. Sólo recuerda: estar fuerte es la nueva moda.

También es posible incorporar aspectos de ambas formas de ejercicio en el mismo entrenamiento. Por ejemplo, si disfrutas el entrenamiento de pesas, pero no te gusta correr, puedes añadir un aspecto aeróbico a tu entrenamiento si reduces el tiempo de descanso entre las series. Por el contrario, puedes elegir hacer entrenamientos anaeróbicos algunos días de la semana y aeróbico en otros. Sin importar lo que elijas, haz lo que más disfrutes y asegúrate de variar el nivel de intensidad. Asimismo, tomarte uno o dos días libres a la semana para descansar asegura que no estés entrenando de más, lo que puede tener efectos nocivos.

Una semana típica puede verse más o menos así:

Lunes	Jueves
Entrenamiento de resistencia	Entrenamiento de resistencia
Opción A: sentadillas, levantar peso muerto, movimientos con pesa rusa, press de pecho, lagartijas, fondos, dominadas, extensión de tríceps y desplantes	**Opción A:** sentadillas, levantar peso muerto, movimientos con pesa rusa, press de pecho, lagartijas, fondos, dominadas, extensión de tríceps y desplantes
Opción B: ejercicios de "levantamiento": press de pecho, levantamiento inclinado, levantamiento sobre la cabeza, uso de cuerdas	**Opción B:** ejercicios para "jalar": lagartijas, extensión de tríceps, levantar peso muerto con piernas estiradas, uso de cuerdas
Martes	**Viernes**
Yoga	Yoga
Miércoles	**Sábado**
Ir y venir del trabajo en bicicleta	Esprints en el parque
	Domingo
	Senderismo o una caminata larga

Condicionamiento hipotérmico

Si una cultura se puede llevar el crédito por popularizar el condicionamiento hipertérmico (es decir, de calor), puede ser la finlandesa. El uso del sauna es una parte integral de la vida diaria en Finlandia, donde hay en promedio un sauna ¡por cada casa![11] Algunos de estos saunas se encuentran en los lugares menos pensados: en una caseta telefónica abandonada, en un barco o en un remolque estacionado. Muchos aparecieron en el curioso documental *Steam of Life*, una crónica de este húmedo pasatiempo nacional. En el resto del mundo, sin embargo, los saunas suelen estar en los spas y los gimnasios sofisticados.

Aunque puedes sentirte inclinado a descartar los saunas como mera recreación sudorosa, la ciencia está empezando a validar su uso como una potente actividad moduladora de la temperatura. Las investigaciones recientes han demostrado que, a nivel mecánico y visual, la terapia hipertérmica es un potente entrenamiento para el cerebro y puede desempeñar un papel importante en la protección antienvejecimiento.

Proteínas de choque térmico: el guardaespaldas de la proteína

Estar sentado en un sauna caliente impone una clase de estrés al cuerpo llamada *estrés térmico*. El increíblemente adaptable cuerpo humano, forjado en el clima del este de África, sabe que el calor te puede matar y, como resultado, toma medidas precautorias para protegerse a sí mismo. Una de estas medidas incluye activar las *proteínas de choque térmico*, o PCT. Como su nombre implica, el calor es la variable principal para encenderlas, aunque estas proteínas también se activan con el ejercicio y las bajas temperaturas.

Las PCT actúan para cuidar a otras proteínas y protegerlas de una mala descomposición, ya que las consecuencias son muy amplias. Las configuraciones tridimensionales únicas de las proteínas ayudan a que los diversos receptores las reconozcan, y les aporta una funcionalidad segura que les permite realizar muchos trabajos importantes en todo el cuerpo. Las proteínas que quedan desfiguradas por una mala descomposición no sólo son menos efectivas, sino que se convierten en desconocidas para el sistema inmunológico, lo que podría provocar una respuesta autoinmune.

La mala descomposición de proteínas también está directamente implicada en algunas enfermedades con las que quizá ya estás familiarizado: Alzheimer, Parkinson y demencia con cuerpos de Lewy. Todas éstas se clasifican como enfermedades "protopáticas", lo que significa que las proteínas se descomponen mal y se acumulan en placas; en el Alzheimer es la proteína beta amiloide, mientras que la proteína alfa sinucleína está involucrada en el Parkinson y la demencia con cuerpos de Lewy. Pero estas placas se forman en todas las personas, no sólo en los pacientes diagnosticados con demencia, y vale la pena hacer todo lo que podamos para prevenir su formación, sobre todo si es algo tan sencillo como sentarnos en un sauna.

Un estudio publicado en 2016, en la revista *Age and Ageing*, dio la primera evidencia de su tipo a nivel poblacional de que el uso regular del sauna podía ayudar a salvar nuestro cerebro del deterioro. Con más de 2 000 personas observadas a lo largo de 20 años, el estudio demostró que el uso del sauna entre cuatro y siete veces a la semana se traduce en una reducción de 65% del riesgo de desarrollar Alzheimer u otra clase de demencia, aun después de controlar otras variables como la diabetes tipo 2, el estatus socioeconómico y los factores de riesgo cardiovascular.

El FNDC para estimular el cerebro

¿Quién no agradece algo gratis de vez en cuando? Si bien el ejercicio es una forma increíble de nutrir el cerebro con FNDC, el estrés térmico (por el uso del sauna después del ejercicio, por ejemplo) puede estimular el FNDC más allá de lo que se logra sólo con el ejercicio.[12]

Para explorar todavía más la sinergia entre el ejercicio y la temperatura ambiente, científicos de la Universidad de Houston estudiaron el efecto neuronal que ocurría cuando los ratones corrían a bajas o altas temperaturas (ya fuera a 4 °C o 37.5 °C).[13] En ambos escenarios, los ratones generaron una mayor cantidad de neuronas en el hipocampo a pesar de correr distancias más cortas que los del grupo de control, los cuales corrieron a temperatura ambiente. Lo que esto sugiere es que realizar periodos de ejercicio breve en ambientes fríos o calientes puede acelerar los beneficios neurológicos del ejercicio; una victoria potencial para los adictos a la eficiencia y quienes tienen movilidad limitada. (Sólo consulta con tu médico antes de hacerlo, sobre todo si tienes algún problema de salud.)

¿Estás admirando mi mielina?

La prolactina es una hormona con una gran variedad de papeles que se encuentra en hombres y mujeres, pero quizá se le conoce más por su papel en el comienzo de la lactancia en las futuras madres. También puede influir de forma muy peculiar en el cerebro: se ha demostrado que la prolactina reconstruye la mielina, la capa protectora que aísla las neuronas y hace que el cerebro trabaje más rápido.[14] Las mujeres embarazadas experimentan un pico de prolactina, y quienes tienen esclerosis múltiple, una enfermedad autoinmune que ataca la mielina, por lo general entran en remisión en ese momento.

Pero no te preocupes, el embarazo no es la única forma de estimular la prolactina. Un estudio demostró que los niveles de prolactina de los hombres que permanecían en un sauna a 80 °C se incrementaban 10 veces. En otro estudio, las mujeres que usaban con frecuencia el sauna y pasaban 20 minutos en un sauna seco tenían un incremento de 510% en su nivel de prolactina inmediatamente después de la sesión.[15]

¿Estimular la prolactina con saunas puede servir para tratar la esclerosis múltiple? Se debe tener mucho cuidado si la enfermedad ya se desarrolló, pues los pacientes sensibles a la temperatura con esclerosis múltiple han mostrado un deterioro temporal en la función cognitiva después de entrar a un sauna. En términos de prevención, el uso de saunas para esclerosis es territorio desconocido, pero, basado en lo anterior, su utilidad no es descartable.

¿SUFRES DE UN CONTROL CRÓNICO DEL CLIMA?

Los primates y los humanos primitivos experimentaron estresores fisiológicos, incluyendo cambios en la temperatura, durante millones de años. Hoy, sin embargo, nuestra falta de ese "ejercicio térmico" puede perjudicar la salud y la función cerebral. Pero ¿qué tan extremas necesitan ser las temperaturas para provocar una respuesta positiva en el cuerpo? Resulta que no mucho.

La exposición hasta a los cambios más leves en el ambiente induce algo llamado *termogénesis sin estremecimiento*, cuando el cuerpo se calienta a sí mismo para protegerse contra la pérdida de calor. El cuerpo lo hace aumentando de forma gradual la quema de calorías en las mitocondrias generadoras de energía de la grasa amarilla. Es una clase de grasa que queremos aumentar porque promueve la buena salud metabólica. La grasa amarilla es tan propensa a quemar calorías, que la termogénesis sin estremecimiento puede representar hasta 40% del índice metabólico, lo que la vuelve una poderosa forma de ejercicio ¡sin que tengas que moverte!

En un brillante ejemplo de los beneficios hormonales que tiene la exposición al frío, la gente con diabetes tipo 2 soportó una exposición de seis horas al día en un frío moderado (15.5 °C). Después de apenas 10 días, mejoró su sensibilidad a la insulina en un impresionante 40%.[16] Recordarás del capítulo 4 que la sensibilidad a la insulina está altamente correlacionada con mejor salud cerebral y capacidad cognitiva. Otros estudios han sugerido que la termogénesis (la quema de calorías para obtener calor) y los beneficios metabólicos pueden ocurrir incluso a temperaturas moderadas, como 19 °C.

Si la idea de padecer el más mínimo frío te hace ir por la cobija más cercana, piénsalo dos veces; entre más nos exponemos a temperaturas frías, más beneficios para la salud podemos obtener. Y dichos beneficios aumentan incluso mientras nos adaptamos mentalmente a las temperaturas más bajas. Así que, la próxima vez que estés junto al termostato pensando qué temperatura programar, ten en mente que un confort climático crónico puede promover caos metabólico al igual que el azúcar.

Ayuno intermitente

El ayuno intermitente se está volviendo famoso por ser una de las mejores formas de estimular la vitalidad y el vigor. En el capítulo 6 discutí cómo es que ayunar de forma intermitente puede avivar el fuego cetogénico (el combustible preferido del cerebro) y reducir la insulina. Sin embargo, como estresor hormético, el ayuno también puede encender muchos de los genes de reparación que ya discutimos, e incrementar la protección antioxidante y la producción de FNDC.

Se cree que el cuerpo toma estos periodos de "descanso" de los alimentos como oportunidad para limpiar todo, reciclar las proteínas dañadas y matar las células inmunológicas que se dañaron. En la antigüedad, los periodos de ayuno eran parte de la alimentación, por así decirlo, simplemente porque no había un suministro copioso de comida todo el año. Seremos los primeros en admitir que es mucho más fácil "no comer" cuando no hay alimentos a la vista que incorporar periodos de ayuno a nuestras vidas ocupadas, pero, como explicaremos más adelante, creemos que vale la pena el esfuerzo extra.

Ya sea por dietas con restricción de tiempo en la alimentación o por dietas periódicas con pocas calorías (más al respecto a continuación), los beneficios de ayunar son numerosos:

- **Mejora la toma de decisiones.**[17] Tiene sentido desde un punto de vista evolutivo: ¿qué le sucedería a nuestra posibilidad de supervivencia si nos volviéramos *más tontos* en el momento que tuviéramos comida enfrente? ¡Nuestra especie no hubiera durado mucho tiempo!

- **Mejora la sensibilidad a la insulina.** Ayunar puede mejorar los marcadores de la salud metabólica, incluyendo nuestra capacidad de usar efectivamente la glucosa —y la grasa— como combustible.
- **Estimula la pérdida de grasa.** En la mañana, el cortisol se eleva de forma natural, con lo que permite la movilización de ácidos grasos y azúcares reservados que nuestros órganos pueden usar como combustible. Al ayunar permitimos que el cortisol haga su trabajo.
- **Activa los genes de supervivencia involucrados en la protección antioxidante y la reparación.** El ayuno intermitente es una de las mejores formas de encender la secuencia Nrf2, un interruptor genético que incrementa la protección antioxidante.
- **Activa la autofagia.** La autofagia es el sistema de eliminación de desechos, por medio del cual se limpia la basura celular (incluyendo células dañadas que podrían derivar en cáncer).[18] Muchos de estos desechos son proinflamatorios, y avivar este proceso de limpieza se asocia con tiempos de vida y de salud dramáticamente mayores en animales.
- **Mejora el perfil hormonal.** Ayunar es una de las mejores formas de estimular la hormona de crecimiento, que es neuroprotectora y ayuda a conservar el tejido muscular magro.
- **Aumenta el FNDC y la neuroplasticidad.** Ayunar es un estimulante poderoso del FNDC, el cual promueve al neuroplasticidad a cualquier edad, la capacidad de crear nuevas células cerebrales y conservar las que ya tienes, e incluso ayuda a mejorar el estado de ánimo.
- **Incrementa el reciclaje de colesterol.** Poco después de comenzar un ayuno, inicia la descomposición del exceso de colesterol en ácidos biliares beneficiosos.[19]
- **Reduce la inflamación y estimula la resistencia al estrés oxidativo.**[20] Estudios en humanos durante la festividad religiosa del mes de Ramadán, la cual involucra un ayuno diario, han demostrado que los marcadores de la inflamación se reducen de forma sustancial durante este periodo.
- **Aumenta la protección sináptica.** Nuevas investigaciones sugieren que ayunar puede ayudar a reducir la actividad sináptica al prevenir la liberación excesiva de neurotransmisores.[21]

El protocolo más famoso de ayuno intermitente es el ayuno 16:8, una dieta de alimentación de tiempo restringido. Conlleva ayunar durante 16 horas y comer sin restricciones durante la ventana de "alimentación" de ocho (o 10) horas. Esta ventana se puede ajustar al tiempo que más te convenga,* y las mujeres también pueden obtener muchos beneficios de un ayuno más corto. (Como mencioné antes, el sistema hormonal de las mujeres puede ser más sensible a las señales de escasez de comida. Es sólo una teoría, pero las mujeres sí parecen reaccionar distinto que los hombres en ayunos prolongados.)

Recuerda no privarte de nada durante la ventana de alimentación; será cuando consumamos todas las grasas saludables, la proteína y las verduras fibrosas que necesitan el cuerpo y el cerebro todos los días. ¡La desnutrición *no* es la meta! La idea es sólo recuperar el equilibrio crítico entre los estados anabólico (de reserva) y catabólico (de descomposición). Durante la ventana de ayuno puedes beber tanta agua como desees, junto con té o café negro, ya que ninguno contiene calorías.

Otro protocolo es alternar los días de ayuno, un método estudiado por Krista Varady, investigadora de la Universidad de Illinois. Involucra una ventana de alimentación muy pequeña (entre el mediodía y las 2:00 p.m., por ejemplo) cada tercer día. Esto permite una comida abundante durante los días de ayuno y una alimentación sin restricciones en los demás días.[22] Hay otros protocolos efectivos también, como días seguidos de muy pocas calorías (la *dieta que imita el ayuno*, llamada así por el investigador Valter Longo). Y, para algunas personas, un ayuno completo de 24 a 36 horas cada dos meses puede ser justo lo que necesitan para experimentar esa limpieza biológica general.

Aunque los métodos de ayuno intermitente son distintos, los mecanismos son similares y al final se reducen a la preferencia personal. No tengas miedo de experimentar y considera que a muchos les parece más fácil dejar de comer algunas horas más al día que contar calorías (incluyendo a los autores).

---

* Aunque suponemos que puede haber efectos hormonales beneficiosos en mantener la ventana de alimentación más prolongada durante el día en lugar de empezar a comer desde temprano (para permitir que el cortisol haga su labor y libere los ácidos grasos reservados como combustible), también quieres asegurar que dejas suficiente tiempo para digerir (dos o tres horas) antes de dormir. Comer justo antes de dormirte puede interrumpir el sueño y los procesos de mantenimiento del cerebro.

Alimentos "estresantes"

Sola dosis facit venenum. (Todas las cosas son veneno
y nada lo es sin veneno; sólo la dosis hace
que algo no sea un veneno.)

PARACELSO

¿Alimentos estresantes? Lo sé, no suena muy agradable. Pero muchos de los alimentos más valiosos que ya comes todos los días aportan beneficios al ser estresantes a nivel *celular*.

Como cualquier organismo, las plantas no quieren ser devoradas. Están en desventaja, sin embargo, pues no pueden huir de sus depredadores ni combatirlos con dientes y armas. En cambio, se inclinan hacia la química para defenderse de las amenazas y desarrollan compuestos tóxicos contra los insectos, los hongos y las bacterias. Tal vez ya estés familiarizado con muchos de estos mecanismos de defensas química natural: el *oleocantal* del aceite de oliva, el *resveratrol* de las uvas con las que se hace vino tinto e incluso la *curcumina* de la cúrcuma. De hecho, consumimos miles de estas sustancias con regularidad al llevar una dieta rica en verduras, pero apenas empezamos a comprender el efecto que tienen en nosotros. ¡La mayoría ni siquiera tiene nombre!

Entre ellos se encuentran los polifenoles, una gran familia de nutrientes vegetales conocidos por sus beneficios para la salud. Las investigaciones recientes han subrayado que los polifenoles son muy antiinflamatorios y nos protegen de la inflamación relacionada con el envejecimiento y las enfermedades crónicas, como el cáncer, las cardiopatías y la demencia. Aunque los mecanismos exactos de acción detrás del consumo de polifenoles nos eluden hasta la fecha, una posible explicación es la hormesis.

Éstos son algunos polifenoles comunes, divididos en categorías:

Fuentes alimentarias de polifenoles

Catequina	Té verde y blanco, uvas, cacao, moras
Flavanonas	Naranjas, toronjas, limones
Flavonoles	Cacao, verduras verdes, cebollas, moras
Antocianinas	Moras, uvas rojas, cebollas moradas

Resveratrol	Vino tinto, cáscara de uva, pistaches, cacahuates
Curcumina	Cúrcuma, mostaza
Oleocantal	Aceite de oliva extra virgen

Estos compuestos nos benefician en parte porque producen un ligero estrés a nivel celular. Cuando consumimos polifenoles, nuestras células responden a la defensiva y activan el interruptor de la actividad genética que estimula la producción de antioxidantes. De hecho, los antioxidantes estimulados por los polifenoles sobrepasan el efecto recolector de radicales libres de los antioxidantes más comunes, como las vitaminas E y C. Estos antioxidantes trabajan "uno a uno", es decir, una molécula de vitamina C desarma a un radical libre. Pero los polifenoles promueven la creación de antioxidantes como el glutatión, guerrero enemigo de los radicales libres, el cual es capaz de desarmar incontables radicales libres.[23] De esta manera, comer alimentos ricos en polifenoles es como entrenar las células y retarlas a desintoxicarse, adaptarse y volverse más resistentes al estrés. (Puedes apoyar todavía más la producción de glutatión —denominado "la madre de todos los antioxidantes"— consumiendo más alimentos ricos en sulfuro, incluyendo brócoli, ajo, cebolla, poro, huevo, espinacas, col rizada, carne de ternera de libre pastoreo y nueces.)[24]

Cada polifenol puede aportar su propio beneficio único, pero la ciencia ha revelado que algunos son especialmente beneficiosos. El oleocantal del aceite de oliva extra virgen, por ejemplo, ayuda al cerebro a eliminar la placa y fomenta el proceso de autolimpieza que describí antes, la autofagia. Se ha descubierto que otro compuesto fenólico llamado *apigenina*, abundante en el perejil, la salvia, el romero y el tomillo, promueve la neurogénesis y fortalece las conexiones sinápticas. ¡Quizá Simon y Garfunkel se inspiraron en la apigenina cuando compusieron su éxito!

Éstos son otros polifenoles conocidos y los beneficios que parecen tener:

Fenol	Se encuentra en	Beneficios
Resveratrol	Vino tinto, chocolate amargo, pistaches	Mejora el metabolismo de glucosa en el cerebro y la función cognitiva

Quercetina	Cebollas	Fortalece la integridad de la pared intestinal y reduce la permeabilidad
Antocianinas	Moras azules	Reduce el envejecimiento cognitivo y el riesgo de Alzheimer
Fisetina	Fresas, pepinos	Reduce la inflamación cerebral y protege contra el deterioro cognitivo

UNA RAZÓN MÁS PARA COMPRAR ORGÁNICO

Ya establecimos que al optar por alimentos frescos y orgánicos estás evitando la exposición a herbicidas y pesticidas sintéticos que pueden interrumpir la función neurotransmisora y aumentar el riesgo de desarrollar ciertas enfermedades neurodegenerativas.[25] Otra razón para preferir lo orgánico: el uso de pesticidas y herbicidas sintéticos en los alimentos frescos puede limitar de forma sustancial la capacidad de las plantas de crear sus propios mecanismos de defensa, que son justo los polifenoles que queremos.[26] Muchos estudios que comparan el contenido vitamínico de los alimentos cultivados de forma convencional con los productos cultivados orgánicamente pasan por alto este punto. Los nutrientes que más promueven la salud en las plantas no siempre son las vitaminas, sino los compuestos naturales de defensa que avivan las secuencias genéticas de restauración cuando los consumimos.

Los glucosinolatos son otra clase muy conocida de mecanismos de defensa vegetales. Las verduras crucíferas como el brócoli, la col y la col rizada son ricas en estos compuestos, y el germen de brócoli se lleva la corona como la fuente principal, pues contiene entre 20 y 100 veces la cantidad que una cabeza de brócoli adulto. Cuando masticamos cualquiera de estas plantas, los compuestos se mezclan con una enzima, también de la planta, y crean un nuevo compuesto en la boca: el *sulforafano*.

Gracias a Darwin no eres un insecto, ¡porque el sulforafano sería tóxico para ti! En los humanos, sin embargo, el sulforafano es un agente anticancerígeno y también activa la importante secuencia de desintoxicación *Nrf2*, la cual aumenta de forma sustancial la producción de glutatión.[27] Estudios en animales han demostrado en repetidas ocasiones que el sulforafano palia directamente la inflamación del cerebro, incluso cuando se estimula con toxinas muy inflamatorias.[28] Por este motivo, se ha estudiado el sulforafano como un potencial agente terapéutico y preventivo para la enfermedad de Parkinson, la enfermedad de Alzheimer, las lesiones cerebrales por traumatismo, la esquizofrenia y hasta la depresión, trastornos que involucran oxidación e inflamación excesivas en el cerebro. Un estudio fascinante en personas jóvenes incluso descubrió que el sulforafano (extraído del germen de brócoli) mejoraba de forma significativa los síntomas de autismo moderado a severo. La reducción de los síntomas se revirtió después de que terminara el tratamiento.[29]

LAS VERDURAS CRUCÍFERAS Y LA TIROIDES

Las verduras crucíferas crudas, como el brócoli, la coliflor, la col rizada, la col china y la col blanca tienen mala reputación, sobre todo porque se considera que algunos de sus compuestos interrumpen la función tiroidea. Los compuestos en cuestión son los glucosinolatos, que al masticarse crean el beneficioso sulforafano.

El problema es que los glucosinolatos inhiben temporalmente la absorción de yodo en la tiroides, lo que no es bueno porque se trata de un elemento necesario para la producción hormonal tiroidea. En los años cincuenta, cuando era extensa la deficiencia de yodo, comer verduras crucíferas —que por lo demás eran saludables— provocó hipotiroidismo, así que el gobierno indicó que toda la sal de mesa debía estar yodada. Problema resuelto, ¿cierto? En ese momento, sí. Hoy en día, sin embargo, los consumidores conscientes están cambiando la sal yodada por alternativas sin yodo, como la sal de mar, e irónicamente estamos de nuevo en riesgo de padecer una deficiencia de yodo. Para combatirla es importante consumir verduras del mar (la alga nori seca o los tallarines de kelp son fuentes importantes) y otros alimentos ricos en yodo, como los callos de hacha, el salmón, los huevos y el pavo. Noventa gramos de camarones o de pechuga de pavo cocida proveen 34 microgramos de yodo esencial. Es alrededor de 23% del consumo diario recomendado (CDR). Siete gramos de algas, en comparación, proveen 4 500 microgramos de yodo, 3 000% del CDR.

Sin una deficiencia de yodo, es perfectamente seguro comer verduras crucíferas crudas. La clave es recordar que muchos de estos compuestos se adhieren a un tema biológico común: sólo porque necesites un poco no quiere decir que más sea *mejor*. Consume una cantidad libre de crucíferas crudas, pero no exageres.

Hela ahí, la confianza de saber que la clase adecuada de estrés puede ser tu aliada en realidad. Estos estresores positivos proveen la clave para tener un cuerpo y un cerebro más resistentes. Recuerda que, en todos los casos, debes escuchar a tu cuerpo y saber que estos estresores no están libres de riesgo. Sin embargo, si empiezas despacio y vas aumentando la resistencia de tu organismo, pronto conocerás la magnitud de tu propia magnificencia.

NOTAS DE CAMPO

- Las formas aeróbicas del ejercicio deben ser "moderadas y lentas" para promover la neurogénesis mientras evitas el pico de cortisol del "cardio crónico".
- Las formas anaeróbicas del ejercicio deben ser "intensas y rápidas" para promover la adaptación metabólica en los músculos y el cerebro.
- ¡Ambas formas de ejercicio son vitales!
- El uso de saunas puede ser una adición increíble al ejercicio o como estimulante cerebral por sí solo.
- El ayuno ayuda a que el cuerpo recupere su equilibrio anabólico/catabólico, pues activa los genes de reparación, quema las reservas de combustible y reduce el estrés oxidativo.
- Come verduras y frutas bajas en azúcar: son ricas en polifenoles y otros compuestos que provocan una desintoxicación celular poderosa.

Alimento genial #10

Almendras

Además de ser un refrigerio conveniente, las almendras son un alimento poderoso para el cerebro por tres razones. Primero, se ha observado que la piel de las almendras tiene un efecto prebiótico, el cual recordarás que es importante para nutrir la masa de bacterias en el intestino grueso. Los investigadores dieron de comer cáscaras de almendras o almendras enteras a grupos de personas, y vieron que ambas incrementaban las poblaciones de especies benéficas mientras reducían las patógenas. Segundo, las almendras son una fuente rica de polifenoles, los compuestos vegetales de defensa que proveen un efecto antioxidante en el cuerpo y la flora intestinal.[1] Por último, las almendras son una fuente poderosa de vitamina E, un antioxidante liposoluble. La vitamina E protege la membrana sináptica de la oxidación y estimula la neuroplasticidad.[2] Los científicos han observado un vínculo entre la disminución de los niveles de vitamina E en suero y un desempeño mnemónico menor en individuos ancianos.[3] Un estudio de 2013, publicado en el *Journal of the American Medical Association*, incluso descubrió que altas dosis de vitamina E conllevaban un deterioro significativamente más lento en pacientes con enfermedad de Alzheimer (frenó la progresión hasta por seis meses).

Las almendras contienen cantidades sustanciales de grasas poliinsaturadas, las cuales, como recordarás, se oxidan con facilidad. Por eso prefiero comer almendras, y todas las nueces, crudas. Sin embargo, si prefieres las nueces tostadas, ten la tranquilidad de saber que la grasa de las almendras permanece relativamente protegida durante el proceso de tueste, señal de que las nueces también contienen una alta cantidad de antioxidantes.[4] Sólo asegúrate de consumir nueces "tostadas en seco", ¡pues "rostizadas" casi siempre significa que se frieron a profundidad en un aceite vegetal de mala calidad!

Cómo usarlas: Cómelas crudas como refrigerio, mezcladas con un poco de chocolate amargo y moras para una buena botana, o añádelas a una ensalada. Sólo sé consciente de su contenido de grasa; las nueces contienen muchas calorías que pueden acumularse con rapidez. Intenta restringir el consumo a un puñado o dos al día, como máximo.

Consejo profesional: Todas las nueces son saludables. Si bien las almendras son una gran opción, las macadamias, las nueces de Brasil y los pistaches son excelentes opciones también. Los pistaches contienen más luteína y zeaxantina (dos carotenoides que estimulan la velocidad cerebral) que cualquier otra nuez. También contienen resveratrol, un antioxidante poderoso que se ha demostrado que tiene efecto protector e incrementa la función mnemónica.[5]

Capítulo 11

Plan genial

En este capítulo vamos a unir todas las piezas de los capítulos anteriores para presentar el plan genial, el cual desglosará los puntos esenciales de la alimentación para tener la mejor nutrición cognitiva posible. También discutiremos varios cambios que puedes hacer para personalizar el plan genial pensando en tu biología personal y tus metas cognitivas y corporales específicas.

La clave nutricional para tener un cerebro que trabaje en óptimas condiciones es consumir una dieta alta en alimentos densos en nutrientes (como huevos, aguacate, verduras de hoja verde y nueces) y evitar los alimentos que causan desregulación hormonal, estrés oxidativo e inflamación (como los aceites procesados y los productos a base de cereales). Éstas son algunas de las cosas que empezarán a ocurrir inmediatamente después de que te despidas de los densos carbohidratos procesados y los aceites industrializados:

- **Perderás peso.** Ya que estaremos estimulando la insulina mucho menos, le dará a tu metabolismo la oportunidad de liquidar las reservas de grasa y usarlas como combustible. Recuerda que la insulina es una hormona anabólica (de crecimiento) que actúa como una válvula unidireccional en las células adiposas del cuerpo, así que disminuir los niveles de insulina es un prerrequisito para quemar grasa.

- **Aumentarán tu energía y tu vitalidad.** Quienes consumen una dieta alta en carbohidratos muchas veces experimentan un estímulo mental cuando consumen azúcar. ¿Eso significa que el azúcar es un agente estimulante del desempeño? ¡No! Meramente sirve para lidiar con los síntomas de la abstinencia. Salir del círculo vicioso de la adicción a los carbohidratos es la mejor forma de lograr un buen desempeño *sostenido*.
- **Minimizarás tu riesgo de prediabetes/síndrome metabólico y finalmente de diabetes tipo 2.**[1] Hacer trabajar al páncreas menos te ayudará a optimizar la sensibilidad a la insulina.
- **Si ya eres prediabético o tienen diabetes tipo 2, reducir los carbohidratos puede ayudar a revertir la resistencia a la insulina.** La resistencia a la insulina se asocia con una mayor acumulación de placa en el cerebro y con una función cognitiva deficiente, en comparación con controles metabólicamente sanos. Los estudios que han comparado las dietas "antidiabetes" prescritas comúnmente (las cuales incluyen pasta y tortillas bajas en grasa) contra una dieta libre de cereales (que se enfoca más bien en verduras y grasas saludables) han demostrado que las dietas sin cereales mejoran la salud en mucho mayor medida.
- **Crearás menos subproductos de la glicación avanzada.** Los AGE son *gerontotoxinas* que aceleran el envejecimiento. Si la posibilidad de proteger tus ojos, riñones, cerebro, hígado y corazón no te convence, ¡quizá la reducción de la flacidez y las arrugas en la piel sí!
- **Reducirás la inflamación de todo el cuerpo y, como resultado, pueden disminuir los síntomas de afecciones provocadas por dicha inflamación.** La inflamación es un denominador común en muchos trastornos neurodegenerativos, incluyendo Alzheimer, Parkinson, esclerosis lateral amiotrófica y autismo. Es un precursor importante del envejecimiento que trabaja a nivel genético para hacer que te veas, te sientas y *estés* más viejo de lo que realmente eres.
- **Te sentirás más feliz y más sociable.** La inflamación detona "comportamientos enfermizos", diseñados para evitar un daño mayor, promover la recuperación y aislarte de los escenarios sociales. Se puede manifestar en un desempeño cognitivo reducido, depresión, letargo, incapacidad para enfocarte y ansiedad.
- **El hambre será una cosa del pasado.** Aunque algunas personas adaptadas a dietas altas en carbohidratos pueden experimentar dolores de cabeza al principio, no tardarán en pasar. Si sólo alimentas

al cerebro con glucosa, siempre terminará gritándote "¡Aliménta-me!" cuando se le acabe. Por otra parte, el cuerpo tiene una capacidad virtualmente ilimitada de acumular grasa. ¡Deja que la queme!

- **Dejar más más espacio en tu plato para las verduras.** El consumo de verduras y los nutrientes que contienen se vincula directamente con un cerebro que trabaja más rápido y tiene menos riesgo de desarrollar demencia.

Despeja tu cocina

Empiezan los primeros acordes de "Eye of the Tiger". (¿Prefieres "The Final Countdown"? También sirve.) Estás a punto de hacer un inventario de tu cocina y desechar los alimentos que ya no te sirven. Saca una bolsa de la basura y prepárate para llenarla. ¡Esto va a ser divertido! Empieza eliminando lo siguiente:

- **Todas las formas de carbohidratos procesados, refinados:** Incluye los productos hechos con maíz (y jarabe de maíz), harina de papa y harina de arroz. Muchas veces adoptan la forma de papas fritas, galletas saladas y dulces, cereales, avena, bizcochos, panqués, masa para pizza, donas, barras de granola, pasteles, refrigerios azucarados, dulces, barritas energéticas, helado y helado de yogurt, mermeladas/jaleas/conservas, salsas, cátsup, mostaza con miel, aderezos comerciales para ensalada, harinas y mezclas para hot cakes, quesos untables procesados, jugos, fruta seca, bebidas isotónicas, refrescos, alimentos fritos y comida empaquetada congelada.
- **Todas las fuentes de trigo y gluten:** Pan, pasta, rollos, cereales, alimentos horneados, tallarines, salsa de soya y cualquier cosa que tenga harina de trigo, harina de trigo enriquecida, harina de trigo integral o harina multigrano entre sus ingredientes. La mayoría de las avenas contienen gluten, a menos que la etiqueta indique explícitamente "sin gluten".
- **Fuentes de emulsionantes de grado industrial:** Cualquier cosa que tenga polisorbato 80 o carboximetilcelulosa en la lista de ingredientes. Los villanos más comunes suelen ser el helado, las cremas para café, las leches vegetales y los aderezos para ensalada.
- **Quesos industriales y carnes procesadas:** Carne roja de animales alimentados con cereales, pollo de engorda, quesos procesados.

- **Todos los endulzantes concentrados:** Miel de abeja, jarabe de maple, jarabe de maíz, jarabe o néctar de agave, jarabe simple o azúcar, ya sea refinada o mascabado. (No te preocupes, te ofreceré algunas opciones de endulzantes no calóricos más adelante.)
- **Aceites comerciales para cocinar:** Margarinas, mantecas untables, aceites en aerosol y aceites como canola, soya (a veces etiquetado "aceite vegetal"), semilla de algodón, cártamo, semilla de uva, arroz integral, germen de trigo y maíz. Incluso si son orgánicos, tíralos. Recuerda que estos aceites se encuentran en varias salsas, mayonesas y aderezos para ensalada, y no tienen otro propósito que no sea proveerte grasas omega-6 y omega-3 oxidativas y dañadas. Mejor consume tus omegas de fuentes alimentarias enteras.
- **Productos de soya no orgánicos y no fermentados:** Tofu.
- **Endulzantes sintéticos:** Aspartame, sacarina, sucralosa, acesulfame-K (también conocido como acesulfame de potasio).
- **Bebidas:** Jugo de fruta, refrescos (normales y de dieta), licuados de fruta comerciales.

Alimentos *de siempre*: llena la alacena

Son los alimentos que puedes consumir libremente en todas las fases del plan. El conteo calórico suele ser innecesario; sin embargo, si tu meta incluye perder peso, consume menos grasas concentradas (aceites, mantequilla, etc.). Si buscas mantener o ganar peso, incluye más grasas. Ten en mente: con la excepción del aceite de oliva extra virgen, no estamos necesariamente a favor de una dieta alta en grasas *añadidas*, ya que los aceites puros no son muy densos en nutrientes.

- **Aceites y grasas:** Aceite de oliva extra virgen, manteca de animales de libre pastoreo, mantequilla orgánica o de libre pastoreo, ghee, aceite de aguacate, aceite de coco.
- **Proteína:** Carne de ternera de libre pastoreo, aves de granja, cerdo de libre pastoreo, cordero, bisonte, venado, huevos enteros (relee la información sobre los huevos saludables en la página 143), salmón silvestre, sardinas, anchoas, mariscos y moluscos (camarones, cangrejo, langosta, mejillones, almejas, ostiones), carne seca de ternera baja en azúcar o carne seca de salmón.
- **Nueces y semillas:** Almendras y mantequilla de almendras, nueces de Brasil, nueces de la India, macadamias, pistaches, nueces

pecanas, nueces de Castilla, linaza, semillas de girasol, semillas de calabaza, ajonjolí, chía.

- **Verduras:** Mezcla de hojas verdes, col rizada, espinacas, berza, hojas de mostaza, brócoli, acelgas, col, cebolla, hongos, coliflor, coles de Bruselas, chucrut, kimchi, pepinillos, alcachofa, germen de alfalfa, ejotes, apio, col china, berros, nabos, espárragos, ajo, poro, hinojo, chalotes, cebollitas de cambray, jengibre, jícama, perejil, castaña de agua, nori, kelp, alga roja.
- **Verduras de raíz no amiláceas:** Betabel, zanahoria, rábanos, nabos, colinabos.
- **Frutas bajas en azúcar:** Aguacate, coco, aceitunas, moras azules, zarzamoras, frambuesas, toronjas, kiwis, pimientos morrones, pepinos, jitomates, calabacitas, calabaza, calabaza mantequilla, berenjena, limón amarillo, limón verde, cacao en trozo, okra.
- **Hierbas, sazonadores y condimentos:** Perejil, romero, tomillo, cilantro, salvia, cúrcuma, canela, comino, pimienta gorda, cardamomo, jengibre, pimienta de Cayena, orégano, alholva, páprika, sal, pimienta negra, vinagre (de manzana, blanco, balsámico), mostaza, rábano picante, *tapenade*, salsas picantes, levadura nutricional.
- **Soya orgánica fermentada:** Nato, miso, tempeh, salsa tamari orgánica sin gluten.
- **Chocolate amargo:** Al menos con 80% de cacao (idealmente, 85% o más).
- **Bebidas:** Agua filtrada, café, té, leche de almendra sin endulzar, leche de linaza sin endulzar, leche de coco sin endulzar, leche de nueces de la India sin endulzar.

Alimentos *ocasionales*: come con moderación

Come estos alimentos con moderación, al final del día y sólo después de darte un descanso inicial de dos semanas con una dieta muy baja en carbohidratos. Con moderación significa, cuando mucho, algunas (tres o cuatro) porciones a la semana. De nueva cuenta, elige opciones orgánicas siempre que sea posible.

- **Verduras amiláceas de raíz:** Papas blancas, camotes.
- **Cereales no procesados sin gluten:** Trigo sarraceno, arroz (integral, blanco, salvaje), mijo, quinoa, sorgo, teff, avena sin gluten, maíz no transgénico o palomitas. La avena naturalmente no con-

tiene gluten, pero muchas veces viene contaminada con gluten porque se procesa en fábricas que también manipulan trigo. Por tanto, busca una avena cuyo empaque indique de forma explícita que no contiene trazas de gluten.

- **Lácteos:** Son aceptables el yogurt, la crema espesa y los quesos maduros, pero de leche entera, de vacas de libre pastoreo, sin antibióticos y sin hormonas.
- **Fruta entera dulce:** Si bien las frutas bajas en azúcar *siempre* son la mejor opción, las manzanas, los duraznos, los mangos, los melones, las piñas, las granadas y los plátanos proveen diversos nutrientes y distintos tipos de fibra. Ten mucho cuidado con la fruta seca, carente de agua y con azúcar concentrada, pues hace que sea muy fácil extralimitarte. Es mejor consumirla después de ejercitarte.
- **Leguminosas:** Frijoles, lentejas, chícharos, garbanzos, humus, cacahuates.
- **Endulzantes:** Stevia, alcohol de azúcar no transgénico (es mejor usar eritritol o, en todo caso, xilitol, el cual se extrae naturalmente del abedul), fruta del monje (*luo han guo*).

Es esencial que cualquier producto de maíz y de soya, si es que los consumes, sea orgánico y no transgénico, ya que ambos tienden a estar muy manipulados para soportar el uso excesivo de pesticidas y herbicidas.

Recuerda que, una vez que tu cerebro se adapte a la grasa, hacer ocasionalmente una comida alta en carbohidratos (sobre todo después de hacer ejercicio) no te hará daño. Para entonces, puedes aumentar el consumo de alimentos de la lista anterior, pero la meta siempre debe ser comer menos de 75 gramos de carbohidratos netos (el contenido total de carbohidratos menos los gramos de fibra) al día.

■ **Pregunta:** Soy sumamente activo, ¿eso no implica que deba comer más carbohidratos?

Respuesta: Sí, realizar ejercicios vigorosos te da más margen de libertad. Ve nuestra pirámide de carbohidratos personalizados (página 298) para calcular una cifra exacta. Sin embargo, la mayoría de las personas no es muy activa, e incluso quienes piensan que sí lo son no se comparan con nuestros ancestros.

Planeación de comidas

Desayuno

No tenemos la necesidad biológica de comer en las mañanas tras despertar. El alimento de desayuno más común sólo promueve la acumulación grasa.[2] El mejor desayuno muchas veces será un vaso de agua, café negro o té sin endulzar. Si eliges desayunar, asegúrate de que principalmente esté compuesto de proteína, grasa y fibra. (Por ejemplo, mis huevos revueltos "cremosos" de la página 302.)

Comida

Éstas son algunas buenas opciones:

- Una gran ensalada con pollo asado (ve mi regla para ensaladas enormes "con grasa" en la página 290).
- Un tazón de verduras horneadas con tocino de libre pastoreo, salmón silvestre o carne de ternera de libre pastoreo.
- Un aguacate entero más una lata de sardinas silvestres.

Cena

Llénate de verduras y fuentes de proteína criadas de forma ética. ¡Come hasta saciarte! Y no olvides usar aceite de oliva extra virgen libremente como salsa (puedes usar una cucharada o dos por persona). Éstos son algunos buenos ejemplos para la cena:

- Coles de Bruselas al horno con aceite de oliva extra virgen y picadillo de libre pastoreo (página 304).
- Verduras salteadas (página 310) con aceite de oliva extra virgen y salmón silvestre sazonado con sal y pimienta.
- Ensalada inmensa de col rizada "cremosa" (página 312) y alitas crujientes de pollo estilo búfalo, sin gluten (página 308).

Refrigerios

- Moras azules
- Bastones de jícama

- Chocolate amago
- Medio aguacate con sal de mar
- Nueces y semillas
- Carne seca de ternera o de salmón baja en azúcar
- Apio con mantequilla de almendra cruda
- Una lata de sardinas silvestres con aceite de oliva extra virgen (¡mi favorita!)
- Chicharrón de cerdo de libre pastoreo espolvoreado generosamente con levadura nutricional (¡también genial!)

Ejemplo de una semana genial

En el capítulo 12 encontrarás muchas de las recetas que menciono a continuación.

Lunes

Mañana: agua, café negro o té
Primera comida: 2 o 3 huevos, ½ aguacate
Colación: ½ aguacate espolvoreado con sal de mar y rociado con AOEV
Cena: filete de salmón silvestre, ensalada inmensa con grasa

Martes

Mañana: agua, café negro o té
Primera comida: tazón para un mejor cerebro (página 311)
Colación: un puñado de nueces crudas, moras azules o algunos trozos de chocolate amargo
Cena: hamburguesa de ternera de libre pastoreo, humus, verduras salteadas

Miércoles

Mañana: agua, café negro o té
Primera comida: ensalada inmensa con grasa, camote grande
Colación: lata de sardinas o salmón silvestre
Cena: excelente hígado (página 307), coles de Bruselas rostizadas

Jueves

Mañana: agua, café negro o té
Primera comida: huevos pasados por agua, con kimchi y AOEV
Colación: apio con mantequilla de almendras crudas y trozos de cacao
Cena: inteligencia jamaiquina (página 303), verduras salteadas

Viernes

Mañana: agua, café negro o té, entrenamiento en ayuno
Primera comida: huevos revueltos "cremosos" (página 302), camote grande, ½ aguacate
Colación: carne seca de res baja en azúcar, botella de kombucha
Cena: alitas crujientes de pollo estilo búfalo, sin gluten (página 308), verduras salteadas

Sábado

Mañana: agua, café negro o té
Primera comida: 3 huevos revueltos con verduras
Colación: chicharrón de cerdo de libre pastoreo con levadura nutricional
Cena: ensalada inmensa con grasa, lata de sardinas

Domingo

Mañana: agua, café negro o té
Primera comida: huevos pochados sobre verduras salteadas, AOEV
Colación: 1 aguacate entero con sal de mar, 1 puñado de nueces
Cena: nada

Una nota sobre las leches de nueces

Si bien las leches de nueces sin endulzar están aprobadas dentro del plan genial, asegúrate de que las tuyas estén libres de los emulsionantes de uso común como polisorbato 80 y carboximetilcelulosa. Se ha observado en modelos animales que estas sustancias, que se usan para darle una consistencia cremosa a los alimentos procesados, provocan inflamación y disfunción metabólica a través del intestino, por lo que representan una amenaza potencial para el cerebro. En la página 282 encontrarás más información sobre los efectos nocivos de estos emulsionantes.

También ten en mente que una taza de 225 mililitros de leche de almendras palidece en términos nutricionales en comparación con un puñado pequeño de almendras enteras y es hasta 10 veces más cara: ¡un galón de leche de almendras contiene el equivalente a 39 centavos de dólar de almendras!

Opta por alimentos orgánicos

Da prioridad a los alimentos orgánicos siempre que sea posible; sin embargo, si el costo es un problema, basta con apegarte a la lista que publica cada año el Grupo de Trabajo Ambiental (EWG, por sus siglas en inglés) sobre la docena sucia (*dirty dozen*) y la quincena limpia (*clean fifteen*), pues agrupan de forma conveniente los alimentos frescos en términos de un contenido menor ("limpios") o mayor ("sucios") de pesticidas. La siguiente es una lista resumida de los alimentos que optimizan el cerebro al momento de la publicación de este libro:

Sucios: siempre debes buscar versiones orgánicas	Limpios: no necesitan ser orgánicos
Col rizada	Espárragos
Col berza	Aguacate
Espinacas	Col
Fresas	Coliflor
Pepinos	Cebolla
Pimientos morrones	Berenjena
Jitomates cherry	

Divide y vencerás... a tu plato

Con respecto a la proporción de proteína animal y de consumo de verduras, sugiero guiarte comiendo verduras por volumen y grasa por calorías, ya que las verduras sacian, pero no proveen muchas calorías. Las grasas representarán la mayor cantidad de las calorías del día, pero, cuando veas tu plato, casi toda la superficie estará cubierta de verduras fibrosas de muchos colores. Comer verduras, en particular, contribuye también a neutralizar los radicales libres oxidativos que se generan durante el proceso de cocción (en las carnes, por ejemplo) antes de que se absorban al torrente sanguíneo.

Sigue la regla de "un mal día"

Los animales criados en granjas locales y que pueden consumir su dieta preferida son más felices y más sanos. Muchos ganaderos locales también se preocupan por cuidar bien a sus animales y se enorgullecen del hecho de que su ganado sólo tiene "un mal día" en toda su vida. Esto representa un fuerte contraste con gran parte del ganado de hoy, al cual se le obliga a llevar una vida miserable en jaulas hacinadas y llevar dietas que lo enferman, con una exposición mínima al mundo exterior o a otros seres vivos. Aunque comer animales pudo haber sido parte esencial de nuestra evolución, ser *humano* es una parte esencial de nuestra existencia, y convenientemente la decisión humanitaria es más sana para ti y para el medio ambiente. Sugiero que sigas esta regla: sólo consume carne cuando estés seguro de que el animal sólo tuvo "un mal día".

La ensalada inmensa "con grasa"

Una de las mejores estrategias para cubrir tus necesidades alimentarias es comer una ensalada inmensa todos los días y cargarla con grasas saludables y proteína. Aunque comer ensaladas para tener una mejor salud puede parecer bastante intuitivo, al crear la regla personal de incorporar una ensalada grande cada día aseguras el enriquecimiento de tu cerebro con una diversidad de nutrientes vegetales y fibra. Además, ¡no hay un mejor vehículo para el aceite de oliva extra virgen que una ensalada!

Ya sea a la hora de la comida o de la cena, cada ensalada es una nueva oportunidad de alimentar el cerebro (y los microbios intestinales). Asegúrate de tener un tazón muy grande (entre más grande, mejor; a mí me gusta el vidrio para poder ver todos los colores que me estoy comiendo) y déjate ir. Para la base, busca densidad de nutrientes; evita la lechuga iceberg de color claro que tiene pocos nutrientes y son casi pura agua, y busca hojas más oscuras. Las espinacas y la col rizada son excelentes opciones. Te comparto dos ideas; siéntete libre de improvisar a partir de ellas:

- Col rizada, pepino, rodajas finas de chile jalapeño, brócoli crudo, semillas de girasol, aguacate, pollo asado, aceite de oliva extra virgen, vinagre balsámico, sal, pimienta, limón.
- Espinacas, arúgula, jitomate, pimiento morrón, chía, aguacate, camarones asados, aceite de oliva extra virgen, vinagre balsámico, sal, pimienta, ajo crudo picado finamente, limón.

¡La belleza de crear ensaladas es que no hay reglas! Revuelve cuantas verduras quieras y báñalas en aceite de oliva para incrementar la absorción de sus múltiples nutrientes (incluyendo carotenoides, que pueden incrementar la velocidad de procesamiento cerebral). La clave está en consumir una ensalada inmensa al día y hay espacio de sobra para una variedad saludable.

¿Qué pasa con los lácteos?

Se cree que 75% de la población adulta en el mundo es intolerante a la lactosa, y la Escuela de Salud Pública de Harvard recientemente eliminó los lácteos de su "Plato de alimentación saludable". ¿Qué procede entonces?

La proteína de la leche está a la par del pan blanco en términos de estimulación insulínica y, desde un punto de vista evolutivo, probablemente está diseñada para ayudar a los recién nacidos a subir de peso. Pero las proteínas de la leche de vaca se metabolizan específicamente en compuestos parecidos a la morfina, llamados *casomorfinas*, los cuales parecen tener un efecto inflamatorio en el intestino. También se ha demostrado que interactúan con neurotransmisores y se les vincula con dolores de cabeza, desarrollo psicomotor retardado, autismo y diabetes tipo 1.[3]

La literatura médica todavía no determina el efecto directo que tienen en el cerebro promedio, pero hay otra línea de investigación que vale la pena mencionar. La leche reduce los niveles en el cuerpo de un compuesto llamado *urato*. Los niveles muy altos de urato pueden provocar gota; sin embargo, en niveles normales, esta sutancia parece ser un antioxidante poderoso para el cerebro que nos protege en especial contra el Parkinson. Tanto el consumo de la leche como los niveles bajos de uratos se vinculan con un riesgo mayor de desarrollar enfermedad de Parkinson, y en la actualidad se están realizando estudios para ver si elevar el urato puede retrasar la progresión del Parkinson.

Por estos motivos, no recomiendo los lácteos, salvo por la mantequilla y el ghee, pero, si no eres sensible a ellos y eliges consumirlos de forma ocasional, opta por versiones hechas con leche entera.

Aléjate de los alimentos falsos sin gluten

Sustituir los alimentos que suelen contener gluten con imitaciones sin gluten altamente procesadas (como la mayoría de las galletas sin gluten y los productos horneados) de ninguna manera es preferible; estos alimentos suelen estar hechos con harinas de cereales procesadas y azúcares refinadas, y pueden provocar picos de glucosa y suprimir casi todos —si no es que todos— los beneficios de la ausencia de gluten en una población no celiaca. Además, por lo general contienen grasas poliinsaturadas que se oxidan con facilidad, las cuales pueden contribuir a generar cascadas de radicales libres en tus arterias. Siempre elige alimentos que no hayan tenido gluten desde un principio, no una aproximación manipulada industrialmente que se parezca al alimento original.

¿Qué pasa con el alcohol?

Por una parte, las investigaciones sugieren que quienes beben alcohol con moderación (hasta dos copas al día para los hombres y una para las mujeres) tienden a tener mejor salud. Por otra, el etanol (lo que nos provoca el embriagamiento) es una neurotoxina y, cuando nos fijamos específicamente en la salud cerebral, las investigaciones no son tan prometedoras: un estudio de 30 años descubrió que hasta los bebedores moderados de alcohol (quienes consumen entre cinco y siete bebidas a la semana) tenían el triple de riesgo de atrofia del hipocampo que los abstemios.[4]

Los beneficios psicológicos del consumo moderado de alcohol como lubricante social y desestresante no son triviales. En un mundo ideal, todos tendríamos mecanismos para lidiar con el estrés y beberíamos lo mínimo, sólo una o dos bebidas alcohólicas a la semana cuando mucho, pero tampoco tenemos una existencia libre de estrés en la que paseamos por el bosque y recogemos moras todo el día. Si bien recomiendo la abstinencia del alcohol, si eliges beber, éstos son algunos consejos para que la experiencia sea lo más sana posible para tu cerebro:

- **Siempre asegúrate de irte a dormir sobrio.** El alcohol disminuye de forma notable la calidad del sueño y afecta varias hormonas que se liberan durante el sueño, en especial la hormona de crecimiento.[5]
- **Siempre sigue la regla de "uno por uno".** Entre cada bebida alcohólica siempre toma un vaso de agua. El alcohol irrita el intestino y dificulta la rehidratación una vez que el daño está hecho.
- **Espolvorea un poco de sal en esa agua.** El alcohol es un diurético, lo que puede hacer que excretes electrolitos como el sodio. Asegúrate de reemplazar lo perdido con un poco de sal.
- **Limita tu consumo a vino tinto, vino blanco seco o licores y destilados.** Consume la bebida de tu elección "en las rocas" o con agua mineral y limón. Evita a toda costa las mezclas azucaradas con jugo o refresco.
- **Bebe con el estómago vacío.** Este consejo puede ser más controversial, pero beber con el estómago vacío permite que el hígado procese el alcohol de forma más eficiente sin que lo impidan otros procesos digestivos. El alcohol dificulta el reciclaje de LDL y aumenta los picos de triglicéridos (grasa en la sangre) después de la comida. Bebe antes o después de cenar, no durante; sólo ten más cuidado, pues las bebidas alcohólicas son más potentes si tienes el estómago vacío.
- **Evita las bebidas con gluten, pues podrían representar un doble golpe.** El gluten aumenta la permeabilidad intestinal al igual que el alcohol. Y sí, bebedores de cerveza, les estoy hablando a ustedes.

Tu botiquín

Asegurar que en tu baño tengas siempre productos saludables es una manera de "poner los puntos sobre las ies" para tener una buena salud a largo plazo, así como bienestar y un buen desempeño a cada momento. Éstos son algunos cambios que tendrán el mayor impacto.

- **Cambia tu desodorante por uno que no tenga aluminio.** Muchos desodorantes contienen aluminio, y una exposición excesiva a este metal se asocia en gran medida con un riesgo incremental de demencia. Si bien las investigaciones todavía no confirman la causalidad, ¿para qué arriesgarse? *Alternativa*: Compra un desodorante sin aluminio o prepara el tuyo con aceite de coco (un bactericida selectivo) y bicarbonato de sodio.
- **Evita el uso frecuente de medicamentos antiinflamatorios no esteroideos (AINE) para el dolor.** Hace poco se asoció el uso regular de AINE —como el ibuprofeno y el naproxeno— con un incremento en el riesgo de episodios cardiacos. Si bien estos medicamentos se utilizan comúnmente para tratar dolores y molestias menores, "atacan" las mitocondrias de las células y reducen su capacidad de producir energía, al tiempo que aumentan la producción de especies reactivas de oxígeno (o radicales libres). Este efecto se observó en células cardiacas, pero estos medicamentos también pueden cruzar con facilidad la barrera hematoencefálica. *Alternativa*: Prueba con curcumina, un antiinflamatorio que en cambio reduce el dolor. El omega-3 EPA también puede ayudar, ya que es un antiinflamatorio potente.
- **Evita el uso crónico de acetaminofeno.** Es un analgésico comercial común que puede mermar la reserva del glutatión del cuerpo, un antioxidante esencial para el cerebro. *Alternativa*: Curcumina o EPA.
- **Deja de usar medicamentos anticolinérgicos (descritos en el capítulo 8).** Estos medicamentos se suelen usar para tratar síntomas de alergia o para dormir, y bloquean el neurotransmisor acetilcolina, importante para el aprendizaje y la memoria. *Alternativa*: Consulta con tu médico si te prescribió estos medicamentos.
- **Deja los antiácidos, en particular los inhibidores de la bomba de protones (IPP).** La gente suele tomar estos medicamentos para el

reflujo, pero pueden alterar la digestión y bloquear la absorción de nutrientes vitales, como la vitamina B_{12}, e incrementar entonces el riesgo de disfunción cognitiva y demencia. *Alternativa*: Al reducir el consumo de carbohidratos, es probable que disminuyan tus síntomas de reflujo, así como la necesidad de tomar estos medicamentos.[6]

- **Evita los antibióticos, en particular los de amplio espectro, a menos que sea necesario. Alternativa:** Pregunta a tu médico por un antibiótico de espectro reducido.

Días 1 a 14: limpieza de caché

Ahora que ya limpiaste tu cocina y tu botiquín, y te abasteciste de alimentos que estimulan el cerebro, es tiempo de comenzar las primeras dos semanas del plan genial. En la primera semana, el enfoque debe ser eliminar la comida chatarra de la dieta y elegir alimentos que incrementen la cognición y quemen grasa. Los alimentos que eliminaremos primero son aquellos que no necesitamos a nivel biológico, es decir, todos los alimentos procesados y cualquier cosa que contenga trigo o cereales refinados, aceites de semillas y granos, y azúcar añadida (¡incluyendo bebidas!). Al sacar estos alimentos de la dieta estás expulsando lo que representa la mayor proporción calórica para la mayoría de la gente en el mundo occidental. Las peores son las calorías que provienen de alimentos "ultraprocesados", los cuales se digieren con rapidez, disparan los niveles de glucosa y promueven picos enormes de insulina como contrapeso y causan fatiga debido a la montaña rusa en la que viaja la glucosa... Y debes abandonarlos todos para siempre en la primera semana.

Durante estos primeros siete días también empezarás una fase alimenticia muy baja en carbohidratos que durará dos semanas. Eliminaremos todos los cereales sin gluten, las leguminosas y otras fuentes de azúcares vegetales concentrados, incluyendo tubérculos y frutas dulces. Es importante reiniciar el metabolismo corporal y devolverlo a su "configuración de fábrica" para convertir un cuerpo acostumbrado a quemar carbohidratos como combustible en uno adaptado a la grasa y, por ende, metabólicamente flexible. Este periodo de iniciación seguirá incluyendo todos los carbohidratos que necesitas en forma de verduras fibrosas y frutas bajas en fructosa. En esta fase baja en carbohidratos, el consumo neto de carbohidratos (el total de carbohidratos menos la fibra dietética) puede variar entre 20 y 40 gramos al día, y debe consistir sobre todo de verduras verdes no amiláceas. Al principio, entre menos carbohidratos consumas, mejor; pero no te preocupes, porque en la tercera semana empezaremos a reintegrar carbohidratos como respaldo para la actividad física.

A lo largo de estas dos semanas, conforme tus proporciones de omega-3 a omega-6 empiecen a ser biológicamente adecuadas, comenzarás a tener mayor resistencia mental, más capacidad de concentración y mejor estado anímico. Al final de la semana dos, tu digestión debe haber mejorado gracias al aumento de fibra vegetal, y tu sueño debe ser más profundo. Estudios recientes han demostrado que el consumo de fibra puede incrementar la calidad del sueño, en especial el tiempo que pasamos en un sueño de onda lenta.[7] Es el momento cuando la secreción de la hormona de crecimiento llega a su nivel máximo y el cerebro se limpia a sí mismo de productos de desecho acumulados durante el día. Al despertar debes sentirte más descansado y experimentar una mayor agudeza mental.

EVITAR EL RESFRIADO BAJO EN CARBOHIDRATOS

Algunas personas que cambian a una dieta baja en carbohidratos por primera vez experimentan síntomas de abstinencia similares a una adicción a las drogas que se corta de tajo. En el pasado, tal vez te "automedicaste" con carbohidratos en el momento que tu glucosa bajó, pero eso sólo sirve para perpetuar el círculo vicioso. Aquí, el uso estratégico del aceite de coco o de TCM puede ayudarte a que el cerebro deje de usar glucosa conforme enciendes la maquinaria quemagrasa. Durante esta fase inicial baja en carbohidratos las primeras dos semanas, recomiendo 1 o 2 cucharadas de aceite de coco o TCM al día. Empieza lento para evitar molestias estomacales, ¡las cuales pueden ocurrir con el consumo excesivo de aceite TCM!

Asimismo, disminuir la insulina (lo que ocurrirá durante este periodo) provocará que tus riñones excreten sodio y agudicen el "resfriado". Para evitarlo, incrementa tu consumo de sal. En la página 157 comenté este dato que suele pasar desapercibido; en esencia, durante la primera semana de la restricción de carbohidratos necesitarás consumir hasta 2 gramos *adicionales* de sodio —alrededor de una cucharadita de sal— al día para sentirte bien, y después de la primera semana puedes reducirlo a 1 gramo (½ cucharadita).

Durante esta fase está bien incluir una o dos tazas de café al día, pero ése debe ser el límite. Si bien el café tiene muchos compuestos protectores del cerebro y varias investigaciones han resaltado sus beneficios, sigue siendo un estimulante del sistema nervioso central y puede afectar el equilibrio natural entre el sistema nervioso simpático (pelea o huida) y el parasimpático (descanso y digestión). De igual manera, intenta evitar consumir cafeína después de las 2:00 p.m. para que no interfiera con tu sueño. Una vez al mes puede ser beneficioso cambiar a descafeinado durante una semana para reiniciar tu tolerancia a la cafeína. Es probable que ni siquiera notes la diferencia. ¡No subestimes el poder del clásico condicionamiento del inconsciente!

Días 15+: reintegrar los carbohidratos de forma estratégica

En este momento ya llevas dos semanas con una dieta muy baja en carbohidratos y alta en fibra. Es muy probable que ya te hayas adaptado metabólicamente a quemar grasa como combustible. En esta fase añadirás comidas ocasionales más altas en carbohidratos y más bajas en grasa algunos días a la semana (ve la pirámide de carbohidratos personalizados, página 298, para más detalles). Los carbohidratos y la insulina no son malos, su presencia es excesiva y los usamos mal en la actualidad. Integrarlos de manera estratégica puede cumplir dos propósitos: reconstituir las reservas de glucógeno (azúcar) de los músculos, así como regular el incremento de las hormonas que pueden disminuir con las dietas bajas en carbohidratos prolongadas, incluyendo la leptina, el regulador metabólico maestro.

CÓMO (Y CUÁNDO) AUMENTAR LA CANTIDAD DE CARBOHIDRATOS

No todos necesitarán reintegrar los almidones después de dos semanas. Si tienes sobrepeso o resistencia a la insulina, debe ser más importante continuar con la dieta con gran restricción de carbohidratos (20 a 40 gramos de carbohidratos netos al día) para perder el exceso de peso y recuperar la resistencia metabólica. Tu meta debe ser volverte sensible a la insulina primero (es decir, reducir la insulina y la glucosa en ayunas) *antes* de experimentar con comidas más altas en carbohidratos.

Para una persona metabólicamente sana y adaptada a la grasa (consulta la página 168 para recordar lo que significa estar adaptado a la grasa y cómo deberías sentirte), una comida ocasional alta en carbohidratos y baja en grasa después de un entrenamiento puede ser beneficiosa. Por ejemplo, con el ejercicio de alta intensidad, los carbohidratos después de entrenar pueden ayudar a mejorar el desempeño. Por lo regular, las células necesitan insulina para manejar el transporte de glucosa y llevarla a la superficie de las membranas celulares, pero en el periodo posterior a un entrenamiento de fuerza, los músculos actúan como esponja para el azúcar y extraen la glucosa de la sangre sin necesidad de insulina. Es menos probable que estos carbohidratos se acumulen como grasa, y será mucho más rápido volver a la modalidad quemagrasa. El incremento resultante de masa muscular acelerará el metabolismo en general y te dará un espacio adicional para el exceso de calorías.

Plátanos maduros, moras, arroz blanco o integral, y verduras amiláceas y otros alimentos bajos en fructosa son opciones excelentes para reabastecerte de carbohidratos, y puedes consumir entre 75 y 150 gramos de carbohidratos netos para proveer un estímulo anabólico sin comprometer la adaptación a la grasa. (Es *sustancialmente* menos que el consumo estándar de carbohidratos en la dieta común, que es de 300 gramos o más al día.) La experimentación individual puede estar justificada, pero intenta que el consumo de estos carbohidratos siempre sea poco después de tus sesiones de ejercicio para minimizar la acumulación de grasa. Dependiendo de qué tan profesional sea tu entrenamiento, puedes integrar esta comida de reabastecimiento una vez a la semana o varias.

Nota: La ciencia relativa al reabastecimiento de carbohidratos está lejos de ser definitiva, pero sí sugiere que los picos ocasionales de insulina no son dañinos, y de hecho son importantes para el estímulo anabólico, la función tiroidea y la testosterona, y la conservación de la masa magra. Dicho lo anterior, siempre preferiremos reducir la secreción neta de insulina y evitar las colina y los valles frecuentes derivados de las múltiples cargas de carbohidratos a lo largo del día.

Pirámide de carbohidratos personalizados

Dada la amplia variabilidad de tipos de cuerpo y perfiles genéticos, sigue los lineamientos generales que te presentamos a continuación para experimentar y determinar tu consumo óptimo de carbohidratos para lograr la flexibilidad metabólica. *Consumo de carbohidratos (tres niveles):*

Muy bajo / cetogénico (días 1 a 14)

- Consume sólo entre 20 y 40 gramos de carbohidratos al día.
- Quédate en este primer nivel entre 10 y 14 días para terminar con el glucógeno (el azúcar reservada) y adaptar el cerebro a la grasa.
- Si comes de esta manera durante un plazo más largo para perder peso, añade un reabastecimiento alto en carbohidratos una vez a la semana, es decir, come alimentos altos en almidones (busca mantener la comida baja en grasa) para reabastecer las reservas de energía de los músculos una vez por semana. No hay una cifra mágica, pero intenta consumir entre 100 y 150 gramos de carbohidratos en esa comida.

Carbohidratos (más) bajos (después de 14 días)

- Consume entre 50 y 75 gramos de carbohidratos al día.
- La gente que quiere mantener su peso y desempeñar actividad física ligera debe quedarse en este nivel.

Opcional: ciclo de carbohidratos

- En este nivel, el consumo de carbohidratos puede aumentar después de un entrenamiento vigoroso (consulta los ejemplos anaeróbicos del capítulo 10 y las siguientes páginas).
- Consume entre 75 y 150 gramos de carbohidratos al día.
- Esta cantidad seguirá siendo más baja que la dieta promedio occidental. Puedes aprovechar los picos de glucosa combinando días bajos en carbohidratos y altos en carbohidratos para complementar tus entrenamientos, promover el crecimiento muscular y mantener el músculo cuando pierdas grasa corporal.

En los días que hagas ejercicios pesados, comienza con 100 o 150 gramos de carbohidratos después del entrenamiento y consume menos grasa ese día. Los entrenamientos que acaban con el glucógeno incluyen múltiples series de movimientos compuestos: entre 40 y 70 repeticiones por cada grupo muscular, dos o tres grupos musculares por entrenamiento, y movimientos compuestos, incluyendo sentadillas con barra, dominadas, lagartijas, *press* de pecho, desplantes y fondos. El doctor

Paul y yo recomendamos trabajar con un entrenador experimentado si vas a levantar pesas por primera vez.

- Consumo de proteína:
  - ◆ Empieza con 0.5 gramos por cada 450 gramos de peso corporal. Puedes incrementarlo a 0.8 gramos por cada 450 gramos si pierdes o ganas peso, o si realizas entrenamiento de pesas.
- Tiempo y frecuencia de las comidas:
  - ◆ Come menos carbohidratos antes de entrenar y más después.
  - ◆ Intenta concentrar tus carbohidratos en una sola comida para evitar picos prolongados de insulina.
  - ◆ Come de dos a cuatro comidas al día.
- Ayuno:
  - ◆ Elige una ventana de alimentación (ocho horas para los hombres, 10 horas para las mujeres, por ejemplo) y considera dejar de desayunar.
  - ◆ Experimenta con distintos protocolos para ver qué te funciona mejor (hay algunas opciones en los capítulos 6 y 10).
  - ◆ Cuando ayunes, asegúrate de beber muchos líquidos y añadir electrolitos, como la sal.

Ejemplo de semana:

	Domingo	Lunes	Martes	Miércoles	Jueves	Viernes	Sábado
Ejercicio	Senderismo o caminata larga	Entrenamiento de resistencia	Yoga, caminar	Bicicleta	Entrenamiento de resistencia	Yoga	Esprints en el parque
Carbohidratos	20 a 40 gramos (bajo en carbohidratos)	150 gramos (alto en carbohidratos)	20 a 40 gramos (bajo en carbohidratos)	20 a 40 gramos (bajo en carbohidratos)	150 gramos (alto en carbohidratos)	20 a 40 gramos (bajo en carbohidratos)	75 gramos (bajo o moderado en carbohidratos)
Comidas	2 comidas	3 comidas	3 comidas	3 comidas	3 comidas	3 comidas	2 comidas

Notas finales

Como dicen en la industria del cine: "¡Es todo por hoy!" Espero que al leer *Alimentos geniales* hayas aprendido tanto como yo al investigar, escribir y vivir las ideas expresadas aquí. Colaborar con el doctor Paul fue muy agradable en general. (Bromeo, fue genial todo el tiempo.)

Recuerda: la nutrición es una ciencia que evoluciona todo el tiempo, y rara vez hay verdades absolutas. En la vida, y en especial en internet, la gente tiende a ser muy devota de sus creencias nutricionales, pero la ciencia debe ser desapasionada, un método para hacer preguntas y buscar respuestas, incluso si estas últimas no son lo que esperamos escuchar. Te pido que busques tu propia verdad. Reta tus suposiciones con regularidad, no tengas miedo de la autoridad y cuestiona todo, *incluso* lo que leas en libros (incluyendo éste).

Me honra que eligieras leer *Alimentos geniales* (y espero que consideres recomendarlo a un amigo o a un ser querido; ése es el mejor halago). Por fascinante y divertido que fuera investigar y escribir *Alimentos geniales*, lo que me motivó fue el deseo de devolverle la salud a mi madre. Escribí este libro con el único propósito de intentar ayudar a otros para que se sintieran mejor y sufrieran menos. De ese modo, nada fue en vano. Ahora te imploro que tomes estos hallazgos y escribas la historia de tu propia salud.

Capítulo 12

Recetas y suplementos

Aprender a cocinar alimentos saludables que también sean disfrutables es uno de los mejores regalos que puedas darte. También te da una excusa para invitar amigos y organizar cenas, que no sólo son muy divertidas, sino buenas para la salud. En esta sección te comparto algunas recetas que inventé y algunas que mis talentosos amigos aportaron.

Recetas

Huevos revueltos "cremosos"

Podría comerlos a diario. Éste es uno de los mejores consejos para preparar huevos perfectos: entre más baja sea la flama, más lento se cocinarán y te quedarán más cremosos. Siempre retíralos del fuego justo antes de que se cuezan hasta el nivel deseado (ya que los huevos se siguen cocinando durante un momento después de retirarlos del fuego).

Rinde 1 porción

Qué necesitas:

1 cucharada más 1 cucharadita de aceite de aguacate
   o aceite de oliva extra virgen
3 huevos enteros de libre pastoreo o de omega-3,
   batidos
1½ cucharaditas de levadura nutricional
3 pizcas de sal

Qué hacer:

1. Calienta 1 cucharada de aceite en una sartén grande sobre fuego bajo. Añade los huevos a la sartén y revuélvelos lentamente con una espátula resistente al calor. Incorpora la levadura nutricional. Añade 2 pizcas de sal.
2. Retira los huevos del fuego justo antes de que alcancen la consistencia deseada.

Cómo servir:

1. Rocía la cucharadita de aceite restante encima y una pizca de sal. Muchas veces sirvo mis huevos acompañados con un aguacate entero rebanado. Para más opciones, añade cebolla picada, pimiento morrón picado o champiñones rebanados a la sartén y saltéalos antes de añadir los huevos.

Inteligencia jamaiquina

Cuando era niño, en Nueva York, uno de mis refrigerios favoritos al salir de calses eran las tortitas de carne jamaiquinas que compraba en la pizzería local. Por deliciosas que fueran, seguramente estaban repletas de grasas trans y aceites procesados. En esta receta recreé los condimentos de la carne, la cual me encanta acompañar sobre verduras salteadas. Es un platillo realmente nutritivo.

Rinde 2-3 porciones

Qué necesitas:

1 cucharadita de ghee
½ cebolla amarilla picada
5 dientes de ajo machacados y pelados
450 gramos de carne de ternera de libre pastoreo, molida
1 cucharadita de sal
1 cucharada de comino molido
1½ cucharaditas de cúrcuma en polvo
½ cucharadita de cilantro molido
½ cucharadita de pimienta gorda molida
½ cucharadita de cardamomo molido
¼ de cucharadita de pimienta negra recién molida
¼ de taza de levadura nutricional, opcional, pero recomendada

Qué hacer:

1. Calienta el ghee en una sartén mediana a fuego medio. Agrega la cebolla y cocínala 4 o 5 minutos, hasta que se suavice. Añade el ajo machacado y permite que aromatice durante 1 minuto. Agrega la carne molida, la sal y todas las especias, y cocina alrededor de 10 minutos, moviendo ocasionalmente para trozar la carne, hasta que se dore. Opcional: rocíale encima una cantidad generosa de levadura nutricional.

Cómo servir:

1. Junto con verduras salteadas (página 310); la col rizada es mi favorita.

Picadillo de libre pastoreo

Viví en Miami durante cuatro años cuando estuve en la universidad y no podía comer suficiente comida cubana, sobre todo picadillo. Ésta es una versión saludable de este platillo tradicional que preparo con bastante frecuencia.

Rinde 2-3 porciones

Qué necesitas:

1 cucharada de aceite de oliva extra virgen

1 cebolla amarilla grande, picada finamente

4 dientes de ajo machacados y pelados

450 gramos de carne de ternera de libre pastoreo, molida

1 cucharadita de sal

1½ cucharaditas de pimienta negra recién molida

¼ de cucharadita de hojuelas de chile de árbol, opcional

⅓ de frasco de 350 gramos de salsa de tomate orgánica sin azúcar añadida (la salsa de tomate tendrá un poco de azúcar natural por los jitomates)

½ taza de aceitunas sin hueso, rebanadas (rellenas con pimiento están bien)

Qué hacer:

1. Calienta el aceite en una sartén grande sobre fuego medio. Añade la cebolla y cocínala 4 o 5 minutos, hasta que se suavice. Agrega el ajo machacado y permite que aromatice durante 1 minuto. Añade la carne, la sal, la pimienta y las hojuelas de chile de árbol si las usas, y cocina alrededor de 10 minutos, moviendo constantemente para trozar la carne, hasta que se dore. Incorpora la salsa de tomate y las aceitunas, y espera a que suelte el hervor, luego baja la flama a fuego lento y déjalo hervir durante 10 minutos.

Cómo servir:

1. Acompañado o encima de verduras salteadas (página 310) o "arroz" de coliflor (salteado con ajo, sal y aceite de oliva extra virgen).

Salmón silvestre de Alaska sellado con cúrcuma, jengibre y miso de tahini

Ahora que sabes que el salmón silvestre es un alimento genial, déjame mostrarte cómo convertir tu filete común en un superalimento y una comida increíblemente rica en nutrientes con sólo unos cuantos pasos. Esta receta la aportó mi buen amigo y chef de bienestar Misha Hyman.

Rinde 2-3 porciones

Qué necesitas:

Salmón:
450 gramos de salmón silvestre de Alaska fresco o congelado
Sal, al gusto
Pimienta negra recién molida, al gusto
Aceite de oliva extra virgen

Miso de tahini:
¼ de taza de tahini
½ taza de miso de arroz integral
¼ de taza de aceite de ajonjolí tostado
Jengibre rallado, al gusto
Ajo rallado, al gusto
Cúrcuma fresca rallada, al gusto
Jugo de limón recién exprimido

Guarniciones:
1 manojo de cebolletas picadas finamente
1 cucharadita de cilantro fresco picado
1 puñado de ajonjolí negro

Qué hacer:

1. Prepara el salmón: Saca el salmón del refrigerador más o menos una hora antes de empezar a cocinar para que esté a temperatura ambiente. Es importante porque quieres que el pescado se cueza uniformemente. Si usas salmón congelado, descongélalo por completo y espera a que llegue a temperatura ambiente. Sazónalo con sal y pimienta. No te limites.
2. Precalienta el horno a 220 °C.
3. Prepara el miso de tahini: Licua todos los ingredientes hasta obtener una pasta de consistencia homogénea. Reserva mientras cocinas el salmón.

4. Cocina el salmón: Vierte el aceite en una sartén y caliéntala a fuego medio. Cuando esté caliente, acomoda el salmón en la sartén con la piel hacia arriba. Cocínalo 3 o 4 minutos, luego métalo al horno y cocínalo 6 u 8 minutos, dependiendo de qué tan cocido te guste el pescado.
5. Inmediatamente después, barniza el salmón con una fina capa de miso de tahini. Decora con cebolletas, cilantro y ajonjolí negro.

Cómo servir:

1. Este salmón va de maravilla con espárragos salteados en mantequilla de libre pastoreo con ajo y cúrcuma, espinacas frescas que puedes agregar al final para que se suavicen y semillas de cáñamo esparcidas encima.

Excelente hígado

Esta receta es de mi amiga Mary Shenouda, @PaleoChef en Instagram. Nunca había probado el hígado de pollo antes del platillo de Mary, pero me encantó. Es delicioso y una fuente "excelente" de nutrientes, incluyendo colina, vitamina B_{12}, folato y vitamina A.

Rinde 2-3 porciones

Qué necesitas

450 gramos de hígados de pollo orgánicos, limpios y picados
¾ de cucharadita de sal
⅓ de taza de ghee
6 dientes de ajo machacados y picados finamente
1 pimiento morrón verde picado
1 chile jalapeño desvenado y picado
1 cucharada de comino molido
½ cucharadita de canela en polvo
¼ de cucharadita de jengibre en polvo
¼ de cucharadita de clavo en polvo
¼ de cucharadita de cardamomo molido
Jugo de 1 limón

Qué hacer:

1. Sazona los hígados con sal y revuelve para esparcirla. Reserva 2 o 3 minutos.
2. Calienta el ghee en una sartén grande a fuego medio-alto, añade los hígados y séllalos hasta que se doren por todos lados. Añade el ajo, el pimiento morrón y el jalapeño, y cocínalos hasta que las verduras se suavicen; alrededor de 5 minutos. Agrega el comino, la canela, el jengibre, el clavo y el cardamomo, baja la flama a fuego medio-bajo, tapa la sartén y déjala 5 u 8 minutos. Añade el jugo de limón, raspa cualquier parte dorada del fondo de la sartén y revuelve bien. Retira la sartén del fuego.

Cómo servir:

1. Sirve con un poco más de ghee derretido, un toque de jugo de lima y decora con cilantro.

Alitas crujientes de pollo estilo búfalo, sin gluten

La mayoría de las alitas de pollo son muy poco saludables: partes de animales hacinados fritas en aceites nada saludables y empanizadas con harina refinada (¡asco!). Estas alitas, sin embargo, están horneadas, no contienen cereales y están llenas de nutrientes. La piel del pollo está llena de colágeno, al igual que los cartílagos de las alas. El colágeno se forma de aminoácidos importantes que son relativamente raros en la dieta moderna. Nota: algunas salsas picantes contienen ingredientes basura. Cuando elijas una salsa picante, asegúrate de que sólo contenga chile, vinagre, sal y ajo.

Rinde 2-3 porciones

Qué necesitas:

Aceite de coco suavizado o derretido
450 gramos de alitas de pollo orgánicas, de libre pastoreo
Sal de ajo (me gusta la sal de ajo orgánica Redmond)
½ taza de salsa picante (me gusta la salsa picante original con pimienta cayena de Frank's)

2 cucharadas de mantequilla de libre pastoreo
Pimienta cayena extra, opcional

Qué hacer:

1. Precalienta el horno a 120 °C y engrasa una charola para horno con aceite de coco.
2. Acomoda las alitas en la charola y esparce sal de ajo. Sazónalas muy bien (de un lado es suficiente).
3. Hornea las alitas durante 45 minutos. ¿Por qué a una temperatura tan baja? Ayuda a secar las alitas y derretir la grasa extra y el tejido conectivo. ¡Muy importante! (Nota: las alitas *no están listas* después de este paso; *¡no las comas todavía!*)
4. Sube la temperatura a 220 °C y hornéalas otros 45 minutos. Las alitas deben tener un hermoso color dorado después de ese tiempo y se habrán encogido considerablemente. Sácalas del horno y déjalas reposar a temperatura ambiente durante 5 minutos.
5. Mientras las alitas reposan, revuelve la salsa picante y la mantequilla (añade más pimienta de Cayena si lo deseas) en una olla pequeña sobre fuego muy bajo, sólo para calentar la salsa y derretir la mantequilla.
6. Bate la salsa para las alitas y pásala a un tazón grande o una olla. Agrega las alitas y revuelve para cubrirlas de salsa. ¡A comer!

Cómo servir:

1. Te recomiendo ampliamente servirlas acompañadas de una gran ensalada, verduras rostizadas u otro elemento vegetal.

Dedos de pollo con cúrcuma y almendras

¿A quién no le encantan los deditos de pollo? En esta receta, creada por la chef Liana Werner-Gray (autora de *The Earth Diet*), la harina de almendra y la cúrcuma forman una gran costra que no sólo nos ayuda a evitar los cereales y el empanizado tradicional, sino que también provee un medio delicioso para integrar la cúrcuma. También puedes preparar nuggets de pollo en lugar de deditos; sólo corta el pollo con esa forma. ¡A los niños les encantan!

Rinde 2-3 porciones

Qué necesitas:

¾ de taza de aceite de coco extra virgen
1 huevo
450 gramos de pechuga de pollo orgánica, de libre pastoreo, sin
piel, sin hueso, cortada en tiras (o usa filetes de pechuga para
ahorrar tiempo)
1 taza de harina de almendra
1½ cucharadas de cúrcuma en polvo
1 cucharadita de sal
1 pizca de pimienta negra recién molida

Qué hacer:

1. En una sartén grande, calienta el aceite a fuego medio-alto.
2. Mientras se calienta el aceite, bate el huevo en un tazón grande,
   añade el pollo y revuelve para cubrirlo.
3. En un tazón pequeño, revuelve la harina de almendra, la cúrcuma,
   la sal y la pimienta. Extiende la mezcla en un plato.
4. Saca tiras de pollo de la mezcla de huevo y pásalas por la mezcla de
   harina de almendra. Cúbrelas bien por todas partes.
5. Prueba el aceite soltando una pizca de harina de almendra; cuando
   burbujee, estará listo. Acomoda las tiras de pollo en la sartén y co-
   cínalas durante 4 o 5 minutos de cada lado, hasta que se doren y el
   pollo esté bien cocido.
6. Cuando termines, acomódalas sobre toallas de papel para absorber
   el exceso de aceite.

Cómo servir:

1. Son maravillosas con verduras salteadas o la ensalada de col rizada
   "cremosa".

Verduras salteadas

Siempre estoy salteando verduras. Son una cama excelente para cualquiera de los platillos que comparto aquí. Una vez que añadas la col
rizada o la hoja verde que elijas, mantén tapada la sartén para que el agua
que se evapore ayude a cocer las verduras.

Rinde 2-3 porciones

Qué necesitas:

- 2 cucharadas de aceite de oliva extra virgen
- 1 cebolla picada
- 4 dientes de ajo machacados y pelados
- 1 manojo de hojas troceadas y picadas de col rizada, sin tallos ni costillas
- ¼ de cucharadita de sal
- ¼ de cucharadita de pimienta negra recién molida

Qué hacer:

1. En una sartén grande, calienta el aceite a fuego medio. Agrega la cebolla y cocínala 4 o 5 minutos, hasta que se suavice. Añade el ajo y cocínalo 1 o 2 minutos, hasta que aromatice. Agrega la col rizada, la sal y la pimienta, y baja la flama a fuego medio-bajo. Tapa la sartén y déjala unos minutos, sin revolver, hasta que las hojas se suavicen (10 minutos aproximadamente).

Cómo servir:

1. Me encanta acompañar estas verduras con una tortita de carne de ternera de libre pastoreo, un trozo de salmón silvestre, 2 o 3 huevos pochados o ligeramente fritos, o unas cuantas piezas de pollo.

Tazón para un mejor cerebro

Es una receta (si puedes llamarla así) increíblemente sencilla que provee nutrientes magníficos para el cerebro en la forma de grasa monoinsaturada, luteína, zeaxantina, omega-3 y fibra.

Rinde 1 porción

Qué necesitas:

- 1 lata de 125 gramos de sardinas (me encantan las sardinas Wild Planet en aceite de oliva extra virgen y limón)
- 1 aguacate

¼ de limón
1 cucharada de mayonesa de chipotle y limón Primal Kitchen,
opcional

Qué hacer:

1. Vacía la lata de sardinas a un tazón. Rebana el aguacate, añádelo al tazón y exprime el limón encima. Si quieres darle más sabor, ¡añade la mayonesa de chipotle!

Ensalada de col rizada "cremosa"

Es una rica ensalada y fácil de preparar, lo suficientemente deliciosa como para atraer hasta al peor enemigo de las ensaladas.

Rinde 2-3 porciones

Qué necesitas:

1 manojo de col rizada sin tallos ni costillas (resérvalos para un jugo
    o para comer después)
2 cucharadas de aceite de oliva extra virgen
2 cucharadas de vinagre de manzana
½ pimiento morrón verde picado
¼ de taza de levadura nutricional
1 cucharadita de ajo en polvo
¾ de cucharadita de sal

Qué hacer:

1. Trocea las hojas de col rizada en piezas pequeñas y acomódalas en un tazón grande. Añade el aceite y el vinagre, y revuelve para masajear las hojas y empezar a ablandarlas. Agrega el pimiento verde, la levadura nutricional, el ajo en polvo y la sal, y revuelve para incorporar.

Cómo servir:

1. Cómela así o agrega anchoas. ¡O incluye una tortita de carne de ternera de libre pastoreo encima!

Chocolate crudo para estimular el cerebro

Últimamente, el chocolate amargo ha aparecido muy seguido en las revistas médicas por sus efectos positivos en la cognición. Para construir una receta sin azúcar le pedí ayuda a mi buen amigo Tero Isokauppila, fundador de la compañía de hongos Four Sigmatic, pero también una de las personas que más sabe de cacao, el ingrediente principal del chocolate.

Rinde 3-4 porciones

Qué necesitas:

1 taza de manteca de cacao picada finamente
1 taza de aceite de coco extra virgen
2 cucharadas del endulzante sin azúcar de tu elección
    (te recomiendo fruta del monje, eritritol o stevia)
½ cucharadita de vainilla en polvo
1 pizca de sal de mar
3 paquetes de Lion's Mane Elixir, de Four Sigmatic (o 1 cucharadita
    copeteada de extracto Lion's Mane), opcional
1 taza de cacao crudo en polvo, sin endulzar, más el necesario

Qué hacer:

1. Derrite la manteca de cacao a baño María (asegúrate de que el tazón no toque el agua y mantenlo a fuego bajo; es importante para conservar las enzimas y las propiedades nutricionales del cacao que benefician al cerebro). Revuelve hasta que se derrita por completo. Agrega el aceite de coco y usa un batidor de globo o un espumador de leche para mezclar hasta que las grasas se emulsionen. Añade el endulzante, la vainilla en polvo, la sal y el elixir si lo usas. Bate de nuevo para integrar.

2. Poco a poco, añade el cacao en polvo a la mezcla hasta que alcance la consistencia de una crema espesa, y añade más si es necesario.
3. Vierte la mezcla en charolas para hielo y déjalas en el congelador entre 30 y 60 minutos para que se endurezcan. Permite que se suavicen 5 o 10 minutos fuera del congelador antes de servir.

Suplementos

Aceite de pescado (EPA/DHA)

Aceite de pescado, ¡cómo te amo! Déjame contarte por qué. Un suplemento de calidad de aceite de pescado es una fuente abundante y práctica de grasas omega-3 EPA y DHA preformadas, y añadir aceite de pescado a tu dieta es quizá uno de los pasos más poderosos que puedes dar a favor de la salud y la funcionalidad de tu cerebro. Yo llevo conmigo aceite de pescado cuando viajo y sólo dejo de tomarlo en los días que consumo pescados grasosos. Una consideración importante: siempre fíjate en la cantidad de EPA y DHA, y *no* la cantidad total de aceite. Por ejemplo, si tu suplemento contiene 1 000 miligramos de aceite de pescado y una proporción relativamente baja de EPA y DHA, tienes un suplemento de baja calidad.

Recomendación: Procura obtener alrededor de 500 miligramos de triglicéridos DHA y 1 000 miligramos de EPA diarios en la forma de aceite de pescado o consumiendo pescados grasosos. Refrigera el aceite de pescado para mantenerlo fresco.

¿QUÉ SABEN LAS BALLENAS QUE NOSOTROS NO SEPAMOS? ACEITE DE PESCADO *VERSUS* ACEITE DE KRILL

Los ácidos grasos unidos a los triglicéridos componen la vasta configuración de grasas en el cuerpo. Pero las membranas celulares, incluyendo las de las neuronas, se componen de fosfolípidos, no triglicéridos. Muchos suplementos de aceite de pescado proveen omega-3 DHA y EPA en la forma de triglicéridos, pero el omega-3 del aceite de krill se encuentra en la forma fosfolípida equivalente a la membrana (el aceite de krill se hace a partir de estos minúsculos crustáceos invertebrados que componen gran parte de la dieta de las ballenas).

Si bien la mayoría de las investigaciones que validan el uso de suplementos de omega-3 para la salud y el funcionamiento cerebral usan aceite de pescado, nuevas investigaciones sugieren que el aceite de krill ofrece una forma de omega-3 superior y más biodisponible, en particular de DHA, que se absorbe y se incorpora mejor a las membranas neuronales. El aceite de krill también contiene una gran cantidad de otros nutrientes vitales, como colina y astaxantina. La colina es el precursor del neurotransmisor acetilcolina, crítico para una función mnemónica óptima, y la astaxantina es un poderoso antioxidante soluble en grasa.

Entonces, ¿deberías consumir aceite de krill en lugar de aceite de pescado? La solución más sensata es consumir pescado silvestre, el cual contiene EPA y DHA en la forma de triglicéridos y fosfolípidos. La hueva de pescado (caviar o, para los fanáticos del sushi, *ikura* o *tobiko*) también es una fuente deliciosa de omega-3 unida a fosfolípidos. Si el costo no es un problema y prefieres tomar un suplemento, puede ser beneficioso tomar un aceite de pescado con base de triglicéridos y un aceite de krill también. Si el costo o la practicidad son un problema, un aceite de pescado con triglicéridos de alta calidad debe ser suficiente.

Vitamina D$_3$

Un metaanálisis reciente descubrió que, de todos los factores de riesgo ambientales para desarrollar demencia, las evidencias señalan que el más influyente es el contenido bajo de vitamina D. La deficiencia de vitamina D también puede interferir con la capacidad del cerebro de sintetizar serotonina de su precursor, el triptófano, lo que deriva en niveles bajos de este neurotransmisor en el cerebro. Esto puede provocar depresión y neblina mental.

La fuente principal de vitamina D es la exposición a los rayos UVB del sol. Hoy en día, gran parte de nosotros pasamos mucho tiempo en interiores, y nos exponemos poco al slol, por lo que es probable que tengamos bajos niveles de vitamina D. También hay muchas diferencias entre personas que afectan la capacidad individual de sintetizar la vitamina D. Las personas jóvenes producen más vitamina D que las personas mayores; por ejemplo, una persona de 70 años crea cuatro veces menos vitamina D por la exposición al sol que una persona de 20 años. Quienes tienen una pigmentación más oscura en la piel también producen menos vitamina D. (La melanina, que da el color oscuro a la piel, es un bloqueador natural evolutivo.) Lo cual significa que, si eres una persona de color que vive en una latitud norte, puede ser de suma importancia que la tomes en forma de suplemento.

Las personas con sobrepeso tienen menos disponibilidad de vitamina D porque, al ser una vitamina soluble en grasa, se guarda en el tejido adiposo. Ocurre también con otras vitaminas solubles en grasa (como la vitamina E) y puede explicar por qué las personas obesas y con sobrepeso son más propensas a un déficit de vitamina D, incluso con la misma exposición al sol que sus contrapartes más delgadas. Quizá no es coincidencia que tres cuartas partes de los adolescentes y adultos en Estados Unidos padezcan una deficiencia de vitamina D paralela a la extensión de la epidemia de obesidad.

VITAMINA D: ¿LA VITAMINA ANTIENVEJECIMIENTO?

Evolucionamos bajo el sol y la vitamina D es un burro de carga químico con el que cuenta nuestra biología. Influye en la regulación de la expresión de casi 1000 genes en el cuerpo humano, ¡casi 5% del genoma humano! Casi podría considerarse una vitamina mágica, sólo que la vitamina D ni siquiera es una verdadera vitamina, sino una hormona dependiente de la exposición al sol.

Algunos de los múltiples deberes de la vitamina D involucran apagar la respuesta proinflamatoria y defender nuestras células del desgaste del envejecimiento. De hecho, las mujeres con niveles de 40 a 60 ng/ml en la sangre tienen *telómeros* más largos, en comparación con controles de la misma edad. Los telómeros son estructuras que protegen al ADN del daño y por lo general se acortan con la edad. Se cree que es mejor tener telómeros más largos a cualquier edad.

Otro estudio con gemelas idénticas descubrió que las hermanas con los niveles más bajos de vitamina D tenían telómeros más cortos, los cuales correspondían a cinco años de envejecimiento biológico acelerado. Sin duda esto nos ayuda a comprender si envejecer "sanamente" es cuestión de la naturaleza (la genética) o de la nutrición (el entorno). Estas mujeres tenían la *misma* naturaleza (la misma composición genética), ¡pero las que tenían menos vitamina D se veían biológicamente mayores bajo el microscopio!

Si vas a tomar un suplemento, sólo recuerda: sí es posible tener demasiada vitamina D en la sangre. La vitamina D incrementa la absorción del calcio, y el mayor riesgo de toxicidad por vitamina D es la *hipercalcemia* o exceso de calcio en la sangre (consulta la sección sobre vitamina K_2 más adelante). Esto puede provocar problemas como calcificación arterial y piedras en los riñones. Por otra parte, es imposible obtener demasiada vitamina D a través de la exposición al sol; sólo recuerda tomar precauciones adecuadas y no quemarte.

Si bien no hay un consenso sobre el nivel ideal de vitamina D, mantener los niveles de sangre entre 40 y 60 ng/ml parece conferir el índice más bajo de mortandad general durante un periodo de tiempo dado, lo cual incluye muerte no accidental por cualquier causa. Tu médico puede averiguar con facilidad tus niveles de vitamina D con un análisis de sangre de rutina. La insuficiencia de vitamina D, como la describe en la actualidad la Sociedad Endocrinóloga (que resalta la gran importancia que tiene la vitamina D en todo el cuerpo, independiente de la salud ósea), es un nivel menor a 30 ng/ml.

Recomendación: Toma de 2000 a 5000 IU de vitamina D_3 al día y consulta cada seis meses a tu médico para asegurar que tus niveles se mantengan entre 40 y 60 ng/ml.

Folatos, vitamina B_{12}, vitamina B_6

El complejo de vitaminas conocidas como B incluyen la vitamina B_9, o folato, y la vitamina B_{12}, o cobalamina. La B_{12} es importante para un funcionamiento nervioso normal y para prevenir anemias (una deficiencia de glóbulos rojos). El folato, como mencioné cuando discutí las virtudes de las verduras de hoja verde, también es una parte importante de algo llamado *ciclo de metilación*. Asegurar una cantidad adecuada de folatos (y B_{12}) ayuda a mantener baja la homocisteína, un aminoácido tóxico. Tu médico puede determinar con facilidad tu nivel de homocisteína con un simple análisis de sangre, pero la homocisteína elevada es común y afecta hasta a 30% de las personas mayores de 65 años en todo el mundo.[1]

Tener homocisteína elevada se vincula no sólo con un desempeño cognitivo menor, sino con un riesgo doble de padecer demencia, ataques cardiacos e infartos. Las probabilidades de que el cerebro se encoja son 10 veces mayores en pacientes con homocisteína elevada, en comparación con personas cuyos niveles son normales.[2] Consumir un complejo de vitamina B —que incluya folato, B_{12} y B_6— puede mantener los niveles dentro del rango normal saludable.

Muchas personas ya toman suplementos de folato sin saberlo porque se añade a una gran variedad de alimentos —incluyendo el pan— y a los multivitamínicos en forma de ácido fólico. Por desgracia, debido a la mutación genética común conocida como *MTHFR* (*metilentetrahidrofolato reductasa*), muchas personas no convierten el ácido fólico, que es sintético, en folato activo, llamado *metilfolato*, lo que puede elevar los niveles de homocisteína, entre otros problemas potenciales.

Cuando tomes suplementos con vitaminas B, evita las megadosis innecesarias y comunes entre los suplementos. Tomar demasiado folato si tienes una deficiencia de B_{12} en realidad puede *acelerar* el envejecimiento cerebral, mientras que tener cantidades óptimas de ambos puede crear el efecto protector deseado. Una forma de asegurar un equilibrio sano es simplemente comer alimentos ricos en fuentes naturales de folato —verduras— e igualar este consumo con yemas de huevo, carne de ternera, pollo, salmón o sardinas, que son fuentes ricas de B_{12}.

Recomendación: Intenta obtener tus vitaminas B de los alimentos. Pide a tu médico que revise tus niveles de folato y B_{12}, junto con la homocisteína. Si los niveles de B están bajos o la homocisteína está elevada (menos de 9 umol/l es ideal; menos generalmente es mejor), considera tomar suplementos. Empieza con 400 microgramos de folato (en la forma de metilfolato o metiltetrahidrofolato), 500 microgramos de B_{12} (metilcobalamina) y 20 miligramos de B_6 al día.

Vitamina K_2

La vitamina K_2 es un nutriente esencial. Está involucrada en la homeostasis del calcio, y asegura que el mineral permanezca en los lugares que queremos (como los huesos y dientes) y no se acumule en lugares que no queremos (como las arterias y riñones). Muchas personas, incluyendo algunos médicos, confunden la K_2 con la K_1, una vitamina involucrada en la coagulación. Aunque la deficiencia de K_1 es rara y fácil de detectar por el sangrado excesivo y los moretones que provoca, el déficit de K_2 puede ser más común y, por desgracia, invisible. El consumo de vitamina K_2 también se ha vinculado con menos incidencia de cáncer, un aumento en la sensibilidad a la insulina, mejor salud cerebral, etcétera.

Recomendación: Toma de 50 a 100 microgramos de K_2 MK-7 al día.

Cúrcuma

La cúrcuma es una raíz utilizada en la cocina ayurveda desde hace milenios. Tiene dos compuestos importantes: curcumina, un polifenol que tiene capacidades antiinflamatorias, y turmerona aromática, la cual ayuda a estimular las células madre en el cerebro. Te invito a usar cúrcuma al cocinar y suplementar si es necesario para el dolor o condiciones inflamatorias.

Recomendación: Toma entre 500 y 1 000 miligramos de cúrcuma conforme lo necesites. Asegúrate de que la fórmula contenga piperina (extracto de pimienta negra), la cual incrementa la biodisponibilidad. Los extractos de cúrcuma rizoma o cúrcuma fitosoma supuestamente son fórmulas con mayor biodisponibilidad.

Astaxantina

La astaxantina es un carotenoide común encontrado en el aceite de krill y es lo que les da al salmón silvestre y los flamencos su apariencia rojiza. Aunque hay pocas investigaciones sobre este antioxidante no tan conocido, bastan para garantizar su inclusión en mi régimen diario. Se ha demostrado que la astaxantina es benéfica para todo el cuerpo, dado que estimula la función cognitiva, protege la piel del daño solar, mejora la apariencia de la piel, protege los ojos, reduce la inflamación, hace que el perfil de lípidos en la sangre sea más cardio-protector, provee efectos antioxidantes potentes y recolecta radicales libres, entre otros beneficios. Algunos de éstos parecen ser resultado de su capacidad para regular positivamente los genes que nos protegen contra el daño al ADN y el estrés del envejecimiento, incluyendo el FOX03. Yo lo tomo a diario. Al igual que otros carotenoides, la astaxantina es soluble en grasa, así que asegúrate de consumirla con alimentos que contengan grasa.

Recomendación: Toma 12 miligramos diarios con una comida o un refrigerio que incluya grasa.

Probióticos

La investigación sobre los probióticos es reciente y sigue evolucionando. Yo disfruto comer alimentos ricos en probióticos (como el kimchi y el kombucha), pero tomar un suplemento de probióticos tampoco hace daño, en especial si los alimentos con probióticos no te parecen apetecibles.

Recomendación: Si eliges tomar un suplemento, busca uno que contenga una gran cantidad de cepas diferentes (¡el intestino contiene cientos de especies distintas!) y entre 5 y 10 000 millones de CFU (unidades formadoras de colonias). Tomar tu probiótico con alguna clase de fibra prebiótica puede ayudar a que los organismos se "afiancen" mejor en el ambiente rudo y competitivo del intestino.

Agradecimientos

Max:

Son tantas las personas que dedicaron su tiempo, intelecto, talento y habilidad para ayudarme a crear este libro, que no podría agradecerles a todas, pero puedo intentarlo.

Antes que nada, gracias a todos los investigadores del mundo que están haciendo ciencia que permite que nuestras decisiones importen cuando se trata del desempeño cognitivo y la salud cerebral a largo plazo. En especial quiero agradecer a los incontables expertos que tomaron mis llamadas, me recibieron en sus laboratorios, me vieron por Skype y contestaron mis preguntas por correo electrónico. En particular: Robert Krikorian, Miia Kivipelto, Agnes Flöel, Suzanne de la Monte, Alessio Fasano, Lisa Mosconi, Mary Newport, Melissa Schilling, Nina Teicholz, James DiNicolantonio y Felice Jacka. También quiero agradecer a las instituciones que me recibieron: Centro Médico Langone, de la Universidad de Nueva York; Universidad de Harvard; Universidad Brown; Weill Cornell Medicine / Hospital New York-Presbyterian y la Clínica de Prevención de Alzheimer; Karolinska Institutet, y el Hospital Charité.

Un agradecimiento inmenso para Richard Isaacson, mi mentor, colega y amigo. Me enseñaste mucho de ciencia. Agradezco cuando puedo colaborar en tus investigaciones y espero que en el futuro podamos hacer más cosas juntos. (Eso incluye la clase de spinning.)

Gracias a mi agente literario, Giles Anderson: tu guía a través de este proceso ha sido invaluable.

Al equipo de Harper Wave: son sumamente geniales. Estoy muy contento de que hayamos trabajado juntos en este libro. Karen, eres luminosa. Sarah, gracias por editar estas palabras. Estoy muy orgulloso de lo que logramos juntos.

Paul Grewal, gracias por contribuir con tu invaluable tiempo y tu conocimiento a mi libro. No pude haber elegido un colaborador mejor ni más brillante.

Mehmet Oz, Ali Perry y todo el equipo del doctor Oz. Creo que ser el "experto principal" en el programa es lo más fantástico del mundo, y me pongo la playera con honor.

Craig y Sarah Clemens, ¡los amo! Craig, gracias por darle su nombre a mi bebé (este libro) y compartir tu talento para ayudarme a crear un impacto. Espero con ansias nuestra siguiente sesión de karaoke.

Kristin Loberg, gracias por tu brillante y generosa retroalimentación durante mi proceso creativo. Eres una inspiración. Todavía te debo una sesión de yoga.

A los productores del programa de televisión *The Doctors*, gracias por recibirme en varias ocasiones y por permitirme alimentar a sus presentadores con tendencias raras de salud. ¡Lo hago con la mejor de las intenciones!

A mis amigos que se dedican a la salud y el bienestar, gracias por recibirme en sus comunidades con apoyo e inspiración: David y Leize Perlmutter, Mark Hyman, William Davis, Terry Wahls, Mary Newport, Emily Fletcher, Kelly LeVeque, Mike Mutzel, Erin Matlock, James Maskell, Alex Doman, Mark Sisson, Pedram Shojai, Steven Gundry, Maria Shriver y el equipo de Digital Natives.

Escribir un libro requiere una cantidad tremenda de trabajo y apoyo. Otros amigos que me dieron consejos invaluables, retroalimentación, sugerencias y comentarios, o que sólo me apoyaron durante mis momentos de duda (¡que fueron muchos!): Liana Werner-Gray, Tero Isokauppila, Michele Promaulayko, Crosby Tailor, Mary Shenouda, Amanda Cole, Kendall Dabaghi, Noah Berman, Misha Hyman, Mike Berman, Alex Kip, Chris Gartin, Ryan Star, Hilla Medalia, Rachel Beider, James Swanwick, Alexandra Calma, Sean Carey, Dhru Purohit, Andrew Luer, Nariman Hamed y Matt Bilinsky. Si olvidé tu nombre, lo siento. Llámame y te invito a cenar.

Un agradecimiento inmenso a cada una de las personas que me siguen en Facebook, Twitter e Instagram por inspirarme todos los días para continuar en la búsqueda de la verdad. Me honran sus mensajes. También quiero saludar a los miembros de The Cortex, mi grupo y mi pandilla de Facebook, así como a todos en mi lista de correo electrónico. Y por supuesto, un agradecimiento enorme a quienes contribuyeron en el financiamiento de mi documental *Bread Head* (www.breadheadmovie. com), lo que empezó todo. Gracias, gracias, gracias por su apoyo. Significa todo para mí.

Finalmente, gracias a mis dos hermanos, Andrew y Benny, a mi papá, Bruce, a mi mamá, Kathy, y a Delilah.

Paul:

Quisiera agradecer primero a mi abuela, Jaspal Kaur, cuya lucha prolongada contra la enfermedad de Alzheimer frustró el poder de su increíble cerebro y espíritu. Al ser básicamente una huérfana en Macao y crear por sí sola la primera escuela primaria mixta en su región de la India, fue pionera y vanguardista. Si las estrategias explicadas en este libro pueden evitar que una sola persona pase por lo mismo que ella, nuestro esfuerzo habrá valido totalmente la pena.

Gracias, mamá, por compartirnos una fracción de tu genialidad. Papá, me da mucho gusto que tu madre te corriera de la India por vender tus libros de texto para comprar palomas de carreras.

Alex, Rikki, Sean, Jim, Upkar, gracias por su retroalimentación y amistad.

Max, ha sido un honor conocerte y colaborar contigo en este proyecto; es una oportunidad única en la vida y no olvidaré el voto de confianza que me diste al incluirme en una empresa tan profundamente personal.

Recursos [en inglés]

Únete a The Cortex, una comunidad privada en Facebook

http://maxl.ug/thecortex
¿Tienes preguntas sobre este libro? El primer lugar al que debes dirigirte es The Cortex. Es una comunidad privada en Facebook creada para que las personas en su propio viaje hacia la salud puedan compartir consejos, trucos, recetas, investigaciones y más. Muchos tienen experiencia y siguen el plan genial, mientras que otros apenas comienzan. ¡No dejes de presentarte!

Mira mi documental, Bread Head

www.breadheadmovie.com
Mi historia está documentada en mi película, *Bread Head*, el primer y único largometraje sobre prevención de la demencia, ya que los cambios comienzan en el cerebro *décadas* antes de que aparezca el primer síntoma de pérdida de memoria. Ve a la página web para mirar el documental, ver el corto y convertirte en un activista de Bread Head.

Únete a mi newsletter oficial

www.maxlugavere.com
¿Quieres recibir explicaciones sobre las investigaciones recientes en tu bandeja de entrada? Mi *newsletter* es donde suelo compartir artículos de

investigación (con resúmenes de fácil lectura), entrevistas improvisadas y otros detalles fáciles de digerir y diseñados para mejorar tu vida. *Nunca* habrá *spam*, no te preocupes, ¡yo me encargo!

Recursos de investigación
[en inglés]

Una de las principales formas para estar seguro de que la información obtenida es buena, es asegurar que los lugares donde busques sean confiables y tan científicos como sea posible. Éstas son *las únicas* fuentes que puedo recomendar para rastrear y consultar investigaciones científicas:

ScienceDaily

www.sciencedaily.com
Esta página web comparte los comunicados de prensa de las universidades, los cuales acompañan muchas veces las publicaciones de estudios. Reúne investigaciones de distintas disciplinas, pero puedes encontrar cosas buenas entre la sección de noticias (Health News) o dando clic en la sección de salud (Health) en el menú.

Nota: los comunicados de prensa de las universidades no siempre son perfectos, pero son un buen principio y suelen incluir hipervínculos a las investigaciones comentadas. Leer el comunicado de prensa y el artículo del estudio puede ayudarte a interpretar la investigación, además de que los periodistas muchas veces utilizan los comunicados como fuentes para escribir sus artículos. Así que, en esencia, ¡este sitio te lleva directamente a la fuente!

Medical Xpress

www.medicalxpress.com
Esta página web hace lo mismo que ScienceDaily, pero se relaciona exclusivamente con medicina y salud.

Eurekalert!

www.eurekalert.com
Es similar a las dos fuentes previas —publica comunicados de prensa—, pero la dirige la Asociación Estadounidense para el Avance de la Ciencia, institución que edita la revista *Science*.

PubMed

www.ncbi.nlm.nih.gov/pubmed
Cuando investigo, muchas veces uso PubMed. Una forma de utilizar Google para buscar PubMed es añadir "site:nih-gov" a tu búsqueda. Por ejemplo, "Alzheimer site:nih.gov" buscaría todos los artículos que mencionan Alzheimer en el sitio web de NIH (Institutos Nacionales de Salud), el cual incluye PubMed.

Recursos de productos

¿Quieres saber qué marca de lentes utilizo para bloquear la luz azul? ¿O mi curso de meditación favorito en línea? Yo te ayudo. Con los años he entablado una amistad con muchos productores de alimentos, empresas de suplementos y marcas. Todo lo que recomiendo es algo que aprobé y utilizo. Para ver mis recomendaciones de productos específicos mencionados en este libro, visita http://maxl.ug/GFresources [en inglés].

Contacto

Contacta a los autores para conversar, recibir asesorías ¡o sólo para saludar!

Max Lugavere

www.maxlugavere.com
info@maxlugavere.com
Facebook: facebook.com/maxlugavere
Twitter: twitter.com/maxlugavere
Instagram: instagram.com/maxlugavere

Dr. Paul Grewal

www.mymd.nyc
Twitter: twitter.com/paulgrewalmd
Instagram: instagram.com/paulgrewalmd

Notas

Capítulo 1: El problema invisible

1. Claire T. McEvoy *et al.*, "Neuroprotective Diets Are Associated with Better Cognitive Function: The Health and Retirement Study", *Journal of the American Geriatrics Society*, vol. 65, núm. 8, 2017.
2. P. Eriksson *et al.*, "Neurogenesis in the Adult Human Hippocampus", *Nature Medicine*, vol. 4, núm. 11, 1998, pp. 1313-1317.
3. John Westfall, James Mold y Lyle Fagnan, "Practice-Based Research— 'Blue Highways' on the NIH Roadmap", *Journal of the American Medical Association*, vol. 297, núm. 4, 2007, pp. 403-406.
4. O. Rogowski *et al.*, "Waist Circumference as the Predominant Contributor to the Micro-Inflammatory Response in the Metabolic Syndrome: A Cross Sectional Study", *Journal of Inflammation*, vol. 26, 2010, p. 35.
5. NCD Risk Factor Collaboration, "Trends in Adult Body-Mass Index in 200 Countries from 1975 to 2014: A Pooled Analysis of 1698 Population-based Measurement Studies with 19.2 Million Participants", *Lancet*, vol. 387, núm. 10026, 2016, pp. 1377-1396.
6. Jeffrey Blumberg *et al.*, "Vitamin and Mineral Intake Is Inadequate for Most Americans: What Should We Advise Patients About Supplements?", suplemento del *Journal of Family Practice*, vol. 65, núm. 9, 2016, pp. S1-S8.

ALIMENTO GENIAL #1: ACEITE DE OLIVA EXTRA VIRGEN

1. Michael Hopkin, "Extra-Virgin Olive Oil Mimics Painkiller", *Nature*, 31 de agosto de 2005, http://www.nature.com/drugdisc/news/articles/0508 29-11.html.
2. A. Abuznait *et al.*, "Olive-Oil-Derived Oleocanthal Enhances B-Amyloid Clearance as a Potential Neuroprotective Mechanism against Alzheimer's Disease: In Vitro and In Vivo Studies", *ACS Chemical Neuroscience*, vol. 4, núm. 6, 2013, pp. 973-982.
3. E. H. Martínez-Lapiscina *et al.*, "Mediterranean Diet Improves Cognition: The PREDIMED-NAVARRA Randomised Trial", *Journal of Neurology, Neurosurgery, and Psychiatry*, vol. 84, núm. 12, 2013, pp. 1318-1325.
4. J. A. Menéndez *et al.*, "Analyzing Effects of Extra-Virgin Olive Oil Polyphenols on Breast Cancer-Associated Fatty Acid Synthase Protein Expression Using Reverse-Phase Protein Microarrays", *International Journal of Molecular Medicine*, vol. 22, núm. 4, 2008, pp. 433-439.

CAPÍTULO 2: GRASAS FABULOSAS Y ACEITES OMINOSOS

1. Antonio Gotto, Jr., "Evolving Concepts of Dyslipidemia, Atherosclerosis, and Cardiovascular Disease: The Louis F. Bishop Lecture", *Journal of the American College of Cardiology*, vol. 46, núm. 7, 2005, pp. 1219-1224.
2. Ian Leslie, "The Sugar Conspiracy", *Guardian*, 7 de abril de 2016, http://www.theguard ian.com/society/2016/apr/07/the-sugar-conspiracy-robert-lustig-john-yudkin?CMP=share_btn_tw.
3. Cristin Kearns, Laura Schmidt y Stanton Glantz, "Sugar Industry and Coronary Heart Disease Research: A Historical Analysis of Internal Industry Documents", *JAMA Internal Medicine*, vol. 176, núm. 11, 2016, pp. 1680-1685.
4. Anahad O'Connor, "Coca-Cola Funds Scientists Who Shift Blame for Obesity Away from Bad Diets", *New York Times*, 9 de agosto de 2015, https://well.blogs.nytimes.com/2015/08/09/coca-cola-funds-scientists-who-shift-blame-for-obesity-away-from-bad-diets/?_r=0.
5. L. Lluis *et al.*, "Protective Effect of the Omega-3 Polyunsaturated Fatty Acids: Eicosapentaenoic Acid/Docosahexaenoic Acid 1:1 Ratio on Cardiovascular Disease Risk Markers in Rats", *Lipids in Health and Disease*, vol. 12, núm. 140, 2013, p. 140.
6. Instituto Nacional del Cáncer, "Table 2. Food Sources of Total Omega 6 Fatty Acids (18:2 + 20:4), Listed in Descending Order by Percentages of Their Contribution to Intake, Based on Data from the National Health and Nutrition Examination Survey 2005–2006", https://epi.grants.cancer.gov/diet/foodsources/fatty_acids/table2.html.
7. K. Chen, M. Kazachkov y P. H. Yu, "Effect of Aldehydes Derived from Oxidative Deamination and Oxidative Stress on B-Amyloid Aggregation;

Pathological Implications to Alzheimer's Disease", *Journal of Neural Transmission*, vol. 114, 2007, pp. 835-839.

8. R. A. Vaishnav *et al.*, "Lipid Peroxidation-Derived Reactive Aldehydes Directly and Differentially Impair Spinal Cord and Brain Mitochondrial Function", *Journal of Neurotrauma*, vol. 27, núm. 7, 2010, pp. 1311-1320.

9. G. Spiteller y M. Afzal, "The Action of Peroxyl Radicals, Powerful Deleterious Reagents, Explains Why Neither Cholesterol nor Saturated Fatty Acids Cause Atherogenesis and Age-Related Diseases", *Chemistry*, vol. 20, núm. 46, 2014, pp. 14298-14345.

10. T. L. Blasbalg *et al.*, "Changes in Consumption of Omega-3 and Omega-6 Fatty Acids in the United States During the 20th Century", *American Journal of Clinical Nutrition*, vol. 93, núm. 5, 2011, pp. 950-962.

11. Sean O'Keefe *et al.*, "Levels of Trans Geometrical Isomers of Essential Fatty Acids in Some Unhydrogenated US Vegetable Oils", *Journal of Food Lipids*, vol. 1, núm. 3, 1994, pp. 165-176.

12. A. P. Simopoulos, "Evolutionary Aspects of Diet: The Omega-6/Omega-3 Ratio and the Brain", *Molecular Neurobiology*, vol. 44, núm. 2, 2011, pp. 203-215.

13. Janice Kiecolt-Glaser *et al.*, "Omega-3 Supplementation Lowers Inflammation and Anxiety in Medical Students: A Randomized Controlled Trial", *Brain, Behavior, and Immunity*, vol. 25, núm. 8, 2011, pp. 1725-1734.

14. Lon White *et al.*, "Prevalence of Dementia in Older Japanese-American Men in Hawaii: The Honolulu-Asia Aging Study", *Journal of the American Medical Association*, vol. 276, núm. 12, 1996, pp. 955-960.

15. D. S. Heron *et al.*, "Lipid Fluidity Markedly Modulates the Binding of Serotonin to Mouse Brain Membranes", *Proceedings of the National Academy of Sciences*, vol. 77, núm. 12, 1980, pp. 7463-7467.

16. A. Veronica Witte *et al.*, "Long-Chain Omega-3 Fatty Acids Improve Brain Function and Structure in Older Adults", *Cerebral Cortex*, vol. 24, núm. 11, 2014, pp. 3059-3068; Aaron T. Piepmeier y Jennifer L. Etnier, "Brain-Derived Neurotrophic Factor (BDNF) as a Potential Mechanism of the Effects of Acute Exercise on Cognitive Performance", *Journal of Sport and Health Science*, vol. 4, núm. 1, 2015, pp. 14-23.

17. Paul S. Aisen, "Serum Brain-Derived Neurotrophic Factor and the Risk for Dementia", *Journal of the American Medical Association*, vol. 311, núm. 16, 2014, pp. 1684-1685.

18. Bun-Hee Lee y Yong-Ku Kim, "The Roles of BDNF in the Pathophysiology of Major Depression and in Antidepressant Treatment", *Psychiatry Investigation*, vol. 7, núm. 4, 2010, pp. 231-235.

19. James V. Pottala *et al.*, "Higher RBC EPA + DHA Corresponds with Larger Total Brain and Hippocampal Volumes: WHIMS-MRI Study", *Neurology*, vol. 82, núm. 5, 2014, pp. 435-442.

20. Ellen Galinsky, "Executive Function Skills Predict Children's Success in Life and in School", *Huffington Post*, 21 de junio de 2012, http://www.huffingtonpost.com/ellen-galinsky/executive-function-skills_1_b_1613422.html.

21. Kelly Sheppard y Carol Cheatham, "Omega-6 to Omega-3 Fatty Acid Ratio and Higher-Order Cognitive Functions in 7- to 9-year-olds: A Cross-Sectional Study", *American Journal of Clinical Nutrition*, vol. 98, núm. 3, 2013, pp. 659-667.

22. M. H. Bloch y A. Qawasmi, "Omega-3 Fatty Acid Supplementation for the Treatment of Children with Attention-Deficit/Hyperactivity Disorder Symptomatology: Systematic Review and Meta-Analysis", *Journal of the American Academy of Child Adolescent Psychiatry*, vol. 50, núm. 10, 2011, pp. 991-1000; D. J. Bos *et al.*, "Reduced Symptoms of Inattention after Dietary Omega-3 Fatty Acid Supplementation in Boys with and without Attention Deficit/Hyperactivity Disorder", *Neuropsychopharmacology*, vol. 40, núm. 10, 2015, pp. 2298-2306.

23. Witte, "Long-Chain Omega-3 Fatty Acids".

24. G. Paul Amminger *et al.*, "Longer-Term Outcome in the Prevention of Psychotic Disorders by the Vienna Omega-3 Study", *Nature Communications*, vol. 6, 2015.

25. Christine Wendlinger y Walter Vetter, "High Concentrations of Furan Fatty Acids in Organic Butter Samples from the German Market", *Journal of Agricultural and Food Chemistry*, vol. 62, núm. 34, 2014, pp. 8740-8744.

26. D. F. Horrobin, "Loss of Delta-6-Desaturase Activity as a Key Factor in Aging", *Medical Hypotheses*, vol. 7, núm. 9, 1981, pp. 1211-1220.

27. Tamas Decsi y Kathy Kennedy, "Sex-Specific Differences in Essential Fatty Acid Metabolism", *American Journal of Clinical Nutrition*, vol. 94, núm. 6, 2011, pp. 1914S-1919S.

28. R. A. Mathias *et al.*, "Adaptive Evolution of the FADS Gene Cluster within Africa", *PLOS ONE*, vol. 7, núm. 9, 2012, p. e44926.

29. Y. Allouche *et al.*, "How Heating Affects Extra-Virgin Olive Oil Quality Indexes and Chemical Composition", *Journal of Agricultural and Food Chemistry*, vol. 55, núm. 23, 2007, pp. 9646-9654; S. Casal *et al.*, "Olive Oil Stability under Deep-Frying Conditions", *Food and Chemical Toxicology*, vol. 48, núm. 10, 2010, pp. 2972-2979.

30. Sara Staubo *et al.*, "Mediterranean Diet, Micronutrients and Macronutrients, and MRI Measures of Cortical Thickness", *Alzheimer's & Dementia*, vol. 13, núm. 2, 2017, pp. 168-177.

31. Cinta Valls-Pedret *et al.*, "Mediterranean Diet and Age-Related Cognitive Decline", *JAMA Internal Medicine*, vol. 175, núm. 7, 2015, pp. 1094-1103.

32. W. M. Fernando *et al.*, "The Role of Dietary Coconut for the Prevention and Treatment of Alzheimer's Disease: Potential Mechanisms of Action", *British Journal of Nutrition*, vol. 114, núm. 1, 2015, pp. 1-14; B. Jarmo-

lowska *et al.*, "Changes of Beta-Casomorphin Content in Human Milk During Lactation", *Peptides*, vol. 28, núm. 10, 2007, pp. 1982-1986.

33. Eurídice Martínez Steele *et al.*, "Ultra-Processed Foods and Added Sugars in the US Diet: Evidence from a Nationally Representative Cross-Sectional Study", *BMJ Open*, vol. 6, 2016.

34. Camille Amadieu *et al.*, "Nutrient Biomarker Patterns and Long-Term Risk of Dementia in Older Adults", *Alzheimer's & Dementia*, vol. 13, núm. 10, 2017.

35. Brittanie M. Volk *et al.*, "Effects of Step-wise Increases in Dietary Carbohydrate on Circulating Saturated Fatty Acids and Palmitoleic Acid in Adults with Metabolic Syndrome", *PLOS ONE*, vol. 9, núm. 11, 2014, p. e113605.

36. Cassandra Forsythe *et al.*, "Comparison of Low Fat and Low Carbohydrate Diets on Circulating Fatty Acid Composition and Markers of Inflammation", *Lipids*, vol. 43, núm. 1, 2008, pp. 65-77.

37. Felice Jacka *et al.*, "Western Diet Is Associated with a Smaller Hippocampus: A Longitudinal Investigation", *BMC Medicine*, vol. 13, 2015, p. 215.

38. A. Wu *et al.*, "A Saturated-Fat Diet Aggravates the Outcome of Traumatic Brain Injury on Hippocampal Plasticity and Cognitive Function by Reducing Brain-Derived Neurotrophic Factor", *Neuroscience*, vol. 119, núm. 2, 2003, pp. 365-75.

39. David DiSalvo, "How a High-Fat Diet Could Damage Your Brain", Forbes.com, 30 de noviembre de 2015, http://www.forbes.com/sites/daviddisalvo/2015/11/30/how-a-high-fat-diet-could-damage-your-brain/#2f78 4e59661c.

40. G. L. Bowman *et al.*, "Nutrient Biomarker Patterns, Cognitive Function, and MRI Measures of Brain Aging", *Neurology*, vol. 78, núm. 4, 2011.

41. Beatrice Golomb, "A Fat to Forget: Trans Fat Consumption and Memory", *PLOS ONE*, vol. 10, núm. 6, 2015.

42. Marta Zamroziewicz *et al.*, "Parahippocampal Cortex Mediates the Relationship between Lutein and Crystallized Intelligence in Healthy, Older Adults", *Frontiers in Aging Neuroscience*, vol. 8, 2016.

43. M. J. Brown *et al.*, "Carotenoid Bioavailability Is Higher from Salads Ingested with Full-Fat than with Fat-Reduced Salad Dressings as Measured with Electromechanical Detection", *American Journal of Clinical Nutrition*, vol. 80, núm. 2, 2004, pp. 396-403.

44. Amy Patterson Neubert, "Study: Top Salads with Eggs to Better Absorb Vegetables' Carotenoids", Universidad Purdue, 4 de junio de 2015, http://www.purdue.edu/newsroom/releases/2015/Q2/study-top-salads-with-eggs-to-better-absorb-vegetables-carotenoids-.html.

CAPÍTULO 3: SOBREALIMENTADO Y CON APETITO DE SOBRA

1. Loren Cordain *et al.*, "Plant-Animal Subsistence Ratios and Macronutrient Energy Estimations in Worldwide Hunter-Gatherer Diets", *American Journal of Clinical Nutrition*, vol. 71, núm. 3, 2000, pp. 682-692.
2. Steele, "Ultra-Processed Foods".
3. Blumberg, "Vitamin and Mineral Intake".
4. Lewis Killin *et al.*, "Environmental Risk Factors for Dementia: A Systematic Review", *BMC Geriatrics*, vol. 16, 2016, p. 175.
5. Universidad Creighton, "Recommendation for Vitamin D Intake Was Miscalculated, Is Far Too Low, Experts Say", ScienceDaily, 17 de marzo de 2015, https://www.sciencedaily.com/releases/2015/03/150317122458.htm.
6. A. Rosanoff, C. M. Weaver y R. K. Rude, "Suboptimal Magnesium Status in the United States: Are the Health Consequences Underestimated?", *Nutrition Review*, vol. 70, núm. 3, 2012, pp. 153-164.
7. Pauline Anderson, "Inflammatory Dietary Pattern Linked to Brain Aging", Medscape, 17 de julio de 2017, https://www.medscape.com/viewarticle/883038.
8. Timothy Lyons, "Glycation and Oxidation of Proteins: A Role in the Pathogenesis of Atherosclerosis", en *Drugs Affecting Lipid Metabolism*, Kluwer Academic Publishers, 1993, pp. 407-420.
9. J. Uribarri *et al.*, "Circulating Glycotoxins and Dietary Advanced Glycation Endproducts: Two Links to Inflammatory Response, Oxidative Stress, and Aging", *Journals of Gerontology, Series A: Biological Sciences and Medical Sciences*, vol. 62, núm. 4, 2007, pp. 427-433.
10. P. I. Moreira *et al.*, "Oxidative Stress and Neurodegeneration", *Annals of the New York Academy of Sciences*, vol. 1043, 2005, pp. 545-552.
11. N. Sasaki *et al.*, "Advanced Glycation End Products in Alzheimer's Disease and Other Neurodegenerative Diseases", *American Journal of Pathology*, vol. 153, núm. 4, 1998, pp. 1149-1155.
12. M. S. Beeri *et al.*, "Serum Concentration of an Inflammatory Glycotoxin, Methylglyoxal, Is Associated with Increased Cognitive Decline in Elderly Individuals", *Mechanisms of Ageing and Development*, vol. 132, núms. 11-12, 2011, pp. 583-587; K. Yaffe *et al.*, "Advanced Glycation End Product Level, Diabetes, and Accelerated Cognitive Aging", *Neurology*, vol. 77, núm. 14, 2011, pp. 1351-1356; Weijing Cai *et al.*, "Oral Glycotoxins Are a Modifiable Cause of Dementia and the Metabolic Syndrome in Mice and Humans", *Proceedings of the National Academy of Sciences*, vol. 111, núm. 13, 2014, pp. 4940-4945.
13. Academia Americana de Neurología, "Lower Blood Sugars May Be Good for the Brain", ScienceDaily, 23 de octubre de 2013, https://www.sciencedaily.com/releases/2013/10/131023165016.htm.
14. Academia Americana de Neurología, "Even in Normal Range, High Blood Sugar Linked to Brain Shrinkage", ScienceDaily, 4 de septiembre de 2012, https://www.sciencedaily.com/releases/2012/09/120904095856.htm.

15. Mark A. Virtue *et al.*, "Relationship between GHb Concentration and Erythrocyte Survival Determined from Breath Carbon Monoxide Concentration", *Diabetes Care*, vol. 27, núm. 4, 2004, pp. 931-935.

16. C. Luevano-Contreras y K. Chapman-Novakofski, "Dietary Advanced Glycation End Products and Aging", *Nutrients*, vol. 2, núm. 12, 2010, pp. 1247-1265.

17. S. Swamy-Mruthinti *et al.*, "Evidence of a Glycemic Threshold for the Development of Cataracts in Diabetic Rats", *Current Eye Research*, vol. 18, núm. 6, 1999, pp. 423-429.

18. N. G. Rowe *et al.*, "Diabetes, Fasting Blood Glucose and Age-Related Cataract: The Blue Mountains Eye Study", *Ophthalmic Epidemiology*, vol. 7, núm. 2, 2000, pp. 106-114.

19. M. Krajcovicova-Kudlackova *et al.*, "Advanced Glycation End Products and Nutrition", *Physiological Research*, vol. 51, núm. 2, 2002, pp. 313-316.

20. Nicole J. Kellow *et al.*, "Effect of Dietary Prebiotic Supplementation on Advanced Glycation, Insulin Resistance and Inflammatory Biomarkers in Adults with Pre-diabetes: A Study Protocol for a Double-Blind Placebo-Controlled Randomised Crossover Clinical Trial", *BMC Endocrine Disorders*, vol. 14, núm. 1, 2014, p. 55.

21. V. Lecoultre *et al.*, "Effects of Fructose and Glucose Overfeeding on Hepatic Insulin Sensitivity and Intrahepatic Lipids in Healthy Humans", *Obesity (Silver Spring)*, vol. 21, núm. 4, 2013, pp. 782-785.

22. Qingying Meng *et al.*, "Systems Nutrigenomics Reveals Brain Gene Networks Linking Metabolic and Brain Disorders", *EBioMedicine*, vol. 7, 2016, pp. 157-166.

23. Do-Geun Kim *et al.*, "Non-alcoholic Fatty Liver Disease Induces Signs of Alzheimer's Disease (AD) in Wild-Type Mice and Accelerates Pathological Signs of AD in an AD Model", *Journal of Neuroinflammation*, vol. 13, 2016.

24. M. Ledochowski *et al.*, "Fructose Malabsorption Is Associated with Decreased Plasma Tryptophan", *Scandinavian Journal of Gastroenterology*, vol. 36, núm. 4, 2001, pp. 367-371.

25. M. Ledochowski *et al.*, "Fructose Malabsorption Is Associated with Early Signs of Mental Depression", *European Journal of Medical Research*, vol. 17, núm. 3, 1998, pp. 295-298.

26. Shannon L. Macauley *et al.*, "Hyperglycemia Modulates Extracellular Amyloid-β Concentrations and Neuronal Activity in Vivo", *Journal of Clinical Investigation*, vol. 125, núm. 6, 2015, p. 2463.

27. Paul K. Crane *et al.*, "Glucose Levels and Risk of Dementia", *New England Journal of Medicine*, vol. 2013, núm. 369, 2013, pp. 540-548.

28. Derrick Johnston Alperet *et al.*, "Influence of Temperate, Subtropical, and Tropical Fruit Consumption on Risk of Type 2 Diabetes in an Asian Population", *American Journal of Clinical Nutrition*, vol. 105, núm. 3, 2017.

29. Y. Gu *et al.*, "Mediterranean Diet and Brain Structure in a Multiethnic Elderly Cohort", *Neurology*, vol. 85, núm. 20, 2015, pp. 1744-1751.

30. Staubo, "Mediterranean Diet".
31. E. E. Devore *et al.*, "Dietary Intakes of Berries and Flavonoids in Relation to Cognitive Decline", *Annals of Neurology*, vol. 72, núm. 1, 2012, pp. 135-143.
32. Martha Clare Morris *et al.*, "MIND Diet Associated with Reduced Incidence of Alzheimer's Disease", *Alzheimer's & Dementia*, vol. 11, núm. 9, 2015, pp. 1007-1014.
33. O'Connor, "Coca-Cola Funds Scientists".
34. Christopher J. L. Murray *et al.*, "The State of US Health, 1990–2010: Burden of Diseases, Injuries, and Risk Factors", *Journal of the American Medical Association*, vol. 310, núm. 6, 2013, pp. 591-606.
35. Susan Jones, "11,774 Terror Attacks Worldwide in 2015; 28,328 Deaths Due to Terror Attacks", CNSNews.com, 3 de junio de 2016, http://www.cnsnews.com/news/article/susan-jones/11774-number-terror-attacks-worldwide-dropped-13-2015.
36. Robert Proctor, "The History of the Discovery of the Cigarette–Lung Cancer Link: Evidentiary Traditions, Corporate Denial, Global Toll", *Tobacco Control*, vol. 21, núm. 2, 2011, pp. 87-91.

ALIMENTO GENIAL #3: MORAS AZULES

1. C. M. Williams *et al.*, "Blueberry-Induced Changes in Spatial Working Memory Correlate with Changes in Hippocampal CREB Phosphorylation and Brain-Derived Neurotrophic Factor (BDNF) Levels", *Free Radical Biological Medicine*, vol. 45, núm. 3, 2008, pp. 295-305.
2. R. Krikorian *et al.*, "Blueberry Supplementation Improves Memory in Older Adults", *Journal of Agricultural Food Chemistry*, vol. 58, núm. 7, 2010, pp. 3996-4000.
3. Elizabeth Devore *et al.*, "Dietary Intakes of Berries and Flavonoids in Relation to Cognitive Decline", *Annals of Neurology*, vol. 72, núm. 1, 2012, pp. 135-143.
4. M. C. Morris *et al.*, "MIND Diet Slows Cognitive Decline with Aging", *Alzheimer's & Dementia*, vol. 11, núm. 9, 2015, pp. 1015-1022.

CAPÍTULO 4: SE ACERCA EL INVIERNO (PARA TU CEREBRO)

1. K. de Punder y L. Pruimboom, "The Dietary Intake of Wheat and Other Cereal Grains and Their Role in Inflammation", *Nutrients*, vol. 5, núm. 3, 2013, pp. 771-787.
2. *Idem.*
3. J. R. Kraft y W. H. Wehrmacher, "Diabetes—A Silent Disorder", *Comprehensive Therapy*, vol. 35, núms. 3-4, 2009, pp. 155-159.

4. Jean-Sebastien Joyal et al., "Retinal Lipid and Glucose Metabolism Dictates Angiogenesis through the Lipid Sensor Ffar1", *Nature Medicine*, vol. 22, núm. 4, 2016, pp. 439-445.

5. Chung-Jung Chiu et al., "Dietary Carbohydrate and the Progression of Age-Related Macular Degeneration: A Prospective Study from the Age-Related Eye Disease Study", *American Journal of Clinical Nutrition*, vol. 86, núm. 4, 2007, pp. 1210-1218.

6. Matthew Harber et al., "Alterations in Carbohydrate Metabolism in Response to Short-Term Dietary Carbohydrate Restriction", *American Journal of Physiology—Endocrinology and Metabolism*, vol. 289, núm. 2, 2005, pp. E306-312.

7. Brian Morris et al., "FOXO3: A Major Gene for Human Longevity—A Mini-Review", *Gerontology*, vol. 61, núm. 6, 2015, pp. 515-525.

8. *Idem.*

9. Valerie Renault et al., "FOXO3 Regulates Neural Stem Cell Homeostasis", *Cell Stem Cell*, vol. 5, 2009, pp. 527-539.

10. J. M. Bao et al., "Association between FOXO3A Gene Polymorphisms and Human Longevity: A Meta-Analysis", *Asian Journal of Andrology*, vol. 16, núm. 3, 2014, pp. 446-452.

11. Brian Morris, "FOXO3: A Major Gene for Human Longevity".

12. Catherine Crofts et al., "Hyperinsulinemia: A Unifying Theory of Chronic Disease?", *Diabesity*, vol. 1, núm. 4, 2015, pp. 34-43.

13. W. Q. Qui et al., "Insulin-Degrading Enzyme Regulates Extracellular Levels of Amyloid Beta-Protein by Degradation", *Journal of Biological Chemistry*, vol. 273, núm. 49, 1998, pp. 32730-32738.

14. Y. M. Li y D. W. Dickson, "Enhanced Binding of Advanced Glycation Endproducts (AGE) by the ApoE4 Isoform Links the Mechanism of Plaque Deposition in Alzheimer's Disease", *Neuroscience Letters*, vol. 226, núm. 3, 1997, pp. 155-158.

15. Auriel Willette et al., "Insulin Resistance Predicts Brain Amyloid Deposition in Late Middle-Aged Adults", *Alzheimer's & Dementia*, vol. 11, núm. 5, 2015, pp. 504-510.

16. L. P. van der Heide et al., "Insulin Modulates Hippocampal Activity-Dependent Synaptic Plasticity in a N-Methyl-D-Aspartate Receptor and Phosphatidyl-Inositol-3-Kinase-Dependent Manner", *Journal of Neurochemistry*, vol. 94, núm. 4, 2005, pp. 1158-1166.

17. H. Bruehl et al., "Cognitive Impairment in Nondiabetic Middle-Aged and Older Adults Is Associated with Insulin Resistance", *Journal of Clinical and Experimental Neuropsychology*, vol. 32, núm. 5, 2010, pp. 487-493.

18. Kaarin Anstey et al., "Association of Cognitive Function with Glucose Tolerance and Trajectories of Glucose Tolerance over 12 Years in the Aus-Diab Study", *Alzheimer's Research & Therapy*, vol. 7, núm. 1, 2015, p. 48; S. E. Young, A. G. Mainous III y M. Carnemolla, "Hyperinsulinemia and Cognitive Decline in a Middle-Aged Cohort", *Diabetes Care*, vol. 29, núm. 12, 2006, pp. 2688-2693.

19. B. Kim y E. L. Feldman, "Insulin Resistance as a Key Link for the Increased Risk of Cognitive Impairment in the Metabolic Syndrome", *Exploratory Molecular Medicine*, vol. 47, 2015, p. e149.

20. Dimitrios Kapogiannis *et al.*, "Dysfunctionally Phosphorylated Type 1 Insulin Receptor Substrate in Neural-Derived Blood Exosomes of Preclinical Alzheimer's Disease", *FASEB Journal*, vol. 29, núm. 2, 2015, pp. 589-596.

21. G. Collier y K. O'Dea, "The Effect of Coingestion of Fat on the Glucose, Insulin, and Gastric Inhibitory Polypeptide Responses to Carbohydrate and Protein", *American Journal of Clinical Nutrition*, vol. 37, núm. 6, 1983, pp. 941-944.

22. Sylvie Normand *et al.*, "Influence of Dietary Fat on Postprandial Glucose Metabolism (Exogenous and Endogenous) Using Intrinsically C-Enriched Durum Wheat", *British Journal of Nutrition*, vol. 86, núm. 1, 2001, pp. 3-11.

23. M. Sorensen *et al.*, "Long-Term Exposure to Road Traffic Noise and Incident Diabetes: A Cohort Study", *Environmental Health Perspectives*, vol. 121, núm. 2, 2013, pp. 217-222.

24. R. H. Freire *et al.*, "Wheat Gluten Intake Increases Weight Gain and Adiposity Associated with Reduced Thermogenesis and Energy Expenditure in an Animal Model of Obesity", *International Journal of Obesity*, vol. 40, núm. 3, 2016, pp. 479-487; Fabíola Lacerda Pires Soares *et al.*, "Gluten-Free Diet Reduces Adiposity, Inflammation and Insulin Resistance Associated with the Induction of PPAR-Alpha and PPAR-Gamma Expression", *Journal of Nutritional Biochemistry*, vol. 24, núm. 6, 2013, pp. 1105-1111.

25. Thi Loan Anh Nguyen *et al.*, "How Informative Is the Mouse for Human Gut Microbiota Research?", *Disease Models & Mechanisms*, vol. 8, núm. 1, 2015, pp. 1-16.

26. Matthew S. Tryon *et al.*, "Excessive Sugar Consumption May Be a Difficult Habit to Break: A View from the Brain and Body", *Journal of Clinical Endocrinology & Metabolism*, vol. 100, núm. 6, 2015, pp. 2239-2247.

27. Marcia de Oliveira Otto *et al.*, "Everything in Moderation—Dietary Diversity and Quality, Central Obesity and Risk of Diabetes", *PLOS ONE*, vol. 10, núm. 10, 2015.

28. Sarah A. M. Kelly *et al.*, "Whole Grain Cereals for the Primary or Secondary Prevention of Cardiovascular Disease", *The Cochrane Library*, 2017.

ALIMENTO GENIAL #4: CHOCOLATE AMARGO

1. Adam Brickman *et al.*, "Enhancing Dentate Gyrus Function with Dietary Flavanols Improves Cognition in Older Adults", *Nature Neuroscience*, vol. 17, núm. 12, 2014, pp. 1798-1803.

2. Georgina Crichton, Merrill Elias y Ala'a Alkerwi, "Chocolate Intake Is Associated with Better Cognitive Function: The Maine-Syracuse Longitudinal Study", *Appetite*, vol. 100, 2016, pp. 126-132.

CAPÍTULO 5: CORAZÓN SALUDABLE, CEREBRO SALUDABLE

1. M. L. Alosco *et al.*, "The Adverse Effects of Reduced Cerebral Perfusion on Cognition and Brain Structure in Older Adults with Cardiovascular Disease", *Brain Behavior*, vol. 3, núm. 6, 2013, pp. 626-636.
2. P. W. Siri-Tarino *et al.*, "Meta-Analysis of Prospective Cohort Studies Evaluating the Association of Saturated Fat with Cardiovascular Disease", *American Journal of Clinical Nutrition*, vol. 91, núm. 3, 2010, pp. 535-546.
3. I. D. Frantz, Jr. *et al.*, "Test of Effect of Lipid Lowering by Diet on Cardiovascular Risk. The Minnesota Coronary Survey", *Arteriosclerosis*, vol. 9, núm. 1, 1989, pp. 129-135.
4. Christopher Ramsden *et al.*, "Re-evaluation of the Traditional Diet-Heart Hypothesis: Analysis of Recovered Data from Minnesota Coronary Experiment (1968–73)", *BMJ*, vol. 353, 2016; Anahad O'Connor, "A Decades-Old Study, Rediscovered, Challenges Advice on Saturated Fat", *New York Times*, 13 de abril de 2016, https://well.blogs.nytimes.com/2016/04/ 13/a-decades-old-study-rediscovered-challenges-advice-on-saturated-fat/.
5. Matthias Orth y Stefano Bellosta, "Cholesterol: Its Regulation and Role in Central Nervous System Disorders", *Cholesterol*, 2012.
6. P. K. Elias *et al.*, "Serum Cholesterol and Cognitive Performance in the Framingham Heart Study", *Psychosomatic Medicine*, vol. 67, núm. 1, 2005, pp. 24-30.
7. R. West *et al.*, "Better Memory Functioning Associated with Higher Total and Low-Density Lipoprotein Cholesterol Levels in Very Elderly Subjects without the Apolipoprotein e4 Allele", *American Journal of Geriatric Psychiatry*, vol. 16, núm. 9, 2008, pp. 781-785.
8. B. G. Schreurs, "The Effects of Cholesterol on Learning and Memory", *Neuroscience & Biobehavioral Reviews*, vol. 34, núm. 8, 2010, pp. 1366-1379; M. M. Mielke *et al.*, "High Total Cholesterol Levels in Late Life Associated with a Reduced Risk of Dementia", *Neurology*, vol. 64, núm. 10, 2005, pp. 1689-1695.
9. Credit Suisse, "Credit Suisse Publishers Report on Evolving Consumer Perceptions about Fat", PR Newswire, 17 de septiembre de 2015, http:// www.prnewswire.com/news-releases/credit-suisse-publishes-report-on-evolving-consumer-perceptions-about-fat-300144839.html.
10. Marja-Leena Silaste *et al.*, "Changes in Dietary Fat Intake Alter Plasma Levels of Oxidized Low-Density Lipoprotein and Lipoprotein(a)", *Arteriosclerosis, Thrombosis, and Vascular Biology*, vol. 24, núm. 3, 2004, pp. 495-503.

11. Patty W. Siri-Tarino *et al.*, "Saturated Fatty Acids and Risk of Coronary Heart Disease: Modulation by Replacement Nutrients", *Current Atherosclerosis Reports*, vol. 12, núm. 6, 2010, pp. 384-390.
12. V. A. Mustad *et al.*, "Reducing Saturated Fat Intake Is Associated with Increased Levels of LDL Receptors on Mononuclear Cells in Healthy Men and Women", *Journal of Lipid Research*, vol. 38, núm. 3, marzo, 1997, pp. 459-468.
13. L. Li *et al.*, "Oxidative LDL Modification Is Increased in Vascular Dementia and Is Inversely Associated with Cognitive Performance", *Free Radical Research*, vol. 44, núm. 3, 2010, pp. 241-248.
14. Steen G. Hasselbalch *et al.*, "Changes in Cerebral Blood Flow and Carbohydrate Metabolism during Acute Hyperketonemia", *American Journal of Physiology—Endocrinology and Metabolism*, vol. 270, núm. 5, 1996, pp. E746-751.
15. E. L. Wightman *et al.*, "Dietary Nitrate Modulates Cerebral Blood Flow Parameters and Cognitive Performance in Humans: A Double-Blind, Placebo-Controlled, Crossover Investigation", *Physiological Behavior*, vol. 149, 2015, pp. 149-158.
16. Riaz Memon *et al.*, "Infection and Inflammation Induce LDL Oxidation In Vivo", *Arteriosclerosis, Thrombosis, and Vascular Biology*, vol. 20, 2000, pp. 1536-1542.
17. A. C. Vreugdenhil *et al.*, "LPS-Binding Protein Circulates in Association with ApoB-Containing Lipoproteins and Enhances Endotoxin-LDL/VLDL Interaction", *Journal of Clinical Investigation*, vol. 107, núm. 2, 2001, pp. 225-234.
18. B. M. Charalambous *et al.*, "Role of Bacterial Endotoxin in Chronic Heart Failure: The Gut of the Matter", *Shock*, vol. 28, núm. 1, 2007, pp. 15-23.
19. Stephen Bischoff *et al.*, "Intestinal Permeability—A New Target for Disease Prevention and Therapy", *BMC Gastroenterology*, vol. 14, 2014, p. 189.
20. C. U. Choi *et al.*, "Statins Do Not Decrease Small, Dense Low-Density Lipoprotein", *Texas Heart Institute Journal*, vol. 37, núm. 4, 2010, pp. 421-428.
21. Melinda Wenner Moyer, "It's Not Dementia, It's Your Heart Medication: Cholesterol Drugs and Memory", *Scientific American*, 1° de septiembre de 2010, https://www.scientificamerican.com/article/its-not-dementia-its-your-heart-medication/.
22. "Coenzyme Q10", Instituto Linus Pauling-Centro de Información de Macronutrientes, Universidad de Oregon, http://lpi.oregonstate.edu/mic/dietary-factors/coenzyme-Q10.
23. I. Mansi *et al.*, "Statins and New-Onset Diabetes Mellitus and Diabetic Complications: A Retrospective Cohort Study of US Healthy Adults", *Journal of General Internal Medicine*, vol. 30, núm. 11, 2015, pp. 1599-1610.

24. Shannon Macauley *et al.*, "Hyperglycemia Modulates Extracellular Amyloid-B Concentrations and Neuronal Activity In Vivo", *Journal of Clinical Investigation*, vol. 125, núm. 6, 2015, pp. 2463-2467.

ALIMENTO GENIAL #5: HUEVOS

1. C. N. Blesso *et al.*, "Whole Egg Consumption Improves Lipoprotein Profiles and Insulin Sensitivity to a Greater Extent than Yolk-Free Egg Substitute in Individuals with Metabolic Syndrome", *Metabolism*, vol. 62, núm. 3, 2013, pp. 400-410.
2. Garry Handelman *et al.*, "Lutein and Zeaxanthin Concentrations in Plasma after Dietary Supplementation with Egg Yolk", *American Journal of Clinical Nutrition*, vol. 70, núm. 2, 1999, pp. 247-251.

CAPÍTULO 6: ALIMENTA TU CEREBRO

1. L. Kovac, "The 20 W Sleep-Walkers", *EMBO Reports*, vol. 11, núm. 1, 2010, p. 2.
2. NCD Risk Factor Collaboration, "Trends in Adult Body-Mass Index".
3. Instituto para Ciencias Básicas, "Team Suppresses Oxidative Stress, Neuronal Death Associated with Alzheimer's Disease", ScienceDaily, 25 de febrero de 2016, https://www.sciencedaily.com/releases/2016/02/160225 085645.htm.
4. J. Ezaki *et al.*, "Liver Autophagy Contributes to the Maintenance of Blood Glucose and Amino Acid Levels", *Autophagy*, vol. 7, núm. 7, 2011, pp. 727-736.
5. H. White y B. Venkatesh, "Clinical Review: Ketones and Brain Injury", *Critical Care*, vol. 15, núm. 2, 2011, p. 219.
6. R. L. Veech *et al.*, "Ketone Bodies, Potential Therapeutic Uses", *IUBMB Life*, vol. 51, núm. 4, 2001, pp. 241-247.
7. S. G. Jarrett *et al.*, "The Ketogenic Diet Increases Mitochondrial Glutathione Levels", *Journal of Neurochemistry*, vol. 106, núm. 3, 2008, pp. 1044-1051.
8. Sama Sleiman *et al.*, "Exercise Promotes the Expression of Brain Derived Neurotrophic Factor (BDNF) through the Action of the Ketone Body β-Hydroxybutyrate", *Cell Biology*, 2016.
9. Hasselbalch, "Changes in Cerebral Blood Flow".
10. Jean-Jacques Hublin y Michael P. Richards (eds.), *The Evolution of Hominin Diets: Integrating Approaches to the Study of Paleolithic Subsistence*, Springer Science & Business Media, 2009.
11. S. T. Henderson, "Ketone Bodies as a Therapeutic for Alzheimer's Disease", *Neurotherapeutics*, vol. 5, núm. 3, 2008, pp. 470-480.

12. S. Brandhorst *et al.*, "A Periodic Diet that Mimics Fasting Promotes Multi-System Regeneration, Enhanced Cognitive Performance, and Healthspan", *Cell Metabolism*, vol. 22, núm. 1, 2016, pp. 86-99.

13. Caroline Rae *et al.*, "Oral Creatine Monohydrate Supplementation Improves Brain Performance: A Double-Blind, Placebo-Controlled, Cross-over Trial", *Proceedings of the Royal Society of London B: Biological Sciences*, vol. 270, núm. 1529, 2003, pp. 2147-2150.

14. J. Delanghe *et al.*, "Normal Reference Values for Creatine, Creatinine, and Carnitine Are Lower in Vegetarians", *Clinical Chemistry*, vol. 35, núm. 8, 1989, pp. 1802-1803.

15. Rafael Deminice *et al.*, "Creatine Supplementation Reduces Increased Homocysteine Concentration Induced by Acute Exercise in Rats", *European Journal of Applied Physiology*, vol. 111, núm. 11, 2011, pp. 2663-2670.

16. David Benton y Rachel Donohoe, "The Influence of Creatine Supplementation on the Cognitive Functioning of Vegetarians and Omnivores", *British Journal of Nutrition*, vol. 105, núm. 7, 2011, pp. 1100-1105.

17. Rachel N. Smith, Amruta S. Agharkar y Eric B. Gonzáles, "A Review of Creatine Supplementation in Age-Related Diseases: More than a Supplement for Athletes", *F1000Research*, vol. 3, 2014.

18. Terry McMorris *et al.*, "Creatine Supplementation and Cognitive Performance in Elderly Individuals", *Aging, Neuropsychology, and Cognition*, vol. 14, núm. 5, 2007, pp. 517-528.

19. M. P. Laakso *et al.*, "Decreased Brain Creatine Levels in Elderly Apolipoprotein E ε4 Carriers", *Journal of Neural Transmission*, vol. 110, núm. 3, 2003, pp. 267-275.

20. A. L. Rogovik y R. D. Goldman, "Ketogenic Diet for Treatment of Epilepsy", *Canadian Family Physician*, vol. 56, núm. 6, 2010, pp. 540-542.

21. Zhong Zhao *et al.*, "A Ketogenic Diet as a Potential Novel Therapeutic Intervention in Amyotrophic Lateral Sclerosis", *BMC Neuroscience*, vol. 7, núm. 29, 2006.

22. R. Krikorian *et al.*, "Dietary Ketosis Enhances Memory in Mild Cognitive Impairment", *Neurobiology of Aging*, vol. 425, núm. 2, 2012, pp. 425e19-425e27; Matthew Taylor *et al.*, "Feasibility and efficacy data from a ketogenic diet intervention in Alzheimer's disease", *Alzheimer's & Dementia: Translational Research and Clinical Interventions*, 2017.

23. S. Djiogue *et al.*, "Insulin Resistance and Cancer: The Role of Insulin and IGFs", *Endocrine-Related Cancer*, vol. 20, núm. 1, 2013, pp. R1-17.

24. Harber, "Alterations in Carbohydrate Metabolism".

25. Heikki Pentikäinen *et al.*, "Muscle Strength and Cognition in Ageing Men and Women: The DR's EXTRA Study", *European Geriatric Medicine*, vol. 8, 2017.

26. Henderson, "Ketone Bodies as a Therapeutic".

27. E. M. Reiman *et al.*, "Functional Brain Abnormalities in Young Adults at Genetic Risk for Late-Onset Alzheimer's Dementia", *Proceedings of the National Academy of Sciences USA*, vol. 101, núm. 1, 2004, pp. 284-289.

28. S. T. Henderson, "High Carbohydrate Diets and Alzheimer's Disease", *Medical Hypotheses*, vol. 62, núm. 5, 2004, pp. 689-700.

29. Hugh C. Hendrie *et al.*, "APOE ε4 and the Risk for Alzheimer Disease and Cognitive Decline in African Americans and Yoruba", *International Psychogeriatrics*, vol. 26, núm. 6, 2014, pp. 977-985.

30. Henderson, "High Carbohydrate Diets".

31. Konrad Talbot *et al.*, "Demonstrated Brain Insulin Resistance in Alzheimer's Disease Patients Is Associated with IGF-1 Resistance, IRS-1 Dysregulation, and Cognitive Decline", *Journal of Clinical Investigation*, vol. 122, núm. 4, 2012.

32. Dale E. Bredesen, "Reversal of Cognitive Decline: A Novel Therapeutic Program", *Aging*, vol. 6, núm. 9, 2014, p. 707.

33. S. C. Cunnane *et al.*, "Can Ketones Help Rescue Brain Fuel Supply in Later Life? Implications for Cognitive Health during Aging and the Treatment of Alzheimer's Disease", *Frontiers in Molecular Neuroscience*, vol. 9, 2016, pp. 53.

34. M. Gasior, M. A. Rogawski y A. L. Hartman, "Neuroprotective and Disease-Modifying Effects of the Ketogenic Diet", *Behavioral Pharmacology*, vol. 17, núms. 5-6, 2006, pp. 431-439.

35. S. L. Kesl *et al.*, "Effects of Exogenous Ketone Supplementation on Blood Ketone, Glucose, Triglyceride, and Lipoprotein Levels in Sprague-Dawley Rats", *Nutrition & Metabolism London*, vol. 13, 2016, p. 9.

36. W. Zhao *et al.*, "Caprylic Triglyceride as a Novel Therapeutic Approach to Effectively Improve the Performance and Attenuate the Symptoms Due to the Motor Neuron Loss in ALS Disease", *PLOS ONE*, vol. 7, núm. 11, 2012, p. e49191.

37. D. Mungas *et al.*, "Dietary Preference for Sweet Foods in Patients with Dementia", *Journal of the American Geriatric Society*, vol. 38, núm. 9, 1990, pp. 999-1007.

38. M. A. Reger *et al.*, "Effects of Beta-Hydroxybutyrate on Cognition in Memory- Impaired Adults", *Neurobiology of Aging*, vol. 25, núm. 3, 2004, pp. 311-314.

Alimento genial #6: Carne de ternera de libre pastoreo

1. Janet R. Hunt, "Bioavailability of Iron, Zinc, and Other Trace Minerals from Vegetarian Diets", *American Journal of Clinical Nutrition*, vol. 78, núm. 3, 2003, pp. 633S-639S.

2. Felice N. Jacka *et al.*, "Red Meat Consumption and Mood and Anxiety Disorders", *Psychotherapy and Psychosomatics*, vol. 81, núm. 3, 2012, pp. 196-198.

3. Charlotte G. Neumann *et al.*, "Meat Supplementation Improves Growth, Cognitive, and Behavioral Outcomes in Kenyan Children", *Journal of Nutrition*, vol. 137, núm. 4, 2007, pp. 1119-1123.

4. Shannon P. McPherron *et al.*, "Evidence for Stone-Tool-Assisted Consumption of Animal Tissues before 3.39 Million Years Ago at Dikika, Ethiopia", *Nature*, vol. 466, núm. 7308, 2010, pp. 857-860.

5. M. Gibis, "Effect of Oil Marinades with Garlic, Onion, and Lemon Juice on the Formation of Heterocyclic Aromatic Amines in Fried Beef Patties", *Journal of Agricultural Food Chemistry*, vol. 55, núm. 25, 2007, pp. 10240-10247.

6. Wataru Yamadera *et al.*, "Glycine Ingestion Improves Subjective Sleep Quality in Human Volunteers, Correlating with Polysomnographic Changes", *Sleep and Biological Rhythms*, vol. 5, núm. 2, 2007, pp. 126-131; Makoto Bannai *et al.*, "Oral Administration of Glycine Increases Extracellular Serotonin but Not Dopamine in the Prefrontal Cortex of Rats", *Psychiatry and Clinical Neurosciences*, vol. 65, núm. 2, 2011, pp. 142-149.

CAPÍTULO 7: HAZLE CASO A TU INTESTINO

1. Camilla Urbaniak *et al.*, "Microbiota of Human Breast Tissue", *Applied and Environmental Microbiology*, vol. 80, núm. 10, 2014, pp. 3007-3014.

2. Sociedad Americana de Microbiología, "Cities Have Individual Microbial Signatures", ScienceDaily, 19 de abril de 2016, https://www.sciencedaily.com/releases/2016/04/160419144724.htm.

3. Ron Sender, Shai Fuchs y Ron Milo, "Revised Estimates for the Number of Human and Bacteria Cells in the Body", *PLOS Biology*, vol. 14, núm. 8, 2016, p. e1002533.

4. Mark Bowden, "The Measured Man", *Atlantic*, 19 de febrero de 2014, https://www.theatlantic.com/magazine/archive/2012/07/the-measured-man/309018/.

5. Robert A. Koeth *et al.*, "Intestinal Microbiota Metabolism of L-Carnitine, a Nutrient in Red Meat, Promotes Atherosclerosis", *Nature Medicine*, vol. 19, núm. 5, 2013, pp. 576-585.

6. Jeff Leach, "From Meat to Microbes to Main Street: Is It Time to Trade In Your George Foreman Grill?", Human Food Project, 18 de abril de 2013, http://www.humanfoodproject.com/from-meat-to-microbes-to-main-street-is-it-time-to-trade-in-your-george-foreman-grill/.

7. Francesca De Filippis *et al.*, "High-Level Adherence to a Mediterranean Diet Beneficially Impacts the Gut Microbiota and Associated Metabolome", *Gut*, vol. 65, núm. 11, 2015.

8. Roberto Berni Canani, Margherita Di Costanzo y Ludovica Leone, "The Epigenetic Effects of Butyrate: Potential Therapeutic Implications for Clinical Practice", *Clinical Epigenetics*, vol. 4, núm. 1, 2012, p. 4.

9. K. Meijer, P. de Vos y M. G. Priebe, "Butyrate and Other Short-Chain Fatty Acids as Modulators of Immunity: What Relevance for Health?", *Current*

Opinion in Clinical Nutrition & Metabolic Care, vol. 13, núm. 6, 2010, pp. 715-721.

10. A. L. Marsland *et al.*, "Interleukin-6 Covaries Inversely with Cognitive Performance among Middle-Aged Community Volunteers", *Psychosomatic Medicine*, vol. 68, núm. 6, 2006, pp. 895-903.

11. Yasumichi Arai *et al.*, "Inflammation, but Not Telomere Length, Predicts Successful Ageing at Extreme Old Age: A Longitudinal Study of Semi-supercentenarians", *EBio-Medicine*, vol. 2, núm. 10, 2015, pp. 1549-1558.

12. Christopher J. L. Murray *et al.*, "Global, Regional, and National Disability-Adjusted Life Years (DALYS) for 306 Diseases and Injuries and Healthy Life Expectancy (HALE) for 188 Countries, 1990-2013: Quantifying the Epidemiological Transition", *Lancet*, vol. 386, núm. 10009, 2015, pp. 2145-2191.

13. Bamini Gopinath *et al.*, "Association between Carbohydrate Nutrition and Successful Aging over 10 Years", *Journals of Gerontology*, vol. 71, núm. 10, 2016, pp. 1335-1340.

14. H. Okada *et al.*, "The 'Hygiene Hypothesis' for Autoimmune and Allergic Diseases: An Update", *Clinical & Experimental Immunology*, vol. 160, núm. 1, 2010, pp. 1-9.

15. S. Y. Kim *et al.*, "Differential Expression of Multiple Transglutaminases in Human Brain. Increased Expression and Cross-Linking by Transglutaminases 1 and 2 in Alzheimer's Disease", *Journal of Biological Chemistry*, vol. 274, núm. 43, 1999, pp. 30715-30721; G. Andringa *et al.*, "Tissue Transglutaminase Catalyzes the Formation of Alpha-Synuclein Crosslinks in Parkinson's Disease", *FASEB Journal*, vol. 18, núm. 7, 2004, pp. 932-934; A. Gadoth *et al.*, "Transglutaminase 6 Antibodies in the Serum of Patients with Amyotrophic Lateral Sclerosis", *JAMA Neurology*, vol. 72, núm. 6, 2015, pp. 676-681.

16. C. L. Ch'ng *et al.*, "Prospective Screening for Coeliac Disease in Patients with Graves' Hyperthyroidism Using Anti-gliadin and Tissue Transglutaminase Antibodies", *Clinical Endocrinology Oxford*, vol. 62, núm. 3, 2005, pp. 303-306.

17. Clare Wotton y Michael Goldacre, "Associations between Specific Autoimmune Diseases and Subsequent Dementia: Retrospective Record-Linkage Cohort Study, UK", *Journal of Epidemiology & Community Health*, vol. 71, núm. 6, 2017.

18. C. L. Ch'ng, M. K. Jones y J. G. Kingham, "Celiac Disease and Autoimmune Thyroid Disease", *Clinical Medicine Research*, vol. 5, núm. 3, 2007, pp. 184-192.

19. Julia Bollrath y Fiona Powrie, "Feed Your Tregs More Fiber", *Science*, vol. 341, núm. 6145, 2013, pp. 463-464.

20. Paola Bressan y Peter Kramer, "Bread and Other Edible Agents of Mental Disease", *Frontiers in Human Neuroscience*, vol. 10, 2016.

21. Alessio Fasano, "Zonulin, Regulation of Tight Junctions, and Autoimmune Diseases", *Annals of the New York Academy of Sciences*, vol. 1258, núm. 1, 2012, pp. 25-33.

22. R. Dantzer *et al.*, "From Inflammation to Sickness and Depression: When the Immune System Subjugates the Brain", *Nature Reviews Neuroscience*, vol. 9, núm. 1, 2008, pp. 46-56.

23. A. H. Miller, V. Maletic y C. L. Raison, "Inflammation and Its Discontents: The Role of Cytokines in the Pathophysiology of Major Depression", *Biological Psychiatry*, vol. 65, núm. 9, 2009, pp. 732-741.

24. "Depression", Organización Mundial de la Salud, febrero de 2017, http://www.who.int/mediacentre/factsheets/fs369/en/.

25. Alessio Fasano, "Zonulin and Its Regulation of Intestinal Barrier Function: The Biological Door to Inflammation, Autoimmunity, and Cancer", *Physiological Reviews*, vol. 91, núm. 1, 2011, pp. 151-175; E. Lionetti *et al.*, "Gluten Psychosis: Confirmation of a New Clinical Entity", *Nutrients*, vol. 7, núm. 7, 2015, pp. 5532-5539.

26. Melanie Uhde *et al.*, "Intestinal Cell Damage and Systemic Immune Activation in Individuals Reporting Sensitivity to Wheat in the Absence of Coeliac Disease", *Gut*, vol. 65, núm. 12, 2016.

27. Blaise Corthésy, H. Rex Gaskins y Annick Mercenier, "Cross-talk between Probiotic Bacteria and the Host Immune System", *Journal of Nutrition*, vol. 137, núm. 3, 2007, pp. 781S-790S.

28. S. Bala *et al.*, "Acute Binge Drinking Increases Serum Endotoxin and Bacterial DNA Levels in Healthy Individuals", *PLOS ONE*, vol. 9, núm. 5, 2014, p. e96864.

29. V. Purohit *et al.*, "Alcohol, Intestinal Bacterial Growth, Intestinal Permeability to Endotoxin, and Medical Consequences: A Summary of a Symposium", *Alcohol*, vol. 42, núm. 5, 2008, pp. 349-361.

30. Manfred Lamprecht y Anita Frauwallner, "Exercise, Intestinal Barrier Dysfunction and Probiotic Supplementation", *Acute Topics in Sport Nutrition*, vol. 59, 2012, pp. 47-56.

31. Angela E. Murphy, Kandy T. Velázquez y Kyle M. Herbert, "Influence of High-Fat Diet on Gut Microbiota: A Driving Force for Chronic Disease Risk", *Current Opinion in Clinical Nutrition and Metabolic Care*, vol. 18, núm. 5, 2015, p. 515.

32. J. R. Rapin y N. Wiernsperger, "Possible Links between Intestinal Permeability and Food Processing: A Potential Therapeutic Niche for Glutamine", *Clinics Sao Paulo*, vol. 65, núm. 6, 2010, pp. 635-643.

33. E. Gaudier *et al.*, "Butyrate Specifically Modulates MUC Gene Expression in Intestinal Epithelial Goblet Cells Deprived of Glucose", *American Journal of Physiology–Gastrointestinal and Liver Physiology*, vol. 287, núm. 6, 2004, pp. G1168-G1174.

34. Thi Loan Anh Nguyen *et al.*, "How Informative Is the Mouse for Human Gut Microbiota Research?", *Disease Models & Mechanisms*, vol. 8, núm. 1, 2015, pp. 1-16.

35. Benoit Chassaing *et al.*, "Dietary Emulsifiers Impact the Mouse Gut Microbiota Promoting Colitis and Metabolic Syndrome", *Nature*, vol. 519, núm. 7541, 2015, pp. 92-96.

36. Ian Sample, "Probiotic Bacteria May Aid Against Anxiety and Memory Problems", *Guardian*, 18 de octubre de 2015, https://www.theguardian.com/science/2015/oct/18/probiotic-bacteria-bifidobacterium-longum-1714-anxiety-memory-study.

37. Merete Ellekilde *et al.*, "Transfer of Gut Microbiota from Lean and Obese Mice to Antibiotic-Treated Mice", *Scientific Reports*, vol. 4, 2014, p. 5922; Peter J. Turnbaugh *et al.*, "An Obesity-Associated Gut Microbiome with Increased Capacity for Energy Harvest", *Nature*, vol. 444, núm. 7122, 2006, pp. 1027-1131.

38. Kirsten Tillisch *et al.*, "Brain Structure and Response to Emotional Stimuli as Related to Gut Microbial Profiles in Healthy Women", *Psychosomatic Medicine*, vol. 79, núm. 8, 2017.

39. Giada De Palma *et al.*, "Transplantation of Fecal Microbiota from Patients with Irritable Bowel Syndrome Alters Gut Function and Behavior in Recipient Mice", *Science Translational Medicine*, vol. 9, núm. 379, 2017, p. eaaf6397.

40. Leach, "From Meat to Microbes to Main Street"; Gary D. Wu *et al.*, "Linking Long-Term Dietary Patterns with Gut Microbial Enterotypes", *Science*, vol. 334, núm. 6052, 2011, pp. 105-108.

41. Bruce Goldman, "Low-Fiber Diet May Cause Irreversible Depletion of Gut Bacteria over Generations", Centro de Noticias de la Escuela de Medicina de la Universidad Stanford, 13 de enero de 2016, http://med.stanford.edu/news/all-news/2016/01/low-fiber-diet-may-cause-irreversible-depletion-of-gut-bacteria.html.

42. T. K. Schaffer *et al.*, "Evaluation of Antioxidant Activity of Grapevine Leaves Extracts (*Vitis labrusca*) in Liver of Wistar Rats", *Anais da Academia Brasileria de Ciencias*, vol. 88, núm. 1, 2016, pp. 187-196; T. Taira *et al.*, "Dietary Polyphenols Increase Fecal Mucin and Immunoglobulin A and Ameliorate the Disturbance in Gut Microbiota Caused by a High Fat Diet", *Journal of Clinical Biochemical Nutrition*, vol. 57, núm. 3, 2015, pp. 212-216.

43. Pranita Tamma y Sara Cosgrove, "Addressing the Appropriateness of Outpatient Antibiotic Prescribing in the United States", *Journal of the American Medical Association*, vol. 315, núm. 17, 2016, pp. 1839-1841.

44. R. Dunn *et al.*, "Home Life: Factors Structuring the Bacterial Diversity Found within and between Homes", *PLOS ONE*, vol. 8, núm. 5, 2013, p. e64133; Uppsala Universitet, "EarlyContact with Dogs Linked to Lower Risk of Asthma", ScienceDaily, 2 de noviembre de 2015, https://www.sciencedaily.com/releases/2015/11/151102143636.htm.

45. M. Samsam, R. Ahangari y S. A. Naser, "Pathophysiology of Autism Spectrum Disorders: Revisiting Gastrointestinal Involvement and Immune

Imbalance", *World Journal of Gastroenterology*, vol. 20, núm. 29, 2014, pp. 9942-9951.

46. Elisabeth Svensson *et al.*, "Vagotomy and Subsequent Risk of Parkinson's Disease", *Annals of Neurology*, vol. 78, núm. 4, 2015, pp. 522-529.
47. Floyd Dewhirst *et al.*, "The Human Oral Microbiome", *Journal of Bacteriology*, vol. 192, núm. 19, 2010, pp. 5002-5017.
48. M. Ide *et al.*, "Periodontitis and Cognitive Decline in Alzheimer's Disease", *PLOS ONE*, vol. 11, núm. 3, 2016, p. e0151081.

CAPÍTULO 8: LOS CONTROLES DE LA QUÍMICA CEREBRAL

1. Uwe Rudolph, "GABAergic System", *Encyclopedia of Molecular Pharmacology*, pp. 515-519.
2. William McEntee y Thomas Crook, "Glutamate: Its Role in Learning, Memory, and the Aging Brain", *Psychopharmacology*, vol. 111, núm. 4, 1993, pp. 391-401.
3. "Disease Mechanisms", Asociación ALS, consultado el 7 de noviembre, 2017, http://www.alsa.org/research/focus-areas/disease-mechanisms.
4. Javier A. Bravo *et al.*, "Ingestion of *Lactobacillus* Strain Regulates Emotional Behavior and Central GABA Receptor Expression in a Mouse via the Vagus Nerve", *Proceedings of the National Academy of Sciences*, vol. 108, núm. 38, 2011, pp. 16050-16055.
5. Expertanswer, "*Lactobacillus reuteri* Good for Health, Swedish Study Finds", Science Daily, 4 de noviembre de 2010, https://www.sciencedaily.com/releases/2010/11/101102131302.htm.
6. Richard Maddock *et al.*, "Acute Modulation of Cortical Glutamate and GABA Content by Physical Activity", *Journal of Neuroscience*, vol. 36, núm. 8, 2016, pp. 2449-2457.
7. Eric Herbst y Graham Holloway, "Exercise Increases Mitochondrial Glutamate Oxidation in the Mouse Cerebral Cortex", *Applied Physiology, Nutrition, and Metabolism*, vol. 41, núm. 7, 2016, pp. 799-801.
8. Boston University, "Yoga May Elevate Brain GABA Levels, Suggesting Possible Treatment for Depression", ScienceDaily, 22 de mayo de 2007, https://www.sciencedaily.com/releases/2007/05/070521145516.htm.
9. T. M. Makinen *et al.*, "Autonomic Nervous Function during Whole-Body Cold Exposure before and after Cold Acclimation", *Aviation, Space, and Environmental Medicine*, vol. 79, núm. 9, 2008, pp. 875-882.
10. K. Rycerz y J. E. Jaworska-Adamu, "Effects of Aspartame Metabolites on Astrocytes and Neurons", *Folia Neuropathological*, vol. 51, núm. 1, 2013, pp. 10-17.
11. Xueya Cai *et al.*, "Long-Term Anticholinergic Use and the Aging Brain", *Alzheimer's & Dementia*, vol. 9, núm. 4, 2013, pp. 377-385.
12. Shelly Gray *et al.*, "Cumulative Use of Strong Anticholinergics and Incident Dementia: A Prospective Cohort Study", *JAMA Internal Medicine*, vol. 175, núm. 3, 2015, pp. 401-407.

13. Richard Wurtman, "Effects of Nutrients on Neurotransmitter Release", en *Food Components to Enhance Performance: An Evaluation of Potential Performance-Enhancing Food Components for Operational Rations*, Bernadette M. Marriott (ed.), Washington, D. C., National Academies Press, 1994.

14. Instituto de Medicina, "Choline", en *Dietary Reference Intakes for Thiamin, Riboflavin, Niacin, Vitamin B6, Folate, Vitamin B12, Pantothenic Acid, Biotin, and Choline*, Washington, D. C., National Academies Press, 1998.

15. Helen Jensen *et al.*, "Choline in the Diets of the US Population: NHANES, 2003-2004", *FASEB Journal*, vol. 21, 2007, p. LB46.

16. Roland Griffiths *et al.*, "Psilocybin Produces Substantial and Sustained Decreases in Depression and Anxiety in Patients with Life-Threatening Cancer", *Journal of Psychopharmacology*, vol. 30, núm. 12, 2016.

17. S. N. Young, "Acute Tryptophan Depletion in Humans: A Review of Theoretical, Practical, and Ethical Aspects", *Journal of Psychiatry & Neuroscience*, vol. 38, núm. 5, 2013, pp. 294-305.

18. S. N. Young y M. Leyton, "The Role of Serotonin in Human Mood and Social Interaction. Insight from Altered Tryptophan Levels", *Pharmacology Biochemistry and Behavior*, vol. 71, núm. 4, 2002, pp. 857-865.

19. S. N. Young *et al.*, "Bright Light Exposure during Acute Tryptophan Depletion Prevents a Lowering of Mood in Mildly Seasonal Women", *European Neuropsychopharmacology*, vol. 18, núm. 1, 2008, pp. 14-23.

20. R. P. Patrick y B. N. Ames, "Vitamin D and the Omega-3 Fatty Acids Control Serotonin Synthesis and Action, Part 2: Relevance for ADHD, Bipolar Disorder, Schizophrenia, and Impulsive Behavior", *FASEB Journal*, vol. 29, núm. 6, 2015, pp. 2207-2222.

21. Roni Caryn Rabin, "A Glut of Antidepressants", *New York Times*, 12 de agosto de 2013, https://well.blogs.nytimes.com/2013/08/12/a-glut-of-anti depressants/?mcubz=0.

22. Jay Fournier *et al.*, "Antidepressant Drug Effects and Depression Severity: A Patient-Level Meta-analysis", *Journal of the American Medical Association*, vol. 303, núm. 1, 2010, pp. 47-53.

23. *Idem*; A. L. Lopresti y P. D. Drummond, "Efficacy of Curcumin, and a Saffron /Curcumin Combination for the Treatment of Major Depression: A Randomised, Double- Blind, Placebo-Controlled Study", *Journal of Affective Disorders*, vol. 201, 2017, pp. 188-196.

24. F. Chaouloff *et al.*, "Motor Activity Increases Tryptophan, 5-Hydroxyindoleacetic Acid, and Homovanillic Acid in Ventricular Cerebrospinal Fluid of the Conscious Rat", *Journal of Neurochemistry*, vol. 46, núm. 4, 1986, pp. 1313-1316.

25. Stephane Thobois *et al.*, "Role of Dopaminergic Treatment in Dopamine Receptor Down-Regulation in Advanced Parkinson Disease: A Positron Emission Tomographic Study", *JAMA Neurology*, vol. 61, núm. 11, 2004, pp. 1705-1709.

26. Richard A. Friedman, "A Natural Fix for A.D.H.D.", *New York Times*, 31 de octubre de 2014, https://www.nytimes.com/2014/11/02/opinion/sunday/a-natural-fix-for-adhd.html?mcubz=0.

27. Matt McFarland, "Crazy Good: How Mental Illnesses Help Entrepreneurs Thrive", *Washington Post*, 29 de abril de 2015, https://www.washington-post.com/news/innovations/wp/2015/04/29/crazy-good-how-mental-ill-nesses-help-entrepreneurs-thrive/?utm_term=.37b4bc5bc699.

28. P. Rada, N. M. Avena y B. G. Hoebel, "Daily Bingeing on Sugar Repeatedly Releases Dopamine in the Accumbens Shell", *Neuroscience*, vol. 134, núm. 3, 2005, pp. 737-744.

29. Fengqin Liu *et al.*, "It Takes Biking to Learn: Physical Activity Improves Learning a Second Language", *PLOS ONE*, vol. 12, núm. 5, 2017, p. e0177624.

30. B. J. Cardinal *et al.*, "If Exercise Is Medicine, Where Is Exercise in Medicine? Review of U.S. Medical Education Curricula for Physical Activity-Related Content", *Journal of Physical Activity and Health*, vol. 12, núm. 9, 2015, pp. 1336-1345.

31. K. Kukkonen-Harjula *et al.*, "Haemodynamic and Hormonal Responses to Heat Exposure in a Finnish Sauna Bath", *European Journal of Applied Physiology and Occupational Physiology*, vol. 58, núm. 5, 1989, pp. 543-550.

32. T. Laatikainen *et al.*, "Response of Plasma Endorphins, Prolactin and Catecholamines in Women to Intense Heat in a Sauna", *European Journal of Applied Physiology and Occupational Physiology*, vol. 57, núm. 1, 1988, pp. 98-102.

33. P. Sramek *et al.*, "Human Physiological Responses to Immersion into Water of Different Temperatures", *European Journal of Applied Physiology*, vol. 81, núm. 5, 2000, pp. 436-442.

34. Universidad McGill, "Vulnerability to Depression Linked to Noradrenaline", EurekAlert!, 15 de febrero de 2016, https://www.eurekalert.org/pub_releases/2016-02/mu-vtd021216.php.

35. M. T. Heneka *et al.*, "Locus Ceruleus Controls Alzheimer's Disease Pathology by Modulating Microglial Functions through Norepinephrine", *Proceedings of the National Academy of Sciences USA*, vol. 107, núm. 13, 2010, pp. 6058-6063.

36. *Idem.*

37. Universidad del Sur de California, "Researchers Highlight Brain Region as 'Ground Zero' of Alzheimer's Disease: Essential for Maintaining Cognitive Function as a Person Ages, the Tiny Locus Coeruleus Region of the Brain Is Vulnerable to Toxins and Infection", ScienceDaily, 16 de febrero de 2016, https://www.sciencedaily.com/releases/2016/02/160216142835.htm.

38. A. Samara, "Single Neurons Needed for Brain Asymmetry Studies", *Frontiers in Genetics*, vol. 16, núm. 4, 2014, p. 311.

39. M. S. Parihar y G. J. Brewer, "Amyloid-β as a Modulator of Synaptic Plasticity", *Journal of Alzheimer's Disease*, vol. 22, núm. 3, 2010, pp. 741-763.
40. Ganesh Shankar y Dominic Walsh, "Alzheimer's Disease: Synaptic Dysfunction and Aβ", *Molecular Neurodegeneration*, vol. 4, núm. 48, 2009.
41. Gianni Pezzoli y Emanuele Cereda, "Exposure to Pesticides or Solvents and Risk of Parkinson Disease", *Neurology*, vol. 80, núm. 22, 2013, pp. 2035-2041.
42. T. P. Brown *et al.*, "Pesticides and Parkinson's Disease—Is There a Link?", *Environmental Health Perspectives*, vol. 114, núm. 2, 2006, pp. 156-164.
43. Grant Kauwe *et al.*, "Acute Fasting Regulates Retrograde Synaptic Enhancement through a 4E-BP-Dependent Mechanism", *Neuron*, vol. 92, núm. 6, 2016, pp. 1204-1212.
44. Jonah Lehrer, "The Neuroscience of Inception", *Wired*, 26 de julio de 2010, https://wwwwired.com/2010/07/the-neuroscience-of-inception/.
45. Steven James *et al.*, "Hominid Use of Fire in the Lower and Middle Pleistocene: A Review of the Evidence", *Current Anthropology*, vol. 30, núm. 1, 1989.

ALIMENTO GENIAL #8: BRÓCOLI

1. S. K. Ghawi, L. Methven y K. Niranjan, "The Potential to Intensity Sulforaphane Formation in Cooked Broccoli (*Brassica oleracea var. italica*) Using Mustard Seeds (*Sinapis alba*)", *Food Chemistry*, vol. 138, núms. 2-3, 2013, pp. 1734-1741.

CAPÍTULO 9: EL SUEÑO SAGRADO (Y LOS AYUDANTES HORMONALES)

1. J. Zhang *et al.*, "Extended Wakefulness: Compromised Metabolics in and Degeneration of Locus Ceruleus Neurons", *Journal of Neuroscience*, vol. 34, núm. 12, 2014, pp. 4418-4431.
2. C. Benedict *et al.*, "Acute Sleep Deprivation Increases Serum Levels of Neuron-Specific Enolase (NSE) and S100 Calcium Binding Protein B (S-100B) in Healthy Young Men", *Sleep*, vol. 37, núm. 1, 2014, pp. 195-198.
3. Fundación Nacional del Sueño, "Bedroom Poll", consultado el 7 de noviembre de 2017, https://sleepfoundation.org/sites/default/files/bedroompoll/NSF_Bedroom_Poll_Report.pdf.
4. Asociación Americana de Psicología, "Stress in America: Our Health at Risk", 11 de enero de 2012, http://www.apa.org/news/press/releases/stress/2011/final-2011.pdf.
5. A. P. Spira *et al.*, "Self-Reported Sleep and β-amyloid Deposition in Community-Dwelling Older Adults", *JAMA Neurology*, vol. 70, núm. 12, 2013, pp. 1537-1543.

6. Huixia Ren *et al.*, "Omega-3 Polyunsaturated Fatty Acids Promote Amyloid-β Clearance from the Brain through Mediating the Function of the Glymphatic System", *FASEB Journal*, vol. 31, núm. 1, 2016.

7. A. Afaghi, H. O'Connor y C. M. Chow, "Acute Effects of the Very Low Carbohydrate Diet on Sleep Indices", *Nutritional Neuroscience*, vol. 11, núm. 4, 2008, pp. 146-154.

8. Marie-Pierre St-Onge *et al.*, "Fiber and Saturated Fat Are Associated with Sleep Arousals and Slow Wave Sleep", *Journal of Clinical Sleep Medicine*, vol. 12, núm. 1, 2016, pp. 19-24.

9. Seung-Gul Kang *et al.*, "Decrease in fMRI Brain Activation during Working Memory Performed after Sleeping under 10 Lux Light", *Scientific Reports*, vol. 6, 2016, p. 36731.

10. Cibele Aparecida Crispim *et al.*, "Relationship between Food Intake and Sleep Pattern in Healthy Individuals", *Journal of Clinical Sleep Medicine*, vol. 7, núm. 6, 2011, p. 659.

11. E. Donga *et al.*, "A Single Night of Partial Sleep Deprivation Induces Insulin Resistance in Multiple Metabolic Pathways in Healthy Subjects", *Journal of Endocrinology Metabolism*, vol. 95, núm. 6, 2010, pp. 2963-2968.

12. Centro Médico de la Universidad de Chicago, "Weekend Catch-Up Sleep Can Reduce Diabetes Risk Associated with Sleep Loss", ScienceDaily, 18 de enero de 2016, https://www.sciencedaily.com/releases/2016/01/16 0118184342.htm.

13. S. M. Schmid *et al.*, "A Single Night of Sleep Deprivation Increases Ghrelin Levels and Feelings of Hunger in Normal-Weight Healthy Men", *Journal of Sleep Research*, vol. 17, núm. 3, 2008, pp. 3313-3314.

14. M. Dirlewanger *et al.*, "Effects of Short-Term Carbohydrate or Fat Overfeeding on Energy Expenditure and Plasma Leptin Concentrations in Healthy Female Subjects", *International Journal of Obesity*, vol. 24, núm. 11, 2000, pp. 1413-1418; M. Wabitsch *et al.*, "Insulin and Cortisol Promote Leptin Production in Cultured Human Fat Cells", *Diabetes*, vol. 45, núm. 10, enero de 1996, pp. 1435-1438.

15. W. A. Banks *et al.*, "Triglycerides Induce Leptin Resistance at the Blood-Brain Barrier", *Diabetes*, vol. 53, núm. 5, 2004, pp. 1253-1260.

16. E. A. Lawson *et al.*, "Leptin Levels Are Associated with Decreased Depressive Symptoms in Women across the Weight Spectrum, Independent of Body Fat", *Clinical Endocrinology—Oxford*, vol. 76, núm. 4, 2012, pp. 520-525.

17. L. D. Baker *et al.*, "Effects of Growth Hormone—Releasing Hormone on Cognitive Function in Adults with Mild Cognitive Impairment and Healthy Older Adults: Results of a Controlled Trial", *Archives of Neurology*, vol. 69, núm. 11, 2012, pp. 1420-1429.

18. Helene Norrelund, "The Metabolic Role of Growth Hormone in Humans with Particular Reference to Fasting", *Growth Hormone & IGF Research*, vol. 15, núm. 2, 2005, pp. 95-122.

19. Centro Médico Intermountain, "Routine Periodic Fasting Is Good for Your Health, and Your Heart, Study Suggests", ScienceDaily, 20 de mayo de 2011, https://www.sciencedaily.com/releases/2011/04/110403090259.htm.
20. Kukkonen-Harjula *et al.*, "Haemodynamic and Hormonal Responses".
21. S. Debette *et al.*, "Visceral Fat Is Associated with Lower Brain Volume in Healthy Middle-Aged Adults", *Annals of Neurology*, vol. 68, núm. 2, 2010, pp. 136-144.
22. E. S. Epel *et al.*, "Stress and Body Shape: Stress-Induced Cortisol Secretion Is Consistently Greater among Women with Central Fat", *Psychosomatic Medicine*, vol. 62, núm. 5, 2000, pp. 623-632.
23. W. Turakitwanakan, C. Mekseepralard y P. Busarakumtragul, "Effects of Mindfulness Meditation on Serum Cortisol of Medical Students", *Journal of the Medical Association of Thailand*, vol. 96, suplemento 1, 2013, pp. S90-S95.
24. R. Berto, "The Role of Nature in Coping with Psycho-Physiological Stress: A Literature Review on Restorativeness", *Behavioral Sciences*, vol. 4, núm. 4, 2014, pp. 394-409.
25. T. Watanabe *et al.*, "Green Odor and Depressive-like State in Rats: Toward an Evidence-Based Alternative Medicine?", *Behavioural Brain Research*, vol. 224, núm. 2, 2011, pp. 290-296.
26. C. D. Conrad, "Chronic Stress-Induced Hippocampal Vulnerability: The Glucocorticoid Vulnerability Hypothesis", *Reviews in the Neurosciences*, vol. 19, núm. 6, 2008, pp. 395-411.
27. J. J. Kulstad *et al.*, "Effects of Chronic Glucocorticoid Administration on Insulin-Degrading Enzyme and Amyloid-Beta Peptide in the Aged Macaque", *Journal of Neuropathology & Experimental Neurology*, vol. 64, núm. 2, 2005, pp. 139-146.

ALIMENTO GENIAL #9: SALMÓN SILVESTRE

1. Staubo, "Mediterranean Diet".

CAPÍTULO 10: LAS VIRTUDES DEL ESTRÉS (O CÓMO VOLVERTE UN ORGANISMO MÁS RESISTENTE)

1. Elsevier Health Sciences, "Prolonged Daily Sitting Linked to 3.8 Percent of All-Cause Deaths", EurekAlert!, 26 de marzo de 2016, https://www.eurekalert.org/pub_releases/2016-03/ehs-pds032316.php.
2. Ciencias de la Salud de la Universidad de Utah, "Walking an Extra Two Minutes Each Hour May Offset Hazards of Sitting Too Long", ScienceDaily, 30 de abril de 2015, https://www.sciencedaily.com/releases/2015/04/150430170715.htm.

3. Universidad de Cambridge, "An Hour of Moderate Exercise a Day Enough to Counter Health Risks from Prolonged Sitting", ScienceDaily, 27 de julio de 2016, https://www.sciencedaily.com/releases/2016/07/1607271944 05.htm.

4. Kirk Erickson *et al.*, "Exercise Training Increases Size of Hippocampus and Improves Memory", *Proceedings of the National Academy of Sciences*, vol. 108, núm. 7, 2010, pp. 3017-3022.

5. Dena B. Dubal *et al.*, "Life Extension Factor Klotho Enhances Cognition", *Cell Reports*, vol. 7, núm. 4, 2014, pp. 1065-1076.

6. Keith G. Avin *et al.*, "Skeletal Muscle as a Regulator of the Longevity Protein, Klotho", *Frontiers in Physiology*, vol. 5, 2014.

7. J. C. Smith *et al.*, "Semantic Memory Functional MRI and Cognitive Function after Exercise Intervention in Mild Cognitive Impairment", *Journal of Alzheimer's Disease*, vol. 37, núm. 1, 2013.

8. Jennifer Steiner *et al.*, "Exercise Training Increases Mitochondrial Biogenesis in the Brain", *Journal of Applied Physiology*, vol. 111, núm. 4, 2011, pp. 1066-1071.

9. "Fit Legs Equals Fit Brain, Study Suggests", BBC.com, 10 de noviembre de 2015, http://www.bbc.com/news/health-34764693.

10. Mari-Carmen Gómez-Cabrera *et al.*, "Oral Administration of Vitamin C Decreases Muscle Mitochondrial Biogenesis and Hampers Training-Induced Adaptations in Endurance Performance", *The American Journal of Clinical Nutrition*, vol. 87, núm. 1, 2008, pp. 142-149.

11. "Housing", Statistics Finland, 15 de mayo de 2017, http://www.stat.fi/tup/suoluk/suoluk_asuminen_en.html.

12. M. Goekint *et al.*, "Influence of Citalopram and Environmental Temperature on Exercise-Induced Changes in BDNF", *Neuroscience Letters*, vol. 494, núm. 2, 2011, pp. 150-154.

13. Mark Maynard *et al.*, "Ambient Temperature Influences the Neural Benefits of Exercise", *Behavioural Brain Research*, vol. 299, 2016, pp. 27-31.

14. Simon Zhornitsky *et al.*, "Prolactin in Multiple Sclerosis", *Multiple Sclerosis Journal*, vol. 19, núm. 1, 2012, pp. 15-23.

15. Laatikainen, "Response of Plasma Endorphins".

16. Wouter van Marken Lichtenbelt *et al.*, "Healthy Excursions outside the Thermal Comfort Zone", *Building Research & Information*, vol. 45, núm. 7, 2017, pp. 1-9.

17. Denise de Ridder *et al.*, "Always Gamble on an Empty Stomach: Hunger Is Associated with Advantageous Decision Making", *PLOS ONE*, vol. 9, núm. 10, 2014, p. E111081.

18. M. Alirezaei *et al.*, "Short-Term Fasting Induces Profound Neuronal Autophagy", *Autophagy*, vol. 6, núm. 6, 2010, pp. 702-710.

19. Megumi Hatori *et al.*, "Time-Restricted Feeding without Reducing Caloric Intake Prevents Metabolic Diseases in Mice Fed a High-Fat Diet", *Cell Metabolism*, vol. 15, núm. 6, 2012, pp. 848-860.

20. F. B. Aksungar, A. E. Topkaya y M. Akyildiz, "Interleukin-6, C-Reactive Protein and Biochemical Parameters during Prolonged Intermittent Fasting", *Annals of Nutrition and Metabolism*, vol. 51, núm. 1, 2007, pp. 88-95; J. B. Johnson *et al.*, "Alternate Day Calorie Restriction Improves Clinical Findings and Reduces Markers of Oxidative Stress and Inflammation in Overweight Adults with Moderate Asthma", *Free Radical Biology & Medicine*, vol. 42, núm. 5, 2007, pp. 665-674.

21. Kauwe, "Acute Fasting".

22. Gary Wisby, "Krista Varady Weighs In on How to Drop Pounds", UIC Today, 5 de febrero de 2013, https://news.uic.edu/krista-varady-weighs-in-on-how-to-drop-pounds-fast.

23. Jan Moskaug *et al.*, "Polyphenols and Glutathione Synthesis Regulation", *American Journal of Clinical Nutrition*, vol. 81, núm. 1, 2005, pp. 2775-2835.

24. P. G. Paterson *et al.*, "Sulfur Amino Acid Deficiency Depresses Brain Glutathione Concentration", *Nutritional Neuroscience*, vol. 4, núm. 3, 2001, pp. 213-222.

25. Caroline M. Tanner *et al.*, "Rotenone, Paraquat, and Parkinson's Disease", *Environmental Health Perspectives*, vol. 119, núm. 6, 2011, pp. 866-872.

26. Claudiu-Ioan Bunea *et al.*, "Carotenoids, Total Polyphenols and Antioxidant Activity of Grapes (*Vitis vinifera*) Cultivated in Organic and Conventional Systems", *Chemistry Central Journal*, vol. 6, núm. 1, 2012, p. 66.

27. Centro Médico de la Universidad Vanderbilt, "Eating Cruciferous Vegetables May Improve Breast Cancer Survival", ScienceDaily, 3 de abril de 2012, https://www.sciencedaily.com/releases/2012/04/120403153531.htm.

28. B. E. Townsend y R. W. Johnson, "Sulforaphane Reduces Lipopolysaccharide-Induced Proinflammatory Markers in Hippocampus and Liver but Does Not Improve Sickness Behavior", *Nutritional Neuroscience*, vol. 20, núm. 3, 2017, pp. 195-202.

29. K. Singh *et al.*, "Sulforaphane Treatment of Autism Spectrum Disorder (ASD)", *Proceedings of the National Academy of Science USA*, vol. 111, núm. 43, 2014, pp. 15550-15555.

ALIMENTO GENIAL #10: ALMENDRAS

1. Z. Liu *et al.*, "Prebiotic Effects of Almonds and Almond Skins on Intestinal Microbiota in Healthy Adult Humans", *Anaerobe*, vol. 26, 2014, pp. 1-6.

2. A. Wu, Z. Ying y F. Gómez-Pinilla, "The Interplay between Oxidative Stress and Brain-Derived Neurotrophic Factor Modulates the Outcome of a Saturated Fat Diet on Synaptic Plasticity and Cognition", *European Journal of Neuroscience*, vol. 19, núm. 7, 2004, pp. 1699-1707.

3. A. J. Perkins *et al.*, "Association of Antioxidants with Memory in a Multiethnic Elderly Sample Using the Third National Health and Nutrition Examination Survey", *American Journal of Epidemiology*, vol. 150, núm. 1, 1999, pp. 37-44.

4. R. Yaacoub *et al.*, "Formation of Lipid Oxidation and Isomerization Products during Processing of Nuts and Sesame Seeds", *Journal of Agricultural and Food Chemistry*, vol. 56, núm. 16, 2008, pp. 7082-7090.

5. A. Veronica Witte *et al.*, "Effects of Resveratrol on Memory Performance, Hippocampal Functional Connectivity, and Glucose Metabolism in Healthy Older Adults", *Journal of Neuroscience*, vol. 34, núm. 23, 2014, pp. 7862-7870.

CAPÍTULO 11: PLAN GENIAL

1. Tao Huang *et al.*, "Genetic Susceptibility to Obesity, Weight-Loss Diets, and Improvement of Insulin Resistance and Beta-Cell Function: The POUNDS Lost Trial", Asociación Americana de la Diabetes, Sesión Científica 76, 2016.

2. Karina Fischer *et al.*, "Cognitive Performance and Its Relationship with Postprandial Metabolic Changes after Ingestion of Different Macronutrients in the Morning", *British Journal of Nutrition*, vol. 85, núm. 3, 2001, pp. 393-405.

3. E. Fiedorowicz *et al.*, "The Influence of μ-Opioid Receptor Agonist and Antagonist Peptides on Peripheral Blood Mononuclear Cells (PBMCs)", *Peptides*, vol. 32, núm. 4, 2011, pp. 707-712.

4. Anya Topiwala *et al.*, "Moderate Alcohol Consumption as Risk Factor for Adverse Brain Outcomes and Cognitive Decline: Longitudinal Cohort Study", *BMJ*, vol. 357, 2017, p. j2353.

5. P. N. Prinz *et al.*, "Effect of Alcohol on Sleep and Nighttime Plasma Growth Hormone and Cortisol Concentrations", *Journal of Clinical and Endocrinology and Metabolism*, vol. 51, núm. 4, 1980, pp. 759-764.

6. S. D. Pointer *et al.*, "Dietary Carbohydrate Intake, Insulin Resistance and Gastrooesophageal Reflux Disease: A Pilot Study in European- and African-American Obese Women", *Alimentary Pharmacology & Therapeutics*, vol. 44, núm. 9, 2016, pp. 976-988.

7. St-Onge, "Fiber and Saturated Fat".

CAPÍTULO 12: RECETAS Y SUPLEMENTOS

1. William Shankle *et al.*, "CerefolinNAC Therapy of Hyperhomocysteinemia Delays Cortical and White Matter Atrophy in Alzheimer's Disease and Cerebrovascular Disease", *Journal of Alzheimer's Disease*, vol. 54, núm. 3, 2016, pp. 1073-1084.

2. *Idem.*

Sobre los autores

Max Lugavere

Cineasta, personalidad televisiva y periodista de salud y ciencia, Max Lugavere es el director de la película *Bread Head*, el primer documental sobre prevención de demencia a través de la dieta y el estilo de vida. Lugavere ha colaborado con Medscape, Vice, Fast Company y Daily Beast, y ha tenido apariciones en *NBC Nightly News*, *The Dr. Oz Show* y *The Doctors*, además de menciones en el *Wall Street Journal*. Es un orador connotado, invitado a dar cátedras en instituciones académicas de renombre, como la Academia de Ciencias de Nueva York y Weill Cornell Medicine, y ha dado conferencias en eventos como la Cumbre Biohacker de Estocolmo, Suecia. De 2005 a 2011, Lugavere fue periodista para Current TV, de Al Gore. Vive en Nueva York y Los Ángeles.

Paul Grewal

El doctor Paul Grewal es un médico especializado en medicina interna y orador que se enfoca en estrategias de dieta y estilo de vida para la pérdida de peso, la salud metabólica y la longevidad. Al haber perdido casi 45 kilogramos él mismo, sin recuperarlos, ahora ayuda a otros a encontrar un camino sustentable, holístico y agradable hacia la salud, su orgullo y pasión. Obtuvo una licenciatura en artes, en neurociencia celular y molecular, de la Universidad Johns Hopkins; estudió medicina en la Escuela de Medicina Rutgers, y completó su residencia en el Hospital Judío de Long Island. Es fundador de MyMD Medical Group, una práctica privada en Nueva York, y funge como consejero médico para entidades financieras y emprendedores en el cuidado de la salud dentro de la ciudad.